KB170355

역사의 향기가 흐르는 여수

박종길
전라남도 여수시 화양면 출신으로 전북기계공고·초당대학교를 졸업하고, 전남대학교 대학원에서 '문화콘텐츠'전공으로 석사학위를 받았다.
오랜동안 향토사연구에 관심을 가졌으며, 전라남도 지명위원·국가기록원 기록위원·국사편찬위원회 사료조사위원을 지냈다.
현재, GS칼텍스에 근무하면서 시민단체인 여수지역사회연구소 부소장으로 봉사하고 있다.

역사의 향기가 흐르는 여수

초판 인쇄 2020년 11월 25일
초판 발행 2020년 11월 30일

지은이 박종길
발행인 이연창
편　집 김　명
사　진 박종길
펴낸곳 도서출판 지영사
서울특별시 성북구 성북로 28길 40 낙원연립 라동 101호
전화 02-747-6333 팩스 02-747-6335
이메일 maitriclub@naver.com
등록 1992년 1월 28일 제1-1299호

값 25,000원
ISBN 978-89-7555-197-0 03980

역사의

향기가 흐르는

여수

박종길

지영사

●책을 펴내며

국토의 최남단에 위치한 여수는 예로부터 많은 외침을 받으며 성장한 도시다. 수많은 역경을 이겨낸 사람의 이야기가 아름다운 경치마다 담겨 있어 듣는 이들의 심금을 울린다. 많은 사람들은 여수가 세계박람회를 통해 글로벌한 도시로 변했다고 생각한다. 그러나 여수는 역사적, 지리적으로 이미 오래 전부터 글로벌 도시의 위치에 있었다.

사도의 공룡 화석에서, 송도의 조개무덤에서, 그리고 남도의 어느 지역에도 뒤지지 않을 만큼 많은 고인돌에서도 여수의 옛 사람의 이야기가 전해온다.

풍전등화의 위기에 처했던 조선을 지켜낸 이순신과 전라좌수영의 이야기는 발길이 닿는 곳마다 스며 있고, 근현대사의 아픈 기억인 여순사건의 일화에는 여수사람들의 정의로움이 묻어난다. 이러한 여수사람들의 기질은 그 사람들이 살고 있는 땅에서 비롯된다. 그러한 여수의 모습 속에 감춰진 역사와 이야기를 풀어보고 싶었다.

이 이야기는, 2011년 6월 15일 '여수의 할아버지 산 앵무산' 이야기부터, 2013년 10월 2일 '여수 사람들' 이야기까지 100편의 이야기를 여수백경이라는 이름으로 「여수신문」에 소개했던 글을 토대로 했다. 여수팔경이나 여수십경으로는 여수의 다양한 모습을 담기에는 모자라다 여겨 시작하긴 했으나 101곳의 이야기를 풀어내기에는 필자의 능력이 부족함을 절감한다.

이야기를 끝내면서 책으로 엮을 예정이었으나 게으름이 앞서 차일피일하다 많은 시간이 지났다. 그렇지만 시간이 많이 지난 시점에도 여수의 이야기를 궁금해 하는 분들의 질문과 격려에 용기를 내어 책으로 엮게 되었다.

신문 연재가 시작되는 시점에서는 여수세계박람회가 시작되기 전이었지만 연재 중에 진행이 되었고 끝이 났다. 여수는 박람회 전후의 도시 변화가 크게 일어났다. 도시의 인프라가 크게 변하면서 최고의 관광지로 변한 점은 눈에 띄는 부분이다. 이런 점을 감안하여 문장의 시제를 수정하고 일부는 당시 글의 내용을 살려 그때의 흥분을 남겨 두기도 했다.

거친 글을 다듬어서 책으로 만들어주신 지영사에 감사드리며, 다양한 이야기를 들려주신 여러 마을의 주민들과 가르침을 주신 여수지역사회연구소의 여러 선생님께 감사의 말씀을 드린다.

2020년 10월 5일

박종길

●차례

역사

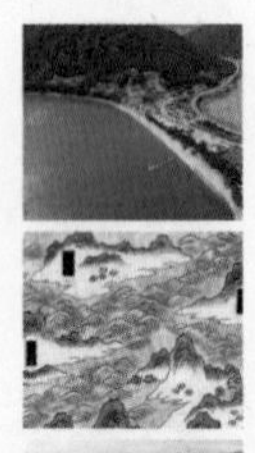

섬

해안

산

풍경

오늘의 여수

역사

사랑의 동산 애양원

올해도 어김없이 여름 봉사활동을 찾아온 청년들의 목소리에 활기가 넘친다. 나 아닌 남에게 사랑과 봉사를 나누었던 기독교 정신의 실천장으로 수십 년을 지나오면서, 한국 기독교의 성지로 유명한 사랑의 동산 애양원도 여수의 아름다운 모습중 하나이다.

고대로부터 천형으로 알려져 그 누구도 접근을 꺼려했던 한센병 환우들을 껴안으며 땅을 내주고 함께 할 수 있었던 여수 사람의 아름다운 기질은 오랜 세월 이 땅에 살아 왔던 조상으로부터 물려받은 피로부터 흐르는 정신이 아닐까?

애양원의 역사는 1904년 광주부 효천면에서 미국 남장로교 한국선교회의 활동으로 시작되었다. 한국선교회 소속의 선교사였던 오웬 목사가 폐렴이 걸리자 목포에 있던 의사이자 선교사였던 포사이트 목사가 치료차 광주로 오게 되었다. 이때 나주 남평과 광주 사이의 길가에 쓰러진 한센병 환자를 말에 태우고 와서 치료를 한 것이 계기가 되어 '광주 나병원'이라는 한센병 치료소가 만들어졌다. 이후 윌슨 목사와 함께 1909년에 광주시 봉선시장 부근에 설치 운영하다가 환자가 600여 명으로 늘어나자, 치료소는 이웃 주민의 반대와 포화상태가 되어 옮겨야 했다.

애양원이 여수 율촌에 세워진 배경에는 이 지역 사람들의 도움이 크게 작용했었다. '나병'이라 하여 멸시와 천대에다 주민의 반대에 땅을 구하기 어려워서 여러 장소를 물색하던 한센병 치료소는, 이미 오

애양원 원경

여수애양병원(위), 애양원 성산교회(아래), 애양원 토플하우스(오른쪽)

웬 선교사의 선교활동으로 1900년대 초에 기독교가 뿌리를 내렸던 여수 율촌의 조일환 목사와 이기홍 장로 등의 율촌 장천교회 교인들의 노력으로 신풍마을 동쪽에 적당한 땅을 찾아 1925년에 지금의 도성마을에 자리를 잡게 되었다. 그후 광주 봉선리에 있는 환우들이 단계적으로 이주하면서 마을을 이루게 되었던 것이다.

이주를 마친 1935년 3월 15일 749명의 한센병 환우들을 돌보면서 지금의 이름인 애양원으로 개칭하고 애양원의 활동이 시작되었다.

1988년 3월 사회복지법인 애양원으로 변경하고 여수애양평안요양소 시설 허가를 받았으며, 1989년 5월에는 애양재활기술보도소 시설 허가를 받았다. 1999년 12월 역사관을 신축하고 2005년 5월에는 집중치료실(ICU)을 설치하였다.

병원뿐만 아니라 애양원 주변의 마을도 큰 변화를 겪게 되었는데 이는 환우들이 점차 치료가 되고 정착을 하면서 마을이 형성되었기 때문이다. 초기 선교사들의 헌신적인 노력에 힘입어 미국의 베드로 선교회의 원조를 받아 애양원 안에는 베드로의 한자 이름인 '제1피득촌'부터 '제5피득촌'까지 집단촌이 만들어지고 다윗대학의 원조로 '다윗촌'이 만들어지는 등 시설의 규모도 커지기 시작했다.

병원 관계자와 환우주변 사람들이 늘어나자 인근 마을도 커졌다. 신홍 마을은 주변에 모래가 많아 모래촌이라 부르던 곳에 애양원 관계자들의 공제조합에서 마을을 이루게 되자 '공제동'이라 하였다가 새로 생긴 마을이라 하여 '신홍'이라 하였고, 도성리는 애양병원의 원장이며 선교사였던 토플 선교사의 한국이름인 도성래의 이름을 따서 '도성리'라 하였다. '애양리'는 병원과 인접한 마을로 병원 이름을 따서 붙여진 이름이다.

애양원의 역사에는 포사이트, 윌슨(한국명 우월순), 토플(한국명 도성

도성마을과 손양원목사 순교기념관

래)로 이어지는 초기선교사 들의 헌신적인 노력과, 최흥종 장로, 김응규 목사, 손양원 목사 등의 교역자와 함께 여성의 몸으로 이국땅에서 헌신적인 사랑을 펼쳤던 유화례(Florence E. Root) 선교사, 본인이 환자이면서도 헌신했던 양재평 장로, 지금도 사랑의 인술을 펼치고 있는 김인권 원장 등 사랑을 실천했던 많은 이들의 이름이 새겨져 있다.

인간의 문명이 발전할수록 더 많은 사람들이 행복해지는 세상으로 바뀌면 좋을 텐데 현실은 그렇지 못한 것 같다. 그런 면에서 사랑의 동산 애양원을 품고 있는 여수는 사랑과 행복, 나눔을 함께하고 그 향기를 공유하고 전파하는 축복받은 지역이라 생각된다.

세동시장의 덕양곱창

"내일 모레 시동장에 구경을 가세"

시골장터의 정취가 물씬 풍기던 60~70년대 여수지역에서 노랫말처럼 부르던 유행어이다.

지금의 덕양을 부르던 시동(세동) 장날 볼거리가 많으니 구경을 가보자던 말이다.

1930년 12월 25일 일제는 일본 시모노세키 항과 여수를 연결하는 항로를 열고 전남 동부지역의 물산을 수탈하기 위한 목적으로 여수역까지 철도를 개통하기에 이른다. 1930년 여수—광주 구간인 경전서부선과 1936년 순천-이리 구간이 개통된 전라선은 일본으로 수탈된 물산 운송이 더 많았다.

덕양에 기차역이 들어서게 된 것은 1930년 개통된 경전서부선이 덕양에 부설되면서부터다. 여수-순천-광주를 잇는 160㎞의 경전서부선은 남조선철도(주)에 의하여 부설되었고 이어서 전라선이 개통되자 덕양의 생활 교류권이 하루아침에 소라면·화양면·율촌면에서 벗어나 전라선을 따라 순천-구례-남원-전주-서울에까지 이르게 되었고, 경전

우시장터였던 옛 덕양역 광장(위)과 덕양시장 곱창골목

서부선을 따라 순천-벌교-보성-화순-광주에까지 이르게 되었다. 이때만 해도 오지 벽촌이었던 덕양에 기차역이 들어서자 율촌, 소라, 삼일, 화양 지역의 교통과 유통 중심지로 변모하게 되었고 시장이 자연스럽게 열리게 되었다.

덕양은 조선시대 순천부와 좌수영을 연결하는 역원이 있었지만 소수의 역졸들만 이용하여 지역민들에게는 별 영향을 주지 않았다. 그러나 열차가 개통되고 신식 문물이 쏟아져 들어오는 새로운 시장은, 조선시대에 석보장이나 나지포장처럼 해로를 통해서 물때에 맞춰 들어와 보름 만에 열렸던 시장과는 비할 바가 아니었다. 오일장이 활성화되자 덕양은 여수지역 육지부의 중심지로 변화하면서 번성하였다. 이는 기차역과 가까운 넓은 공터에 잡화를 취급하는 시장과 함께 소와 돼지, 염소, 개 등을 사고파는 여수지역 최대의 가축시장으로 성장하였던 것이다.

이른 새벽밥을 먹고 수십 리 길을 걸어 도착한 시장에서는 점심시간쯤이면 얼추 거래가 끝이 나고 출출한 배를 채우기에는 막걸리에다 도살장에서 나온 값싼 곱창안주가 제격이었다. 3일, 8일 장날만 되면 사람 많은 장터 분위기에 들뜨고 거나하게 마신 술에 취해 왁자지껄 난장이 되었다. 장터에 빠지지 않던 투전판 주변에 기웃거리다 걸려든 순진한 시골양반 한두 사람은 모처럼 가축을 팔아 만든 큰돈까지 날리고 시장판을 허둥대던 모습도 그 시절 시장의 한 모습이었다.

1980년대에 들어서자 산업의 변화와 함께 농촌의 기계화와 기업형 축산업의 등장으로 시장에서의 가축거래가 줄어들기 시작하였다. 도축업자는 차량을 이용 가축사육자와 직거래를 하였다. 급기야 시장이 급격히 몰락하고 장터의 기능은 아예 사라졌다. 시장으로 모여들던 사람은 사라졌지만 시장을 삶의 터전으로 살아온 덕양마을 사람들은 남을 수밖에 없었고 뭔가를 해야 했다. 다행스럽게 그 시절 시장을 떠난 농부 대신 여수산업단지의 근로자들이 하나둘씩 장터를 찾아 술잔을 기울이는 일이 잦아졌다. 장터의 싸구려 곱창국밥으로 유명하던 식당들은 국밥 대신 곱창전골이나 구이와 같은 술안주가 되는 새로운 메뉴를 더 찾게 되었다. 고급화 대중화 된 곱창은 경쟁과 함께 맛도 좋아졌다. 덕양곱창이 새롭게 탄생한 것이다. 장터부근 대부분의 식당은 곱창집으로 변하여 지금과 같은 덕양의 먹거리 골목이 되었다.

마을을 굽어보는 맷돌산(磨石山) 위에 맷돌바위가 있어 이 지역 사람들은 오랜 옛날부터 먹거리 걱정이 없이 살아왔다고 믿었다. 하지만 전통시장이 사라지고서 지역경제가 힘을 잃자 활성화를 위한 방법으로 곱창축제를 열어 활로를 모색해 보았지만 성공적인 분위기를 살리지 못하고 중단된 상태다. 맛으로 치자면 전국최고의 자리가 부럽지 않을 만큼 뛰어난 음식 맛을 가지고서 이를 살리지 못함이 아쉬운데, 세계박람회를 기회로 전국최고의 곱창마을로 변할 수는 없는 걸까? 여수를 찾는 수많은 관광객들이 덕양의 곱창은 꼭 한번 먹어보고 갈 수 있도록 준비해 보는 지혜가 필요할 시기다.

공터로 변한 장터주변은 깨끗하게 정비를 하고 볼거리를 만들 필요도 있겠다. 곱창거리 홍보계획도 세우고 맛의 통일과 서비스의 향상, 많은 사람을 수용할 수 있는 공간마련, 교통편 제공 등 모색할 계획도 많고 식당주와 지역민, 공무원이 나눠서 준비할 일도 많겠다. 시를 비롯한 관의 지원에 주민의 관심과 바탕으로 철저한 준비를 통해 관광객이 찾아오지 않고는 못 배길 덕양장터의 곱창골목!

구름처럼 많은 사람들이 모여서 30분, 한 시간 쯤은 줄 서 기다려야 먹을 수 있는 유명 맛집. 여수의 또 하나의 풍경으로 기록 될 덕양의 멋진 풍속도가 현실이 되길 바란다.

가무내 현천의 소동패놀이

풍성한 추석이다.

추석은 고대로부터 우리 민족만의 고유명절로 알려지고 있다. 이때 사람들은 농경을 주업으로 하는 생활환경에서 신께 감사드리며 자연을 숭배하고 조상에 성묘하며 자손의 복을 빌었다.

쌍둥이 마을로도 유명한 여수시 소라면의 현천마을은 우리의 고유한 민속이 여러 가지 전승되고 있는 농촌마을이다. 이곳에서는 전라남도 무형문화재 제7호인 '현천소동패놀이'를 비롯하여 '가장농악'과 '마당밟기','조리박주벅놀이'라는 신행맞이 놀이 등이 전승되다가 지금은 소동패놀이가 전승되고 있다.

소동패 놀이란 16세에서 19세 사이의 (지금의 청소년들을 일컫는) 소동들의 패거리 놀이란 의미로 최근의 비보이들이 겨루는 댄싱 배틀과 비슷한 형태의 마을간 청소년들의 풍물과 놀이에다 힘과 지혜, 용기 등을 겨루어보는 종합연희와 같은 민속놀이다.

소동패는 농작에 필요한 노동력을 확보하기 위한 두레패의 조직이다. 20세 이상의 대동패는 어른들로 구성된데 비해 20세 이하의 소동들이 중심이 되어서 소동패라 부른다. 이들은 조직의 규약을 철저히 지키며 우두머리를 중심으로 풀베기·김매기 등 공동 노동을 하였다. 소동패 놀이는 일의 능률을 올리고 노동의 고달픔과 지루함을 잊기 위하여 농악·노래·춤·놀이 등을 생활화한 것에서 그 기원을 찾을 수 있다.

소동패놀이는 네 마당으로 구성되어 있다.

첫째 마당은 소고수가 '모임소고'를 울리는 것에서 시작된다. 소동들이 인원 점검과 그날 작업지시를 받고 길소고를 치면서 들로 나간다.

둘째 마당은 들로 나간 소동패가 두렁에 영기令旗를 꽂고 김을 매는데, 초벌 논매기, 두벌 논매기, 세벌 논매기를 하는데 논매기마다 노래가 다르다.

셋째 마당은 이웃 마을 소동패로부터(소동패끼리 붙어 보자는) 시비 전갈이 오면 두 마을 소동패가 기세를 올려 영문을 잡는다. 이웃마을 소동패가 "녹포 은갑은 상사로 조련하고 기치창검은 일월을 희롱하고 영은 군중지영이요, 문은 장군지문이라. 이 문을 치워주시면 우리 소동 공좌승 뫼시고 돌아가겠습니다"라는 영문營門 전갈을 받는다. 그러면 현천 소동패는 길을 열어주지 않고, 한량閑良(노래와 춤추기)으로 겨룰 것인가, 힘(力: 씨름·패싸움·달리기·허리잡기·밀치기 등)으로 겨룰 것인가를 결정하여 두 패가 서로 겨루고 나서 패자가 승자 편에 정중하게 '가전 전갈'을 올린다.

넷째 마당은 전갈 의식이 끝나면 양편 소동패가 하나가 되어 풍물을 치면서 어울림굿(유산굿·소고놀이·자진유산굿·구정놀이 등)을 하는 것으로, 다양한 민속놀이가 펼쳐진다.

근대식 교육 이후 풍물이 등장하는 놀이들은 농악이라 하여 전통적으로 전해지는 음악의 형태로만 알려지고 있다. 정월대보름날에는

혀천마을 들녘

매구를 치는데 매구란 말은 귀신을 땅에 묻어버린다는 뜻이다. 마을 곳곳에 있는 귀신을 몰고 와서 마당놀이를 하면서 한 해 동안 나쁜 짓을 못하도록 땅에 묻거나 멀리 쫓아버리는 형태의 대형 극을 펼치는 것이 대보름 굿이다.

이처럼 농악이라는 형태로 이루어지는 놀이는 대부분이 행사전체를 하나의 이야기로 엮어가는 연극으로 진행이 된다. 이를 일제식 근대교육이 시작되면서 연극적인 요소는 제외하고 소리만 가르치다 보니 간단한 굿판의 의미마저 사라지고 말았다.

현천소동패놀이에는 근대이전 농촌사회 소동들이 겪었던 다양한 심리와 의식들이 녹아있는 놀이로 여수지역의 농촌문화의 단면을 잘 보여주는 신명나는 굿판이다. 그러나 이제 소동들이 엮어나가야 할 굿판은 이미 70이 넘어버린 노동들의 굿판이 되어 본래 모습을 제대로 보여주질 못하는 안타까움이 있다.

여수지역에는 다양한 농악놀이가 전해오면서 그 전통을 이어가려는 사람이 많다. 전통음악분야에 활동하는 사람 중에 여수출신 유명 타악기 연주자가 많은 것도 이와 무관하지는 않을 것이다.

조상의 숨결이 면면히 전해지는 여수지역의 민속은 제대로 전승하기 위해서는, 전수자뿐 아니라 바라보는 지역민의 애정 어린 시선과 함께 놀이 하나 하나가 지니고 있는 의미를 되새기는 것이 필요하지 않을까?

'알면 더 많은 것이 보이고, 보게 되면 그만큼 신명날 굿판이 또 없을 것이니 말이다!'

황금 망태기에 풍년을 담는 관기들

황금빛 벼이삭이 들국화와 코스모스의 박수를 받으며 감사를 드리듯 서 있다. 250정보 3,750마지기나 되는 너른 관기 들녘은 보는 것만으로도 배가 부르다.

삼면이 바다로 둘러싸인 여수반도는 발달한 리아스식 해안이 많아 해안선의 굴곡이 많고 갯벌이 발달하였다. 이런 지형적인 특성은 일제강점기에 이 지역을 식량수탈의 주요 대상이 되었다. 일본인에게는 땅 짚고 헤엄치는 좋은 조건으로 간척을 하도록 배려하며 주변의 조선인 대부분은 소작인이 되었고 생산된 쌀들은 수탈되었다.

관기들은 여수시 소라면 현천, 죽림, 관기리와 화양면 창무, 백초리 사이에 있는 들녘을 말한다. 옛 지명으로는 '걸망들'이라고도 하는데 이 들녘이 만들어지기 전에는 바닷물이 드나들던 해변으로 '걸망개'라 불렸다.

논이 적었던 여수지역에서 간척지는 새로운 희망이었다. 대규모 사람들을 동원하여 가사리와 백초마을 사이 764m의 제방을 쌓는 일은 유사이래 가장 큰 토목공사였다. 1911년 3월 '다카세명명회사(高瀨命名會社)' 여수지점의 이름으로 여수 지역에 진출한 친일자본 고뢰농장은

1927년 1월부터 고뢰농장을 주식회사 형태의 법인으로 전환하고 일본정부의 적극적인 지원에 힘입어 함박개 대곡마을 간척과 여수시가지 조성에 이어 걸망개 갯벌을 들로 바꾸는 간척사업을 진행하였다.

간척지의 특성을 잘 알고 있던 일본인들은 5년간 무상임대라는 조건을 걸고 인심을 쓰는 척 사람을 모았는데, 5년이란 세월은 간척지의 소금기가 빠지기에도 부족한 시간이어서 소금 간기를 빼느라 죽어라 고생만하고 좋은 논은 다시 빼앗겨버리는 아픔도 겪었다.

1922년 완공된 관기들은 10여 년이 지나면서 농사를 지을 만한 여건이 되었는데, 이때 조선인 소작인은 3,000여 명에 달했으며 소득은 가을걷이를 하고나면 겨우 식구들 배고픔을 견뎌내는 정도였다.

관기들의 애환을 겪었던 간척지 초기의 농부들은 이젠 만날 수 없는 세대가 되었다. 지금 남아서 관기들의 이야기를 전해주는 세대에게 그들은 어린 시절의 힘들었던 애환이 향수가 되어 마냥 그리운 시절이며 아름다운 시절로 기억하는 이들이다.

논이 적었던 남해군의 오지에서 이주를 해서 간척지를 조성하고 마을을 만들어 정착했던 남해촌마을 사람들의 이야기도 흥미롭다. 겨울 농한기에는 솜씨 좋은 남해 세모시 기술을 마을에 전수해서 여수사람들의 옷맵시가 달라졌다는 이야기도 이젠 전설이 되어버렸다.

관기초등학교 아래 농촌마을에 어울리지 않게 서 있는 오래된 붉은 벽돌 큰 건물은 고뢰농장이 소작인을 관리하던 건물이었다. 고뢰농장의 사장이었던 '오오츠카 지사부로(大塚治三郎)'와 그의 고향 사가현의 주주들과 그 후손들의 이야기도 역사기행의 해설사가 즐겨 이야기하는 바다.

풍년 결실을 거두는 금빛 저 들판은 보는 것만으로도 지금도 충분히 아름답다. 하지만 눈에 보이는 황금 빛깔 아래에 녹아있는 농부들

관기들녘의 추수(위)와 관기늘

의 한숨을 보면 나락 알갱이를 몇 가마쯤 물에 흘려서 금가락지 몇 개는 만들어내는 연금술사라도 되고 싶은 심정이다. 가장 힘없는 농민을 희생양으로 삼은 정부의 정책으로 농업은 이미 투자비도 건지지 못하는 분야가 되어버렸기 때문이다.

관기들 이전의 걸망개는 소라면의 이름과 관련이 있는 이름이다. 소라면은 일제강점기 이전에는 '조라포면'이라 하였다. 한자 소召는 '조'라고 읽기도 하여 조라포召羅浦라 쓰고 '조랏개'로 읽었다. 조랏개는 걸망개의 다른 표현으로 꼴을 담는 도구 '걸망'이 아닌 해산물을 담는 '조락'이란 의미이며 '조락개'는 걸망개의 다른 표현인 것이다. 이런 이유로 지금의 관기들이 있는 해안선의 모양인 조락개에서 유래되어 '조'를 '소'라고 발음한 일제강점기 이후에 '소라면'으로 읽고 쓰게 되었다.

10월 상달이 관기들 위를 비추는 날이 오면 들녘을 따라 '섬달천'마을까지 걸어보자. 여수의 감춰진 속살처럼 아름다운 낭만이 가슴에 벅차 오를 것이다.

나라와 운명을 함께하는 사찰 홍국사

한 덩어리 거대한 기계장치처럼 보이는 공장지대를 벗어난 지 몇 분, 산허리를 한 번 돌았을 뿐인데 이리 멋진 숲과 한 덩어리가 된 고찰이 있을 줄이야! 홍국사를 만나는 여행객들이 놀라는 첫 느낌이다. 얼마 전까지 절 입구에 옛 삼일면의 생활 중심이었던 중흥마을이 있어 활기가 넘쳤으나, 2002년부터 2012년까지 국가산단 주변마을 이주사업이 추진되어 5개 동의 6개 마을 1,791세대 5,956명의 주민의 이주가 완료되고 지금은 을씨년스럽다. 사람이 잘 살기 위해 산업단지가 만들어졌지만 정작 사람이 살아갈 집들이 헐리고 주민이 떠난 자리에는 삭막한 공장들로 채워지고 있다.

홍국사로 오르는 도로를 따라 마을의 흔적이 아쉽게 끝나는 지점에 산문의 입구가 있다.

"절이 홍하면 나라가 홍할 것이요 나라가 홍하면 이 절도 홍할 것이다"라고 하여 홍국사라고 이름 짓고 절을 찾는 중생의 구제를 위해 1,000일의 긴 시간을 기도드리면서 절을 만들었다는 일화는 이 절의 가치를 한껏 부풀린다.

상쾌한 숲 내음과 함께 시작되는 입구의 일주문을 지나면 가람에

배치된 건축물과 형상들 하나하나가 깊은 사유를 통해서 만들어진 의미와 상징을 담고 있다. 흥국사의 대웅전은 끝없는 욕망과 고통으로 채워진 인간세상이란 바다에서 피안의 세계로 데려다 줄 선박으로 반야용선이란 배로 형상화되었다. 그래서 대웅전 네 귀퉁이마다 거북과 용, 꽃게와 같은 바다 생물이 조각되어 있다. 이런 이유로 흥국사 대웅전 앞에는 탑이 보이질 않는다. 바다 위에 탑을 세울 수 없기 때문이다. 그래서인지 대웅전 앞 석등은 돌거북이 짊어지고 있다.

전라남도 여수시 중흥동 영취산靈鷲山에 있는 흥국사는 대한불교조계종 제19교구 본사인 화엄사華嚴寺의 말사이다. 흥국사는 고려 명종 25년(1195) 보조국사가 창건하고 조선조 선조 30년(1597) 정유재란으로 소실된 후 인조(1624) 때 계특대사가 중건하였다고 전해온다.

보조국사는 국가가 바로 되고 승가가 본연의 자세로 돌아가는 것을 염원하였는데, 흥국사도 이러한 보조국사의 사상과 신앙에 의해서 창설된 사찰로 임진왜란 시에는 의승군 400여명이 활약하여 호국 불교의 성지로 알려지기도 하였다.

절 안에는 보물 제396호인 대웅전을 비롯하여 강희 4년명 동종(보물 제1556호)등 9개의 보물과 원통전(전남유형문화재 제45호), 팔상전(전라남도 문화재자료 제258호), 삼장보살도(전라남도 유형문화재 제299호)가 있고 의승수군유물전시관에는 800여 점 이상의 유물이 있어 볼거리가 쏠쏠하다.

나라와 사찰이 공동운명체라는 흥국의 사상은 비보사찰로서 종교의 법력으로만 기대지 않았다. 임진왜란이 일어났을 때 병역의 의무와 상관없이 해전에 참가했던 비정규적 수군 병력은 토병土兵과 포작鮑作, 노예 등 다양하였다. 그중에서 가장 눈부신 활약을 보인 것이 흥국사 등의 승려들로 구성된 의승수군이었다. 나라의 안정과 융성을 기원했

삼악도를 면해준다는 흥국사 대웅전 문고리(왼쪽), 드나드는 사람이 자세를 낮추도록 처마가 낮은 팔상전 출입문

흥국사 대웅전

던 기도처로서, 불법보다 호국을 우선으로 창건된 흥국사의 면모가 엿보이는 대목이다. 이러한 의승수군은 1894년 갑오경장으로 전라좌수영이 폐영되면서 해체될 때까지 호국 승병으로서 역할을 다하였다.

지금은 입구의 매표소를 지나면 일주문을 바로 만나게 되는데 옛날에는 일주문이 없이 공북루가 먼저 나타났다. 우리나라 사찰에서 보기 어려운 이런 구조는 공북루는 일종의 성문으로서 기능을 했기 때문이다. 예전에는 남쪽 성문을 진남이라 하고 북쪽 문을 공북이라 했는데 이는 임금이 북쪽에 있으므로 예를 갖춘다는 뜻이다. 이렇듯 성문이 사찰의 일주문처럼 있었던 것은 의승수군이 군사체계를 유지하고 있었기 때문이다.

송광사 대웅보전 문살의 표본이 되었다는 흥국사의 아름다운 대웅전의 문살에는, 매우 큰 문고리가 달려 있다. 이는 대웅전을 다시 중건할 때 절집을 세웠던 승려들이 집을 다 짓고 천일 동안 기도를 드리며 대웅전 문고리를 잡는 사람들에게 삼악도(불교에서 악인이 죽어서 가는 고통의 세계)를 면하게 해 달라고 기원 드리고 오랫동안 문고리가 전해지도록 크게 만들었기 때문이란다.

흥국사를 찾는다면 맨 먼저 대웅전의 문고리 먼저 잡아야 될 일이다.

공은의 절개를 간직한 삼일동

여수청년의 기상이 서려있다는 호랑산자락에서 시작된 물길은 내가 되어 멀리 낙포마을 앞으로 흘러나간다. 서쪽의 호랑산(470m)과 기산(439m), 동쪽의 봉화산(422.2m)과 부월산(334m)이 만든 골짜기 사이에는 호명동이 있다. 골짜기의 입구에 해당하는 남쪽은 둔덕동 지역이며 북쪽은 상암동이다. 20여 리의 긴 냇가 주변으로 사람들이 터전을 삼아 마을을 만들고 오랜 역사의 흔적을 남겨 호명동, 상암동, 낙포동, 자내리, 사근치, 양지, 음지, 내동, 상암, 진례, 당몰, 작산 등의 마을이 정겹게 사람을 맞는다.

예로부터 여수는 충의忠義와 절개를 숭상하여, 조선 초 고려에 대한 절개를 지킨 공은孔隱의 죽음을 슬퍼한 기러기가 3일 동안 울다가 떨어져 죽어 낙포落浦라는 이름이 유래되었고, 3일을 울다 죽어간 기러기를 슬퍼하여 삼일이란 지명이 생겨났다는 전설은 이 땅에 살아왔던 사람들의 기질을 유감없이 보여준다.

공은은 원나라에서 공민왕과 결혼한 노국공주를 따라 수행원으로 와서 귀화하여 곡부 공씨의 시조가 된 사람이다. 1380년(우왕6) 문과에 급제하여 벼슬길에 나가 고려 멸망 무렵에는 문하시랑평장사門下侍

郞平章事에 이르렀으나 이성계가 위화도회군으로 조선을 건국한 것을 불의라 하고 두문동杜門洞에 은거하였다. 이후 유학을 강조하는 상소를 올렸다가 빌미가 되어 경상남도 의금도依金島에 유폐되었다가, 전라남도 여수 진례산 아래 낙포로 이배移配되었다. 공은은 스스로를 고산孤山이라 칭하고 생활하다가, 여수 지역 유배지에서 생을 마쳤으며 묘지와 사당이 상암동에 있다.

호랑산에서 시작된 20여 리 되는 긴 냇가는 이름 그대로 진-내(진례)라 하였고 고려시대에 진례부곡에 이어 조선시대에는 남해안 해안방비를 위해 진례만호진이 설치되어 왜적을 방어하였다. 내례포만호진과 전라좌수영으로 이어지는 조선중기 그 임무를 넘겨주기까지 이곳은 여수반도의 중심이었다.

1974년 남해화학주식회사가 들어서면서 바닷가 포구를 중심으로 형성되었던 낙포마을주변이 공장지대로 변하였지만 호명과 상암마을은 아직 그대로이다.

호명동은 '범우리'라고 하던 우리말을 훈차한 마을 이름으로, '범이 울던 곳'이나 '범 골짜기'의 뜻을 가지고 있는 마을이다. 마을에는 지방기념물 165호로 지정된 방재수림대라고 하는, 100년에서 400년 된 느티나무·팽나무 등의 대형 수목 80여 주가 전해온다. 이 나무들은 호랑이 형국이라는 마을의 풍수에 꼬리가 없어서 이를 비보하기 위해 마을 하천을 따라 심었던 나무란다. 여름철이면 울창하게 늘어선 신록 사이로 보이는 마을이 아름다워 잠시 쉬어가고 싶은 마음이 앞에 나선다.

방재수림대가 시작되는 마을 입구의 하천가에는 길이 4.3미터 폭 1.2미터의 넓적하고 큰 바위 하나가 눈에 띄는데 이 마을 냇가에 걸쳐있던 옛 돌다리이다. 여러 사람이 함께 힘을 합쳐야 설치 가능한 이

호명마을 방재수림

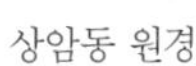
상암동 원경

돌다리에서 선조들의 협동심을 엿볼 수 있다. 마을에 남아 있는 들돌과 오랫동안 풍속으로 전해왔던 진세 행사에서도 전통 있는 마을의 분위기는 전해온다.

호명마을의 방재수림대는 조상들의 자연을 이용하는 지혜를 느낄 수 있는 숲으로, 오래된 나무를 보호하고 다양한 종류의 나무들을 통한 교육적 가치가 높아 전라남도 기념물 제164호로 지정하여 보호하고 있다.

여수의 북쪽 해변으로 외부인과 접촉이 적었던 상암동과 호명동은 2012년 세계박람회 이후 큰 변화를 맞았다. 이순신 대교의 개통으로 다리를 건너 오는 사람에겐 이곳이 여수의 관문으로, 진달래 축제가 열리는 영취산의 아름다운 인상과 함께 기억되기 때문이다.

신명나는 가장 굿판 신추농악

간척지인 관기들은 소라면의 가사리와 화양면의 백초마을을 연결한 둑과 수문이 만들어져 250정보나 되는 너른 들이 만들어졌다. 바닷가의 작은 마을이던 백초마을은 본래 신추라고 부르던 마을이다. 본래 '센-추'라 하던 말로 주변의 지형이 저울의 추처럼 길게 늘어진 형태이거나 산자락이 곶처럼 튀어나온 지형에 붙여진 지명이다. 그러나 신추를 한자로 기록하면서 백초로 기록하게 되어 지명의 유래가 마을 주변에 갈대나 억새와 같은 하얀 풀이 많은 것에서 지어진 이름으로 흔히 오해되고 있다.

1922년에 수문과 둑이 완공되고 걸망개로 불렸던 마을 앞 갯벌이 옥토로 변하자 사람이 모여들고 집들이 늘어나면서 차츰 마을의 규모도 탄탄해졌다. 농사를 지을 수 있는 땅이 부족한 시절에 마을 앞에 펼쳐진 너른 들은 보기만 해도 배가 부르는 기적이었을 것이다.

너른 들이 생겨나자 생활도 여유로워지면서 마을에는 농악단도 꾸려졌다. 전라좌수영 수군의 후예답게 여수 지역의 굿판에는 독특함이 있었다. 본래의 마을 굿판은 마을의 무사 안녕을 비는 형태로 마을 곳곳에 스며들어 해악을 끼치는 귀신을 시끄러운 전통악기로 깨우고

배초마을 들녘

모아서 마을 주민이 보는 마당에서 묻어버리거나 쫓아버리는 매귀埋鬼에서 유래한다. 이를 '매구(매귀)'라고 한다.

여수 굿판의 원형은 전통적인 매구에다 좌수영군의 진중에서의 생활이 접목된 진중농악이 유행하여 전승되어 왔다. 백초마을의 경우에도 진중농악 형태로 전승되던 마을굿에는 가장물假裝物로 소, 곰, 호랑이, 사자, 말 과 같은 동물에다 대포수, 각시, 무동, 무녀, 말을 탄 장군 등이 등장한다. 이는 특별히 한편의 연극으로 진행되는데 전국에서도 이와 같은 유래를 찾아보기가 힘들다.

백초마을의 가장놀이의 내용은 민속학자인 정병호 선생의 글에 다음과 같이 소개되었다.

> 사물들이 연주하는 가락은 가장꾼들을 흥겹게 해 주기 위한 반주 역할을 하게 된다. 그 가락은 느린 삼채, 중삼채 그리고 잦은 삼채를 쳐 준다.
>
> 소놀음에서는 암소와 수소가 나와서 처음에는 느릿한 춤을 춘다. 수소가 교미하려고 접근하면, 암소는 몸을 피한다. 그러나 가락이 빨라지면서 두 사람은 땅으로 엎어져 소들이 교미하는 형용을 한다. 다음은 곰놀음이다. 여기서는 곰이 산에서 생활하는 것과, 규칙적인 동작을 반복하면서 곰이 춤추는 모습을 흉내 내고, 또 암놈과 수놈이 싸우기도 하는가 하면 사이좋게 노는 형용도 한다. 사자놀음은 숫사자와 암사자가 활달한 몸짓으로 춤을 추다가, 결국은 애무하고 성행위를 하는 동작을 한다.
>
> 호랑이놀음도 사자놀음과 같이 처음에는 느릿하게 우스꽝스러운 춤을 추다가 암컷·수컷이 한동안 싸우고 마지막에는 애무하는 형용으로 끝을 맺는다. 다음은 말놀음인데, 처음에는 암말과 숫말이 서로 애무하고 사이좋게 지내는 형용을 하다가, 가락이 빨라지면 장군이 칼을 휘두르는 가운데 뛰어다니면서 용감한 전투무용을 하기도 한다. 무동놀음은 손짓춤을 주로 하면서, 남자가 다가서면 여자는 돌아서서 부끄러워하는 등 남녀의 사랑을 표현하는 내용을 인형극적 수법과 비슷하

게 하면서 논다.

그리고 마지막 가장놀이인 1인 2역의 거사와 각시놀이는 한 사람의 농악꾼이 남녀역할을 동시에 하는데, 그 주된 표현은 역시 남녀의 사랑을 묘사하는 것이라 하겠다. 이렇게 하여 모든 가장놀이가 끝나면 상쇠가 굿거리가락을 치면서 뒤풀이를 시작하게 된다. 이때 모든 농악꾼은 물론 구경꾼들도 합세하여 "좋다 좋지 아먼 그렇지 얼씨구"하면서 신나게 추임새를 붙이면서 흥겨운 춤판이 벌어진다.

한동안 단절되었던 백초마을의 마을 굿은 최근 가장놀이를 복원하여 그 원형을 전승하려는 주민의 노력이 돋보인다. 이번 복원을 계기로 독창적인 생각에다 여수 사람의 고유 흥이 잘 조합된 민속으로서 발전되어 진가가 드러나길 기대해 본다.

백초마을 선경

문꾸지와 창무

화양면이 시작되는 지점을 알리는 도로표지판이 서 있는 창무마을은 문과 관련된 이야기가 많다. 화양면은 조선시대 백야곶목장과 곡화목장이라는 이름을 가졌던 국가에서 관리를 하던 목장지와 돌산만호진이 있던 곳이다. 지금의 소호동에서 서쪽으로 가로질러 화양면의 오천마을까지 말들이 도망을 가지 못하게 성을 쌓고 문을 만들었던 자리가 문꾸지 창무마을이었다. 허물어진 성벽은 지금도 긴 담장이 되어 그 흔적이 남아 있다.

문꾸지의 성문에는 항상 창을 들고 문을 지키던 사람이 있었던지, 창으로 막아선 자리란 뜻을 가진 '창마쟁이'에서 창무마을의 이름은 유래되었다. 지금도 마을의 원로들은 마을 입구를 '문'으로 부른다. 마을 뒷산인 비봉산에는 용이 바다로 나아간 곳의 의미를 가진 천년고찰로 알려진 용문사가 있다. 용문사 앞 바다의 이름도 용진개이다.

옛날 창무마을 남쪽 입구에는 칠성바위라 부르는 일곱 개의 바위가 입구를 지키고 있었다. 나중에 차선 도로로 확장되는 과정에서 이 바위들은 고인돌이라고 확인되었다. 발굴 과정에서는 덮개돌이 있던 칠성바위 7개 외에도 20여 기의 고인돌 무덤 하부가 확인되었다. 오랜

곡화목장지도(보물1595호 1663년 허목이 만든 목장지도 중)

옛날부터 마을에 살았던 조상들도 죽어서 마을의 수호신으로 살기 위해 마을 입구에 고인돌로 남아 있었으리라.

조선시대 조라포면召羅浦面이던 화양華陽지역은 1897년 여수군이 신설되면서 그 이름을 처음 갖게 되었다. 화양면이란 이름의 유래는 화양면이 목장이었던 역사적 사실에서 그 이유를 찾을 수 있는데 화양이란 뜻은 본래 사서삼경의 하나인 서경書經의 주서朱書에 나오는 고사古事에서 따왔다.

주서 「무성편武成篇」에는 주무왕朱武王이 상商나라를 정벌하고 다시는 전쟁을 하지 않겠다는 뜻으로, 말은 화산華山의 남쪽에 풀어놓고 소는 도림桃林의 숲에 풀어놓았다는 '귀마우歸馬于 화산지양華山之陽'이라는 고사에서 화양이라는 뜻을 인용하였다.

이처럼 화양면은 평화를 사랑하는 마음에서 연유된 성군聖君들의 고사가 함께 전해오는 의미 있는 이름으로 대부분의 고을의 이름이 전해지는 옛 지명을 한자 말로 바뀌어 만들어졌으나 화양의 이름은 비교적 근대에 지역의 특성에 걸맞은 고사를 찾아 지어진 이름이다.

창무마을 입구에는 여수인으로서 잊지 말아야 할 중요한 인물의 무덤이 있다. 윤형숙 열사의 묘이다. 윤형숙 열사는 기미년 삼일독립운동 시에 광주에서 수피아여학교를 다니면서 광주의 시장에서 만세운동을 주도하였다. 시위 중 일경이 휘두르는 일본도에 의해 팔이 잘리고 일본 경찰에 체포되어 1919년 4월 30일 광주지방법원에서 보안법 위반으로 징역 4월을 선고 받고 옥고를 치렀던 여수의 유관순이다.

윤형숙 열사의 숙부였던 윤자환尹滋煥 열사도, 1919년 3월 2일 전라남도 순천군 순천면 저전리에 있는 천도교 교구에 독립 선언서 35매를 배포하고 독립 사상을 고취하는 활동을 전개하였다. 그리고 전라남도 순천군 해룡면 면사무소와 여수경찰서 게시판에 1매씩 붙이고,

화양면 입구 창무리에 있는 윤형숙 열사의 묘지

3매는 전라남도 여수군 율촌면에 사는 강석재에게 읽어볼 것을 당부하고 나누어 주었다. 이 일로 일본 경찰에게 체포된 윤자환은 1919년 4월 26일 광주지방법원 순천지청에서 보안법 위반으로 징역 6월을 선고 받았다.

창무가 성문을 막고 지키면서 마을이 시작되었듯이 여수는 우리나라 남해안의 관문으로서 숱한 외적의 침입을 막고 지켜왔다. 그 중심에는 항상 여수의 정신을 담고 있는 여수 사람이 있었다.

곡화목장과 돌고개 화동

화양고등학교가 있는 화동리 마을 입구는 나지막한 고개가 있다. 고개에는 느티나무와 팽나무가 우거지고 사이사이로 20여 기가 넘는 고인돌이 평상처럼 놓여있어 여름이면 시원한 그늘 속에서 낮잠을 즐기는 사람이 많았던 마을의 쉼터였다. 이 바위돌이 고인돌이라고 알려진 것도 1980년대 이후이다. 1789년에 쓰인 『호구총수戶口總數』의 기록에는 화동이라는 이름은 없고 돌고개(乭古介)란 이름으로 나타나 있다. 옛날에는 돌고개가 마을이름으로 불렸던 모양이다.

화동리는 곡화목장의 동쪽이라는 뜻으로 곡화의 '화華'와 동쪽의 '동東'을 합하여 지어진 마을 이름이다. 전해오는 마을의 옛 이름은 동편·댕핀·코캐 등이다. '댕핀'은 동편의 방언이고 '코캐'는 곡화曲華가 변한 말이다. 곡화는 조선조 초기부터 지금의 화양면 지역에 자리했던 곡화목장의 감목관이 거주했던 중심 마을이었기에 목장의 이름이 마을 이름으로 불렸던 것이다.

곡화목장은 조선중기까지도 백야곶목장이라 하였다. 충무공 이순신의 난중일기 중 임진년 2월19일 일기에는 백야곶목장을 지나간 기록이 있다.

> 임진년 2월 19일(庚戌) 맑다. 순찰하러 떠나 백야곶(여천군 화양면 화동리)의 감독관이 있는 곳에 이르니, 승평부사 권준이 그 아우를 데리고 와서 기다렸다. 기생도 왔다. 비가 온 뒤라 산의 꽃이 활짝 피어 경치가 멋져 형언키 어렵다. 저물어서야 이목구미(여천군 화양면 이목리)에 이르러 배를 타고 여도(고흥군 점암면 여호리)에 이르니 영주(고흥)현감(배흥립)과 여도 권관(황옥천)이 마중했다. 방비를 검열하는데 흥양현감은 내일 제사가 있다고 먼저 갔다.

지금의 화양 지역의 지형과 일기를 대조해 볼 때, 이순신은 백야곶목장의 감목관이 있던 지금의 화동마을을 지나기 위해서는 화양면 나진리에 속한 동쪽 포구 굴구지에 내렸을 것이다. 이후 백야곶목장이 있던 화동지역을 지나 지금의 이영산이나 서촌의 서이산에서 머물다가 저물녘에 이목구미에서 배를 타고 여도 만호진으로 출발한 것으로 보인다. (지금까지 많은 『난중일기』 번역가들이 이 부분 백야곶목장을 백야도가 있는 힛도 지역으로 번역하였다. 필자는 최근 『난중일기』 연구자들에게 이 부분을 제보하였다.)

고인돌은 청동기시대의 매장 풍습으로 알려졌으며, 오래 전부터 이 지방에 사람이 산 흔적을 보여주는 귀중한 문화적 유산으로, 화동마을 일대는 농공단지 조성으로 파괴되기 전까지만 해도 수백 기의 고인돌이 산재한 고인돌의 천국이었다. 현재 살고 있는 화동마을 장년층에게는 어린 시절 고인돌 주변에서 돌화살촉이나 돌칼을 주워서 놀았다는 이야기를 쉽게 들을 수 있다.

화동리 고인돌의 특징 중 한 가지는 조선조 곡화목장이 있던 시절에 감목관들의 치적을 기리는 글을 비석 대신 고인돌의 표면에 새겨

넣었다는 점이다. 2기의 고인돌이 고갯마루에 남아 있는데 빙옥같이 투명하게 다스렸다는 빙옥기정氷玉其政이란 글귀가 새겨져 있어 고갯마루 뒤편에 세워진 화양고등학교 학생을 비롯하여 뒷사람에게 전하는 바가 되고 있다. 동구 근처 고개에 이처럼 수십 기의 고인돌이 있었기에 돌고개란 이름이 부족하지 않았을 것이다.

돌고개 언덕에서 내려다보는 화동리 마을에서 서촌까지 이어지는 너른 들은 주변의 마을들과 어울리며 목가적인 시골풍경을 펼쳐 보인다. 들이 귀했던 여수반도에서 간척지를 만들기 전에는 제법 너른 들이어서 들 주변의 마을들은 해안가의 마을에 비해서 배를 곯는 일이 적었다고 한다.

조선시대 말까지 곡화목장의 지배아래 있었던 화양지역에서 감목관이 거주했던 중심마을 이었던 화동마을은 감목관의 폭정아래 힘들게 살았던 목자들의 사연이 많이 전해진다. 신분사회였던 조선시대 이러한 민중의 불만의 폭발은 동학농민운동으로 정점을 이룬다. 사복시란 관청의 소속으로 종의 신분이 세습되었던 말을 키우던 목자들 중 많은 사람이 동학농민군과 함께 여수에서 벌어졌던 농민운동에 참여하였다.

이 지역의 대장은 당시 25세 혈기왕성한 청년 김지홍이었다. 많은 정보가 없던 시절이지만 농민군에게 동학군으로의 참여는 '큰 일'로 표현되며 같은 처지의 사람들의 지지를 받았다. 동학군의 좌수영전투에 관한 기록이 소상하게 표현된 『오하기문』에는 3만여 명의 동학군이 좌수영성을 공격하고 실패한 사연을 보여준다. 김인배의 주도아래 순천의 영호대도호소 소속의 동학군 주력은 패퇴하면서 순천지역으로 빠져 나갔지만 여수주변의 동학군 참여자들은 화양반도지역으로 쫓겨 가면서 화양 장수리의 동성바위 주변에서 궤멸되고 말았다.

화동마을 돌고개 고인돌(화양고 입구)

곡화목장 감목관이 있던 화동마을

화양지역의 대장으로 알려진 김지홍은 부자집 아궁이속에 숨어있다 잡혀서 곡화목장 관사가 있던 너른 마당에서 주민들이 지켜보는 가운데 화형당했다. 동생 김처홍도 좌수영성으로 잡혀가는 중에 수장당했다고 알려진다. 동학군의 지도자로 알려진 또 한사람은 화동리 대청마을 사람인 심송학이다. 당시 중년의 나이로 동학에 참여했던 심송학은 동학관련 처형기록에 나타나는 인물로 심씨가의 족보에서도 이름이 삭제되었다. 하지만 필자가 조사를 해보니, 그의 행적은 후손들에게 조심스럽게 전해져 큰일을 했던 자랑스러운 선조로 기림을 받고 있었다.

화동리 마을 북쪽에는 안양산이 자리 잡고 있다. 산 아래 안양동이라는 화동리에 속한 작은 마을이 있어서 얻은 이름이지만 옛 곡화목장의 기록에는 화산으로 기록되어 있다. 화양면에 중심에 있는 산으로 1897년 화양면의 이름이 생길 때 화산의 남쪽이란 뜻은 죽었던 산이다. 『여천군 마을 유래지』의 안양동安養洞을 보면, 노승 한 분이 마을 앞을 지나다 "마을 이름을 안양이라 지어 부르면 자식들이 고이 자라며 부모에게 효를 다해 받들어 모시며 마음이 편하게 되리라"하여 지었다고 전한다. 안양동의 이름을 한자 풀이하여 만들어진 이야기다. 이 마을에 전해져 오는 옛 이름은 '안양골'이었다. 노승이 아니라도 동촌의 안쪽 양지쪽 마을이란 뜻으로 자연스럽게 지어진 이름이다.

안양마을 남쪽의 대청동大淸洞마을은 대청몰이라 하였으며, 마을을 이루기 전 대청사라는 큰 절이 있어서 마을 이름이 되었다고 전해온다.

태평성대를 기리던 무선지구

여수시의 시내 권역이 시작되는 화장동부터 무선산사이를 무선지구라고 부른다. 쌍봉면이 여천출장소와 여천시를 거쳐 통합여수시가 되는 동안 여수산단의 확장으로 인구가 늘어나면서 새로운 시가지로 형성되었다. 농업을 주업으로 하던 농촌마을이었던 이 지역에는 무선산 아래의 무선마을을 비롯해서 화산, 성산, 대통, 군장마을이 있었으나 철거되고 택지로 조성되면서 무선지구라는 이름을 얻게 되었었다.

선녀가 춤을 추는 형상이라는 무선산은 해발 210m의 낮은 산으로 옛날에는 하늘에 제를 올리던 제단이 있어 흉년이 들면 기우제를 지내던 지역민에게는 신성한 산이었다.

산은, 동쪽은 경사가 가파르나 서쪽은 완만한 편이다. 호남정맥이 지나는 순천 계족산에서 분기한 여수기맥이 이곳 무선산을 지나 백야곶까지 이어지고 또 하나의 기맥은 수문산으로 이어져 영취산과 종고산으로 이어지는 분기점에 위치한다.

산정상은 동남쪽의 바다와 북쪽으로 바라보이는 여수산단의 입구까지 구 여천시가지가 대부분 조망되는 전망대와 같은 곳이다. 울창한 수목과 운동하기 좋은 숲길이 조성되어 있어 공원으로서 사랑도

선사유적공원(왼쪽)과 성산공원

성산공원 일대

듬뿍 받고 있다.

조선시대 초기 무선지역에는 무상원이라는 역원이 있었다. 역원이란 공문의 전달, 관물의 운송, 공무출장 관리의 숙박의 편의를 주고 또한 관청간의 연락을 신속하게 하는 임무 등을 수행했는데, 사극에서 보는 암행어사 출도 시 어사를 돕던 역졸도 역원에 소속된 사람들이었다. 무상원역은 조선시대 초기 1486년부터 1656년까지 유지되다 그 역할을 덕양역으로 넘겨주었었다.

1930년대 여수에 철로가 생기면서 새로운 개념의 역이 생겼는데 여수지역의 율촌역과 덕양역, 쌍봉역은 조선시대에 있었던 성생원과 덕양, 무상원역의 역할을 대신하게 되었다. 역사는 하루 아침에 이루어지지 않음을 생각하게 한다.

무선 지역의 중앙에는 옛 성산마을 저수지를 공원으로 조성한 성산공원이 자리하고 있어 인근 주택 단지나 아파트 단지에서의 접근성이 뛰어나 항상 시민들로 붐빈다.

무선지역 대부분을 차지하고 있는 화장동은 '화산'과 '군장'이라는 마을 이름에서 한 글자씩을 취하여 만들어진 이름이다. 이 지역에 관한 기록으로는 조선시대인 1789년의 『호구총수』에 '대통마을'만이 기록에 전하고 있다. 대통마을은 마을의 지형이 대나무 통처럼 생겨서 붙여진 이름이다. 화산마을의 옛 이름은 '덕골'이었다. '덕골'이란 이름은 이 일대의 지형이 언덕 모양의 구릉이 있어서인데, 마을 이름을 한자화하면서 덕을 세운다는 뜻으로 '입덕立德'이라 했다. 군장마을은 옛 이름이 '궁장'이라고 전해오는데, 전설로는 노루 사냥을 하다 노루가 숨어서 궁장이란 이름을 갖게 되었다고 전해온다.

무선지구에 있는 또 하나의 시설로 선사유적공원이 있다. 화장동 유적은 여수반도에서 발굴 조사된 유적 가운데 청동기시대에서 통일신라시대에 이르는 문화상을 살펴볼 수 있는 대표적인 유적이다. 고인돌에서는 가장 자랑할 만한 비파형 동검과 옥이 출토되어 고인돌 사회가 계층 사회임을 추정할 수 있는 근거가 되었다.

주거지는 2세기에서 5세기까지의 변화 양상을 보여주며 특히, 5세기대의 주거지에서는 가야계 유물이 출토되어 화장동 지역이 가야와 긴밀하게 연결되었음을 알 수 있다.

선녀가 내려와 춤을 추는 태평성대의 꿈을 간직하고 있는 무선 지역의 염원이 성산공원과 선사유적공원에 고스란히 담겨 있어 공원을 찾는 시민들의 모습에는 활기가 넘친다.

석창과 그 주변의 성터

순천과 경계를 지나서 10여 분 자동차로 달리면 석창사거리에 다다른다. 이곳에서 계속 직진하는 동쪽방향은 옛날 좌수영이 있던 여수항 지역으로 가는 길이 이어진다. 오른쪽인 남쪽은 여수시청 방향으로 구 여천시와 선소 소호동으로 이어지는 길이다. 왼쪽으로 틀면 나오는 북쪽은 우리나라 최대의 중화학 공업단지인 여수산업단지로 가는 길이다.

석창은 조선시대 여수지역에서 거둬들인 세곡을 관리하던 창이 있어서 지어진 이름인데 세금을 거둬들이는 창고 이전에 돌로 만든 보堡가 있어서 석보라 부르던 곳에서 유래하며 석보란 돌로 쌓은 작은 성을 말한다. 여수석보는 삼국시대 백제의 원촌현과 통일신라시대 해읍현 이래 고려시대와 조선시대에 이르기까지 여수 지역의 치소로 추정되고 있다.

실제로 여수라는 지명을 고려시대부터 사용하여 900여 년을 사용하던 지역이 석창지역이었으며, 조선시대 여수면이란 지명도 이 지역을 중심으로 사용하였다. 일제강점기 일본식 행성제도가 시행되면서 좌수영의 이름이 폐지되었다. 여수군의 군청사가 구항 지역에 들어서

석창성 부근 지도

고 이전 좌수영이 여수읍으로 이름이 바뀌자, 여수란 지명은 지금의 구항지역을 일컫는 지명으로 바뀌게 되었다. 석창 지역은 900여 년을 여수란 지명이 사용되던 지역이었고, 구항이 여수란 지명을 사용한 것은 불과 100년도 되지 않았다.

여수석보에 대한 기록은 『세종실록지리지』에 "목책으로 진흙을 바른 성이며, 둘레는 143보"라 하였다. 그러나 『신증동국여지승람』에는 "여수석보는 둘레가 1479척이고, 높이는 10척 이내다"라고 서술되어 있다. 성이 세종 때는 목책이었으나 성종 때는 석성이었다는 점으로 볼 때, 현재의 석성은 세종~성종 사이에 축조된 것으로 추정된다. 현대식 미터법으로 성곽의 길이를 재보면 가로 180~185m 세로 170~175m로 동서방향인 가로방향이 약간 길다.

석창성을 통하여 다양한 성곽의 축조 방식을 살펴볼 수 있는데 낙

발굴된 석창성 우물(위 왼쪽)과 해자와 성벽(위 오른쪽)
석창성지 성벽(아래 왼쪽)과 석창성 동문지(아래 오른쪽)

안읍성과 비슷하다. 성벽을 길이쌓기로 하지 않고 큰 돌을 쓰는 대신 면쌓기로 한 것은 백제계 수법으로 알려진다. 현재 성문 앞에 있었을 옹성의 흔적은 찾을 수 없고, 치로 추정되는 1개소만이 남문지 옆에 남아 있다.

석창성지 일대가 여수의 치소였음을 보여주는 흔적으로 이곳을 중심으로 많은 산성이 둘러 쌓여있다. 성터 남쪽 135.4m의 토미산 정상에는 예부터 테미산성으로 부르던 산성이 자리 잡고 있으며 산성아래 반월마을 낮은 언덕 위에도 반월산성이 성터흔적을 간직하고 전해져 온다.

테미산성은 '퇴미산성', '토미산성'으로도 불리며 최근에는 선원동에 자리 잡고 있다 하여 선원동 산성으로도 부른다. 체성體城은 서쪽 정상에서 동쪽 사면까지 내려가는 서고동저西高東低의 형태를 띤다. 토축과 석축이 혼용되었으나 대부분 토축 구간이며, 계곡 부근에 일부 석축 구간도 보인다.

성의 평면 형태는 북쪽이 좁고 남쪽이 넓은 형태를 이루고 있다. 총 둘레는 474m이며, 너비는 최고 11m 정도로 추정된다. 성 안의 지형은 동쪽의 제일 낮은 곳에 비교적 넓은 평탄지가 조성되어 있으며, 관련 시설로는 문지 1개소, 추정 건물지 4개소가 확인된다.

성 안에서 발견된 유물은 기와와 토기가 대부분이며, 자기가 1점 발견되었다. 다량의 기와는 성의 북쪽과 동쪽 평탄지에서 발굴되었으며, 제작 시기는 백제시대에 해당한다. 특히, 명문 인장와 6점은 '북北'·'전前'·'중中'이라는 방향과 위치를 의미하는 글자가 새겨져 있다.

이 밖에도 동쪽 당목산 정상부에 있는 당목산성과 둔덕동 고개 위 호랑산에 위치한 호랑산성 그리고 그 아래 수문산에 있는 수문산성 등도 이 지역과 관계가 깊은 산성 터로 이 주변 일대를 수호하기 위한 성 터의 흔적들이다.

모두가 훌륭한 문화유적들로, 여수의 관문인 석창성에 표지판을 새겨 여수를 찾는 이들에게 알려주고 싶은 옛 선인들의 삶의 흔적이다.

여수인의 충과 효를 담은 고음천과 송현

대인산 아래에 터를잡아 멋진 바다호수 가막만을 남으로 바라보는 웅천동은 한적한 시골마을에서 멋진 도시로 변하였다. 불과 10여 년의 세월에 일어난 상전벽해가 실감나는 곳이다.

웅천동은 옛이름 '곰칭이' 또는 '곰챙이'라고 부르며 고음천古音川이라는 한자로 표기하다가 웅천이란 이름으로 바뀌었다. 순 우리말 '곰챙이'를 '곰'은 웅雄자로, '챙이'는 소리나는대로 천川으로 표기한 것이다.

'곰챙이'의 뜻을 옛말에서 그 뜻을 찾아보면, 바닷가나 강가의 움푹 들어간 곳에 많이 쓰이던 말인 '곰'은 공주의 옛 이름인 '곰나루'나 화양면의 '곰골' 등의 예에서 볼 수 있다.

여기서 '곰'은 '곰탁'이나 '굼턱' 등의 우리말에 그 의미들이 남아있는 뜻으로 후미진 곳이나, 바닷가나 강가에서 안쪽으로 들어간 지형에 쓰이는 말이었다.

택지로 변한 마을의 형태가 매일 변화하고 있지만 오랫동안 변하지 않은 이 마을의 자랑거리가 두 가지가 있는데 충과 효를 상징하는 오충사와 충무공 이순신 장군의 모친이던 변씨 부인이 살던 곳이다.

오충사는 원래 가곡사라 하였다. 가곡사는 1847년(헌종 13)에 정재선이 정철에게 충절공이란 시호가 내려진 것을 기리기 위해 가곡마을에 세웠다. 창원정씨인 정철, 정춘, 정린, 정대수 네 충신을 기리기 위한 사우 건립이 추진되기 시작한 것은 순조 때였다.

1826년(순조26) 4월, 성균관과 순천향교의 유림들 간에 의견이 오고 가면서 사우 건립 여론이 형성되었다. 그 해 7, 8월에 광주향교, 남원향교, 전주향교가 순천향교에 통문을 보내오면서 사충사의 건립 기반이 확립되었다. 1847년 전라도에 살고 있던 사림의 상언上言에 의해 가곡마을에 사충사가 건립되었으나 1868년의 사원 철폐령으로 인해 20여 년만에 훼철되고 말았다.

그러다가 1927년 창원정씨 후손들과 이순신 본손들이 서로 합의하여 웅천동 송현마을에 오충사를 건립, 이순신을 주향으로 하고, 사충신을 배향하였다. 오충사 건물은 1938년 일본 경찰에 의해 강제 철거되었다가 1962년 복원되었으며, 1976년 중건이 이루어졌다. 1977년 『오충사지』가 편찬되어 전후의 역사적 사실을 기록하고 있다.

이충무공의 모친 변씨부인의 기거지는 솔고개 마을로 불려지던 송현마을에 전해져 온다. 1592년(선조25) 전라좌수사로 부임한 이순신 장군은 충청도 지방이 전란에 휩싸이자 모친 변씨 부인과 부인 방씨 부인을 여수시 웅천동 송현마을 정대수 장군 집으로 불러들여, 전란 중에도 모친에게 아침과 저녁에 문안을 올려 효를 실천하여 칭송을 받았다.

솔고개는 마을 입구 고개에 소나무가 많아서 붙여진 이름이라 전한다. 전설에는 충무공이 어머님을 안전하게 피신시킬 곳을 책사에게 물어보니 소나무 그늘 아래 모시면 안전하다 하여 가까운 좌수영에 모시질 않고 '솔 고개'로 불리는 이 마을로 모셨다고 전해온다.

충무공의 어머니 변씨 부인은 임진왜란이 일어나던 1592년부터

웅천친수공원(위)과 현재의 웅천 해변

1597년까지 5년 동안 이곳에서 난을 피하셨는데, 『난중일기』에는 80일이나 어머님에 관한 일기가 전해져 온다.

내용을 살피면 용맹스런 장군으로서 뿐만 아니라 지극한 효성을 가진 인간으로서 사람됨을 알려주는 당시의 상황과 심정들이 잘 묘사되어서 후세에 전해지고 있다. 최근에는 이 일대를 정비하여 충효 학습장으로 만들 계획인데 당시 분위기로 단장할 계획이다.

택지 지구로 만드는 과정에서는 이 일대의 선사유적으로 청동기시대 지석묘 10기, 석곽(석관) 20기, 청동기 및 삼국시대 주거지가 발굴됐으며, 이외 석검, 석촉, 토기류 등 77점의 유물이 출토됐다. 이는 그 동안 발굴된 미평동, 평여동 등 유적과 더불어 선사시대 이 지역의 활발한 생활상을 재확인하는 자료로 평가된다.

이에 따라 발굴된 유적 중 상태가 양호하고 복원가치가 있는 지석묘 3기, 석곽(석관) 9기, 삼국시대 토광묘 1기를 금년 10월까지 이전·복원해 교육·홍보용으로 활용하고, 유물은 국가에 귀속되어 학술연구자료 등으로 활용할 계획이다.

사라진 마을 신월리

솔고개와 구봉산을 배경으로 남으로는 호수 같은 가막만을 안고 있던 마을. 이른 아침에 눈만 뜨면 넓게 펼쳐진 마을 앞 바다 풍경에 절로 호연지기를 품었을 법한 풍경이다.

신근정, 지금은 사라져 버린 신월리에 있던 옛 마을의 이름이다. 수천 년 전 조상으로부터 물려받은 땅을 후대에 전해주는 것밖에 모르던 사람들이 살던 곳은, 일본 제국주의에서 시작된 외세의 영향을 받으며 비극의 땅이 되었다.

신월리는 봉양, 물구미, 신근정 등 3개 자연부락으로 이루어져 있었다. 1940년 당시 마을규모는 239호에 인구는 1,339명이었다. 여수에서도 동정과 서정 그리고 봉산리 다음가는 큰 마을이었다. 마을 앞으로 잔잔한 바다를 끼고 뒤에는 청산이 감싸고 있으며, 주위는 바둑판같은 옥토에 둘러싸여 주민들은 반농반어로 유족한 생활을 하였다. 이런 이유로 옛날에는 봉산동 국동 사람들이 신월리 덕에 먹고 산다는 말까지 나돌았다.

그러나 일제의 강점은 무릉도원 같던 이 평화경을 모진 회오리바람 속으로 밀어넣었다. 1942년 8월경 태평양전쟁의 여파는 신월리 마을까지 몰아쳤다. ㄷ자형으로 천연만을 이루고 있는 신월리의 앞 바다를 이용해 일본해군의 비행장을 만들고 미평역에서 이 비행장까지 철도를 놓게 된 것이다. 신근정, 물구미, 봉양부락은 강제철거되었다. 오늘날 같으면 시위라도 할 법하지만 그 당시는 꿈도 꿀 수 없는 세상이었고, 국가에서 결정하면 복종만이 허용되는 세상이었다.

신근정 물구미 봉양사람들은 국개 마을과 사이에 있는 샘이 있던 해변으로 이주를 하여 샘기미 마을을 만들고 일부는 돌산의 우두리로 이주를 했다. 이 비행장공사는 일본토목회사들이 맡았는데 인부는 이 고장을 비롯하여 전남동부지역민이 근로보국대라는 이름으로 끌려와 2개월씩 교대로 일을 해, 1945년 해방이 될 무렵 90%에 이른 공정에서 끝을 맺었다.

당시에 만들어진 비행기의 격납고와 창고 건물 등이 지금도 이곳저곳에 남아 있는 것을 볼 수가 있다. 해변에는, 바다로 이어지는 경사진 콘크리트 구조물로 된 활주로가 남아 있어 당시의 공사규모를 짐작하게 한다.

비행장의 건설로 만들어진 부대는 해방과 함께 미군정이 사용하다가 정부에 이양되자, 1948년 5월 4일 버려진 부대 부지가 있던 신월리는 다시 군용지로 편입되어 1개 대대 병력의 부대를 창설하였다. 14연대라는 국방경비대가 들어서게 된 것이다. 이후 이영순 소령, 김익렬 중령, 오동기 소령을 거쳐 박승훈 중령이 연대장을 맡고 있을 때인 1948년 10월 19일 밤 여수의 비극이 된 여순사건이 일어나게 된다.

1950년 7월 25일 군대가 완전철수하고 한때 텅텅 비어있던 이곳은 1952년 12월 31일 제15육군병원이 설치되어 전방에서 내려온 부상자들을 수용했다가 1953년 7월 27일 철수되었다.

육군병원 시설철수로 상당 기간 공백상태에 있던 이곳은 1962년 6

일본 해군비행장의 잔해(활주로/위)와 신월동 앞바다의 윤슬

월 26일 뜻밖에도 보사부 결핵환자 자활촌으로 지정돼 전국결핵환자의 총 본산이 되었다. 환자들이 시내 음식점이나 목욕탕 등으로 함부로 출입하는 바람에 말썽이 되다, 1976년 2월 20일 보사부에서 생활보조금을 지급하여 많은 사람들이 율촌으로 이주하였다. 1976년 7월 23일 한국화약 제2공장이 들어서 가동 중인 것이 오늘날의 신월리이다.

어린 시절 이주했던 신근정 마을의 주민 눈에는 지금도 마을 앞 큰 당산나무의 그늘이 생각난다고 한다. 동구떼를 지나면 큰 멍덤과 작은 멍덤이 있었고, 샘꼬랑과 굴봉산을 오르내리며 지금은 대치라고 부르는 뒷골마을까지 다니던 심부름도 떠올린다. 여서동 대치마을의 우리말 이름은 큰 고개라는 뜻의 한재인데, 여서동에서 신월리로 넘어오던 큰 고개가 있어서 지어진 이름이었다. 신월리 마을이 없어지고 여서동에서 광무동지역으로 넘어가던 고개 이름으로 착각하게 된 것도 마을이 철거되었기 때문이다.

시원하게 트인 신월리 앞 해안도로는 마을의 아픔과 비극의 역사를 떠올리기엔 너무나 아름다운 경관으로 바뀌었다. 세계박람회와 함께 멋진 공원으로 조성된 해안 공원엔 멋진 숲이 만들어지고 바다에는 요트도 띄웠다. 다시는 이 아름다운 지역이 비극의 땅이 되지 않도록 이 공원에 마을이 겪어야 했던 일을 새겨 넣어야 한다. 신월리에서 바라본 빛을 받은 가막만 바다는 오늘도 눈부시다.

우두리와 달밭기미

돌산대교와 거북선 대교로 연결되는 돌산도는 해안선의 길이가 104.4km이며, 면적은 71.6㎢로 우리나라에서 아홉 번째의 크기의 섬이다. 돌산대교를 건너면 만나는 우두리에는 나룻고지 진두마을로부터 택지개발로 시가지로 형성되어 여수시돌산청사가 들어서 있는 세구지를 비롯해 백초와 진목, 상동, 하동, 월전포 등이 마을을 이루고 있다.

우두리의 본래의 이름은 '쇠머리'라고 불렀는데 마을 주변의 산이 소의 머리를 닮아 유래되었다고 전해진다. 옛날부터 돌산에는 힘이 센 장사가 많았는데 일제강점기에도 섬 주민들은 소처럼 힘이 센 장사가 많이 태어나 일제에 항거하리라는 믿음을 가지고 있었다 한다. 이런 이유로 일제는 마을 이름을 소머리의 의미를 가진 우두리牛頭里에서 우두리右斗里로 바꿔 버리는 만행을 저질렀다. 주민들이 1995년 정부에 청원하여 본래의 한자 이름을 되찾았다.

우두리의 동쪽 바다는 동북방향에는 경상남도 남해도와 인접하고 동쪽과 남쪽으로는 우리나라의 남해바다와 인접해서 대양과 이어지는 수평선이다. 큰 파도가 닿는 해변이라 절벽이 많은 해안선을 따라서 펼쳐지는 망망대해는 다도해의 아기자기한 섬과 어우러진 경치에 익숙한 여수사람에게는 가슴이 확 트이는 시원스런 풍경이다.

옛날에는 수산자원도 풍부하여 경상도 남해도 사람들과 이 바다에서 함께 고기를 잡으며 지역을 오가며 교류를 하였기에, 자녀들은 혼사를 맺었고 돌아오는 명절에는 농악대회를 열어 잔치를 벌였다. 한번은 남해에서 한번은 돌산에서 행사를 치르다 보니 여기는 돌산사람 김영감집, 저기는 남해사람 이영감집 하면서 한 동네 사람처럼 오가던 시절도 있었다고 한다. 우두리 해변 절벽에 이름 붙여진 '매구통'은 우두리 사람들이 남해의 농악대회에 갔다가 배가 뒤집히는 사고를 당하면서 붙여진 지명이다.

통은 해안절벽에 만들어진 틈새로 웅덩이나 물통 모양으로 건널 수 없는 지역에 붙는 지명으로 매구통과 더불어 사타구니통, 가매통, 물만통, 영감통 등 지명마다 숱한 전설이나 사연이 서려 있어 경관에 얽힌 사연이 더욱 눈길을 끈다.

깎아지른 절벽과 통을 지나는 중에 해안 절벽 위로 깨끗하게 지어진 용월사를 보게 된다. 일출 명소로 알려진 향일암과 함께 유명한 용월사는 본래는 달이 뜨는 곳으로 유명한 전통적인 월출 명소다. 우리 조상들은 쨍하게 빛나는 태양의 일출보다는 은은하게 떠오르는 달빛을 음미하며 월출의 명소들을 많이 남겨주었는데 이 지역 일대는 달빛이 아름다운 장소로 유명하여, 지명도 떠오르는 달을 받는 해변의 의미를 가진 '달밭기미'이다.

용월사에서 바라보면 멀리 수평선에는 점점이 끊어질듯 이어지는 대형선박의 행렬이 쉼 없이 오간다. 여수만의 입구이기도 한 이 바다위로 광양컨테이너 부두를 드나드는 수출입선과, 여수석유화학산업단지와 광양제철소를 오고 가는 유조선과 화물선이 이어지기 때문이다.

돌산 동쪽 여수만의 파노라마 사진(위)과 용월사 일출

과거에는 경상도와 전라도 사람들이 생업을 위해 땀 흘려 일했던 생활의 바다였다면, 지금은 우리나라의 산업이 해양을 통해 세계와 교류하고 있는 산업 항로인 것이다. 세계박람회의 성공적인 개최로 세계 속의 항구로 자리잡은 여수로 이어지는 뱃길이 된 것이다.

세계사를 살펴보아도 해양이 융성하던 시절에 국가도 융성했던 역사를 쉽게 보게 된다. 대항해시대의 유럽의 국가들이 그러했고 동서양의 많은 국가들이 바닷길을 활발히 오고갈 때 세계사에 큰 족적들을 남겼음을 우리는 알고 있다. 우두리에서 바라본, 대양으로 이어지는 돌산의 동바다 여수만은 세계로 이어지는 여수의 바다이자 한국의 바다라서 더 넓고 크게 느껴지는 바다다.

이 밖에도 달밭기미 월전포 주변에는, 남해사람이 쓰러뜨렸다는 탑 이야기가 있는 '탑싼기미'와 겨울에도 따뜻한 해변 '따순기미', 호랑이가 있었다는 '범기미' 해변이 제각기 다른 풍경과 운치를 보여준다.

무슬목과 달암산성

여수 돌산도에서 시작되는 국도 17호선은 돌산도를 관통한다. 국도 17호선을 따라 돌산대교를 지나고 굴전마을을 지나면 왼쪽도 오른쪽도 바다인 무슬목을 지나게 되는데, 여행객은 색다른 풍경에 끌려 차에서 내려 구경하기 마련이다.

무슬목이란 땅이름은 본래 물과 물 사이가 좁은 곳에 붙여지는 이름으로 전국 여러 지역에 전해진다. 지역에 따라 무실목, 무시목, 무술목 등으로 조금씩 다르게 표현하는데 이곳은 임진왜란을 겪으면서 흥미로운 역사가 함께 전해진다.

가막만 바다나 돌산의 동바다로 나가서 무슬목을 바라보면 섬과 섬 사이 좁은 목으로 이어져 있고 건너편 바다가 보이는 관계로 동서 바다가 이어져 보인다. 정유재란이 일어난 1598년 가막만 바다에서 왜군과 대치하던 충무공은 해상전투에서 왜군에 밀리는 척하는 전술을 펼치며 무슬목으로 유인하였다. 지형적인 특성을 이용하여 격퇴하니 60여 척의 왜선과 300여 명의 왜군을 섬멸하였다. 이 전투가 있던 해가 무술년이었다. 그래서 이곳을 무술목이라고 했다는 전설과, 왜군과의 전투가 끝나자 죽은 사람의 귀신이 출몰하여 무서운 곳이 되었다.

그래서 무서운 목이라 불렀던 말이 변하여 무술목이라 했다는 이야기가 입에서 입으로 전해진다.

왜적을 섬멸한 이야기는 1958년 2월에 새겨진 전적비에 새겨져 있어 전설과 함께 실제 역사를 살펴보는 흥미로움을 더한다. 600~700m의 몽돌밭으로 이루어진 동쪽 바다와 맞닿은 해안선은 경관이 뛰어나 여름에는 해수욕장으로 이용되고 있다. 대양을 배경으로 수평선으로 떠오르는 일출이 아름다워 일출을 기다리는 사진가를 쉽게 보는 곳도 무슬목이다.

무슬목에는 전라남도에서 세워놓은 해양수산과학관이 있다. 무슬목의 자연적인 특징을 무시하고 목 위에 세워놓아 지어진 뒤 많은 비판을 받기도 했지만, 지금은 해양수산 관련 다양한 학습장으로서 인기를 얻고 있다. 전시관은 지하 1층, 지상 2층으로서 모두 19개의 수조에 100여종의 어류가 전시되어 있다. 수족관은 수중 40m 바닷속을 그대로 옮겨 놓은 산호초 군락과 다양한 어류를 관찰할 수 있고 바다가 생성된 과정을 슬라이드를 통해 볼 수 있다. 해양수산전시실에서는 바다에서 이루어지는 수산 양식 및 서식 생물을 패널과 영상물로 잘 설명해 주고 있다. 수산과학전시실은 어업의 과거·현재·미래를 연출하고 있어 큰 바다에서 고기를 어떻게 잡는지 등이 전시되어 있으며, 치어 배양장에서 어류의 발생 및 사육 과정을 체험할 수 있다.

무슬목 남쪽에 자리 잡은 대미산은 해발 359m의 산으로 정상에 산성이 있다. 달암산성 또는, 월암산성으로도 부르는 산성은 크게 훼손되지 않은 채 전해진 대표적인 여수의 산성이다. 수천 년 전부터 항상 외침에 대비해야 했던 여수 지역은 산성이 많다. 이렇게 적의 동태를 잘 살피면서 유사시에는 산성으로 피난하면서 전투를 벌여야 했던 산성이 20여 곳이나 전해지는데, 이는 마을과 더 나아가 국토를 수호하

달암산성에서 바라본 이수(위)와 무슬목 해변

고자 했던 정신이 어떻게 시작되어 임진왜란을 승리로 이끄는 원동력이 되었는지 알려준다.

달암산성은 오래 전부터 여수의 전망대라는 별칭을 갖고 있는 산성답게 뛰어난 경관을 간직하고 있다. 훼손되지 않는 원형 그대로의 산성이라는 역사적인 가치도 많아 사람들의 발길을 꾸준히 끈다.

멀리 돌산대교로부터 이어지는 돌산도의 지형이 틀임하듯이 이어지는 모습하며 지리산으로부터 이어지는 남도가 한눈에 들어오는 시원한 풍경은 눈을 맑게 하고 가슴을 틔워준다.

달암산성을 오르는 코스는 두 곳으로 북쪽 무슬목에서 이어지는 등산로와 남쪽 월암마을에서 이어지는 등산로가 있어 모두 1시간 남짓 오르면 산성 입구에 도착한다. 산정 부근에는 옛날부터 전해오는 우물이 있으며 조선시대 설치되었다는 봉수대의 흔적도 남아 있다.

전설에 산정 지하에 적과 싸우다 피신했던 지하방이 있어서 땅을 구르면 '꿍꿍' 울린다고 꿍꿍이라고 불렀다는 이야기가 전해오고 있다. 이 때문에 산정에는 땅을 구르며 뛰어오르는 등산객도 보인다.

무슬목과 대미산이 있는 굴전마을은 대미산에 동굴이 있어 '굴앞마을'이라고 부르게 되어 굴전窟前이란 한자로 표시하게 되었다. 마을동쪽으로 작은 호수처럼 감싸 안은 '안굴전' 지역은 19만 평의 공유수면이 전라남도지정 지방기념물 43호로 고니 도래지이다. 겨울이면 찾아왔다가 떠나는 고니의 개체수가 해가 갈수록 줄어들고 있어 안타깝다.

송고마을 당제

오랜 세월동안 마을 동제는 마을의 수호와 무사안녕에 다산과 풍요를 기원하는 형태로 마을 구성원을 단결시키는 구심점 역할을 하였다. 거친 바다와 함께 생활을 영위했던 여수지역은 육지에 비해 더 큰 삶의 위협이 자연으로부터 존재해 왔기 때문에 신앙에 의지하는 측면이 더 강했다. 이런 이유로 매년 정월 초에 마을에서 행해지던 동제는 여수 지역을 대표할 만한 볼거리였고 지역의 생활과 문화의 단면을 보여주는 하나의 풍경이었다.

1980년대를 지나면서 산업화와 도시화로 지역 문화의 많은 부분이 사라지는 과정에 당제나 동제로 불리는 마을공동체의 제례의식은 대부분 그 원형이 사라지고 형식적인 명맥만 유지하고 있다. 이런 현실에서 금오도의 송고마을 동제는 자연을 공존과 섬김의 대상으로 여기고, 자연에 대한 경외감을 제祭의 형식으로 전승해 오면서 공동체의 가치를 지켜온 전통축제로 자리매김되고 있다.

송고마을은 남면의 법정리인 유송리에 포함된 마을로 면소재지인 우학 마을 북쪽 약 8㎞ 지점에 위치해 금오도 북쪽 끝에 있는 마을이다. 마을 앞 해변으로 가늘고 길게 바다로 향한 곶이 있어 이를 '솔고지'라 하였으며 솔고지를 한자로 송고라고 표기해 마을 이름이 되었다. 서쪽에는 함구미, 남쪽 매봉산을 넘어 두포, 모함마을이, 동쪽에 여천 마을이 있으며, 북쪽은 바다를 건너 두라도의 봉통 마을이 있다. 마을 뒤쪽으로 매봉산이 동서로 뻗어 있기 때문에 마을은 바닷가를 따라 동서로 길게 자리잡고 있다.

송고 마을은 1879년 소라면 달천에서 살고 있던 김양단이 조정의 명을 받고 금오도에 사슴 사냥을 나왔다가 이곳을 지나던 중 산수가 수려하여 전 가족을 옮겨 정착했다고 전해진다. 이후 밀양 박씨, 경주 김씨 등이 이주해 와 마을이 형성되었다.

이 마을에서는 당제를 모시는 것을 "제만 모신다"라고 부르는데, 상당과 하당 그리고 선창에서의 헌식제로 모두 세 곳에서 이루어진다. 당제는 음력 정월 초하루 자시부터 시작되는 상당제와 이튿날 오전에 행해지는 헌식제까지 이들 동안 치러진다. 예전에는 정월 초이튿날 시작해 사흔날 헌식제를 지냈으나 육지에서 고향을 찾아온 사람들의 교통, 시간 편의를 위해 조절하였다. 상당은 마을 뒷산인 대대산 중턱 부근에 있는 당 숲속의 암석이다. 하당은 마을 옆에 있는 당산나무로 소나무이며, 헌식제가 이뤄지는 곳은 마을 앞 선창이다. 상당의 신격은 산신으로 산신은 야신野神이므로 당집을 따로 마련하지 않았으며, 하당은 당할머니를 모신다.

당제를 모시는 사람을 '제만'이라고 하는데, 섣달 그믐날이나 생기복덕일에 청렴한 부부로 정한다. 제만 부부는 제사를 모실 곳을 청소하고 금줄을 치며, 몸과 마음을 깨끗이 하여 정성을 드린다. 초하룻날 밤이 되면 제만집에서 음식을 조리하여 부부만 상당으로 올라간다. 상당에 올라가서는 바위 아래에 준비된 솥으로 제삿밥(메)을 지어 올리는데, 솥단지 채 올린다. 상당의 제물은 메, 국, 명태, 과일, 나물 등

송고 당제 중 헌식(위)과 송고 당제 중 상당제

을 올리며, 제물을 진설할 때 상이나 그릇은 사용하지 않고 바위 위에 한지를 깔고 그 위에 놓고, 수저와 젓가락은 놓지 않는다. 상당제는 제물을 진설한 후 제만이 사방을 향해 각각 절을 올리고 소지하는 것으로 끝난다. 소지는 모두 10장으로 주로 마을의 평안, 풍년, 풍어, 바다에서의 무사고, 고향을 떠난 사람들의 행복 등을 기원하는 내용이다. 상당제가 끝나면 제물을 가지고 집으로 내려와 제만 부부만 음복한다. 이후 제만 집에서 하당제 때 쓸 음식물을 장만한다.

상당제와 하당제가 끝나고 날이 밝으면 오전 10시에서 11시 사이에 마을 앞선 창가에서 헌식제를 진행한다. 용왕제라고도 하는 헌식제는 당주 집에서 장만한 제물상과 각 가정에서 차려온 음식상을 마을 회관 앞 선창가에 줄줄이 늘어놓는다. 제가 진행될 때 매구꾼들은 매구를 치고 마을 사람들은 모두 나와 구경한다. 제의 진행은 제만이 술잔을 각각의 상에 한잔씩 붓고, 바다를 향해 매구를 치면서 재배한다. 제가 모두 끝나면 각각의 상에서 제물을 조금씩 떼어내어 주머니에 담아 바다에 헌식한다. 이를 마을 사람들은 용왕에게 대접한다고 말하는데, 이후 상을 중심으로 둘러 앉아 음식을 음복하고, 매구를 치면서 한바탕 흥겹게 논다.

비교적 예로부터 전해져 오던 전통을 지키고 원형을 유지하려고 하는 마을 사람의 의지로 2012년에는 작은공동체 전통예술큰잔치에 선정되기도 하였으며 지금도 그 전통은 유지가 되고 있다. 여수사람들의 생활의 단면을 잘 보여주는 송고마을 당제가 오래도록 여수의 전통문화로 많은 사람들에게 공감을 주는 지역문화가 되기를 기대해 본다.

녹문에 거센 파도

거문도는 과거에는 삼도라고 불렀던 것처럼 세 개의 큰 섬으로 이루어졌다. 세 섬 중에 가장 큰 섬인 서도의 북쪽 해변에 자리한 서도리는 돌산군의 삼산면 시절까지도 장작리長作里, 장촌長村이라 하다가 1914년 일제의 행정구역 개편 시에 지금의 이름인 서도리가 되었다. 1908년 면소재지가 거문리로 옮겨가기 전까지 거문도의 중심 마을이었으며 지금도 관광객과 상가가 즐비한 거문리와 달리 거문도의 전통문화를 그대로 간직한 마을이며 여행객들에게는 후한 인심으로 소문이 나 있다.

마을 앞 해변이 긴 자갈밭으로 이루어져 예로부터 '진작지'라 하였으며 장작리는 진작지를 음차한 이름이다. 장작리는 장촌으로도 표기했는데 장촌의 장長을 장사 장壯이나 어른 장丈으로 표기하여 장사가 살았던 마을이나, 거문도의 가장 어른 마을에서 유래되었다고 소개한다. 서도리의 오랜 역사는 오수전의 일화만 보아도 짐작이 된다. 지금은 해수욕장으로 소개되는 이끼미 해변에, 새마을운동이 한창이던 1970년대 해변의 모래를 채취하는 과정에서 2000여 년 전에 사용되던 중국 한나라 시대의 오수전이 다량 발견되었다. 이는 고대로부터 거문도 주변은 중요한 해상 교역로였다는 것을 알려주는 일화이다.

아름다운 거문도의 오래된 마을답게 서도리 주변에는 뛰어난 경치마다 재미있는 일화와 전설이 많이 전해온다. 거문도 출신의 유학자 김유가 지은 『귤은재집橘隱齋集』에는 거문도의 뛰어난 경치를 삼호팔경三湖八景이란 이름으로 소개하였는데, 이는 이후 거문도의 경치를 소개하는 대명사가 되었다.

오경 중의 하나인 이곡명사梨谷明沙는 뱃골해변의 아름다운 백사장을 이르는데, 서도마을로 들어가는 입구에 있는 해변가 뱃골을 말한다. 뱃골은 골짜기에 돌배나무가 많아 붙여진 이름이라고 하며, 서도리의 중심지인 돌팽이에는 이전부터 마을이 있었다고 한다. 일제강점기에 이곳은 일본해군이 비행장으로 사용하여 침략 전쟁의 전초기지로 활용했다고 한다. 마을주민 이대춘씨가 초등학교 2학년 때인 1942년 진해 항공대에서 항공대 1개 소대가 파견되었는데 이때 배치되었던 비행기의 종류는 수상기, 전투기, 수송기, 정찰기 등이었으며 현재 녹산 민박집 앞의 바닷가에는 항상 2~3대의 비행기가 폭탄을 장착한 채로 정박하고 있었다고 한다.

뱃골해변은 수정같이 맑은 바다와 하얀 모래가 어우러져 아름답다.

> 눈빛인가 배꽃인가 달빛 같은 모래에
> 서로 비친 밝은 빛이 물가에 가득하네
> 아마도 먼 옛날 큼직한 바위돌이
> 몇 번이나 물에 흔들리고 몇 번이나 문질렀다.

여객선이 육지에서 거문도에 들어서게 되면 뱃머리 양쪽에 두 개의 섬이 보인다. 왼쪽이 동도이고 오른쪽이 서도이다. 뱃머리의 오른쪽으로는 깎아지른 벼랑 위로 신지끼 상이 있는 공원이 위치하고 있다. 이

서도리 해변(위), 삼호팔경 중 이곡명사라 일컫는 배골 해변(아래 왼쪽), 용만낙조의 진실이 깃든 용연 용내이.

곳을 녹산이라 하는데 바람이 거세고 파도가 밀려오는 날 녹산에서 바라보는 높은파도와 동도, 서도사이에 솟아 오르는 물기둥은 오색 물보라와 함께 장관을 연출한다. 이 광경을 멀리서 보게 되면 마치 성난 파도와 같아 '녹문노조鹿門怒潮'라 이름 붙였다.

바다의 목구멍과 같은 녹문이 열렸으니
백천百川을 꾸짖으며 바닷물을 내뿜네
속루屬鏤의 영혼이 아마도 남아 있어
높이 오른 성낸 기세는 백마가 달리도다.

서도마을에서 해안을 따라 뱃길로 북서쪽 해변 아래로 가거나 마을 뒤편 남서 방향으로 오솔길을 따라가면 음달산 자락과 바다가 만나는 해안가에 아름다운 형상을 가진 기암절벽이 많다. 이곳에서 남쪽 방향으로 조금 가면 '고래바위'와 크고 작은 '재립여'를 지나 해변에 넓은 바위가 있는데 바위 정상에 용이 하늘로 올라갔다고 전해지는 둘레 80m, 깊이를 알 수 없다는 연못이 있다.(지금은 6m 정도로 알려짐) 서도에서는 이 연못을 '용연龍淵'이라고 부른다. 이곳에서 바라보는 석양의 낙조는 뛰어난 한 폭의 그림이다.

동쪽은 금수錦水요 서쪽은 금산錦山인데
푸른 바위 하얀 돌은 그림 같은 병풍일세
잠깐 사이에 햇살은 연지 빛으로 바뀌어
쪽진 머리 옥녀玉女를 예쁘게 단장했네.

귤은 김류와 죽림야우

세 개의 섬으로 이루어진 거문도의 북동쪽 섬을 동도라 부른다. 동도의 동쪽 해변은 멀리 대한해협으로 이어지는 망망대해로 거센 파도가 닿는 해변답게 깎아지른 절벽이 많아 접근이 힘들다. 하지만 1m 남짓되는 큰 고기를 낚으려는 낚시인들에겐 동도의 거친 해변이 꿈의 낚시터다. 가장 북쪽의 고라짐 해변부터 칼바위를 지나 농여가 있는 동도의 남단까지, 거친 파도가 밀려오는 바위 틈새마다 자리를 잡고 꿈을 드리운다. 이곳은 멀리 서울, 부산, 대구에서 오매불망 날을 잡아 내려와 낚싯대를 드리우는 데다.

망양봉이 솟아 섬의 동쪽을 막아주고 서편은 길게 늘어진 산자락 좌우로 마을이 들어서 북쪽이 유촌마을이고 남쪽이 죽촌마을이다. 유자 유柚로 표기하는 유촌柚村은 옛 이름이 귤당리橘堂里로 일제강점기 이후에 유촌이 되었다. 거문도가 자랑하는 대문장가 귤은 김류 선생의 호 귤은도 귤당리 마을에 은거하고 있는 선비란 의미이다.

김류는 거문도 유촌 귤동에서 1814년(순조14)에 태어났다. 어려서부터 거문도의 서도西島에 살던 만회晩悔 김양록金陽錄(1806~1885)과 장흥의 남파南坡 이희석李僖錫, 추려秋旅 김대원金大源 등과 함께 공부하

귤은선생이 살았던 동도의 유촌(왼쪽),
귤은사당입구(오른쪽 위), 귤은사당

였다.

학문이 경륜을 펼칠 만한 정도에 이르렀다고 생각한 30세에 과거를 보려고 서울로 향했으나, 장성에 이르러 노사 기정진을 만나 선생의 뛰어난 학문을 접하고서, 결심이 이내 바뀌고 말았다고 한다. 성리철학性理哲學의 대가 노사 기정진의 문하에서 스승의 질정을 받으며 수학한 끝에 학문이 어느 정도 경지에 오르게 되자 귤은은 다시 고향으로 돌아왔다.

귤동으로 돌아온 후 남해 절해의 고도인 거문도 지역에서 낙영재를 짓고 후학들을 가르치며 학문에 전념했으며, 말년은 신지도와 청산도 등에서 제자를 가르쳤다. 선생은 이후 궁벽한 도서의 문물을 고치고 벽촌을 변화시킨 문인, 애향 운동가, 교육자 등으로 삶을 살다 1884년(고종21) 4월에 우환으로 완도 땅 청산도에서 별세하였다. 김류의 사상은 철저하게 주리적主理的 입장을 취하고 있으며, 문장은 자기 성찰과 남해의 아름다운 자연에 대한 관조, 그리고 모순된 사회에 대한 비판적 인식으로 집약되고 있다. 김류의 격물格物 궁리窮理의 학문과 사상은 310여 편의 시편으로 『귤은재문집』에 실려 있다.

거문도의 뛰어난 풍경을 알려주는 삼호팔경은 귤은재문집에 실려있어 귤은 선생이 지었다고 알려지는데 선생이 태어나고 자란 귤당마을과 죽촌마을의 아름다움을 서정적으로 표현하고 있다.

귤정추월

비 개인 귤정에는 계수나무가 가을인데
달 밝은 정자에서 밤을 즐기네
누대머리 온갖 나무 황금색으로
그 빛 물에 비추어 아름다운 경치 만드네

귤정추월橘亭秋月은 귤당리 마을 정자를 비추는 가을 달의 풍경을 노래하는 글귀다. 자신이 낳고 자랐던 귤당리로 돌아와 출세를 포기하고 학문에 전념했던 선생은 망양산 위로 높이 솟아 마을 정자 사이로 비추는 달빛을 즐겼다. 이는 귤은이란 호를 쓰며 유유자적했던 노 선비의 풍모를 일깨운다.

죽림야우

뜰 앞은 푸른 숲으로 빽빽이 들어서서
밤새 빗소리는 내 마음을 흔드누나
진나라의 죽림칠현이 어렴풋 생각나는 것은
혜강의 거문고 소리와 완함의 휘파람 소리인 듯하구나

죽림야우竹林夜雨의 시적 이름에서도 귤은 선생다운 선비의 서정이 느껴진다. 죽촌은 예로부터 대나무가 많아 이름 지어졌던 마을로 대나무 숲에 밤비가 내리면, 잎새에 떨어지는 빗소리가 때론 스산하고 심란하게, 때론 아름다운 화음을 만들어 잠 못 이루는 밤을 안겨주었으리라. 한때는 큰 야망을 품고 과거를 준비했던 선비로서 서구열강의 큰 물결이 밀려오며 새로운 세기의 출현을 예고하던 시기에, 노 선비는 무슨 생각에 잠을 못 이루었을까?

홍국어화

망망대해 남해바다 위에 세 개의 섬으로 이루어진 거문도는 세 개의 섬이 병풍처럼 감싸고 있어, 안쪽의 바다는 태풍이 불어와도 파도가 잔잔한 천혜의 안전한 항구다. 풍부한 어족 자원이 있고 큰 풍랑에도 안전한 바다가 있어 거문도의 주민들은 오랜 세월을 풍요를 누리며 살아왔다. 은빛 비늘이 아름다운 갈치나 멸치는 거문도에서 많이 잡히는 주요 어종으로 밝은 불빛을 좋아하는 특성을 이용하여 밤에 불을 켜고 잡는다. 지금처럼 전등이나 석유가 없었던 옛날에는 소나무의 송진이 굳어서 만들어진 관솔에 불을 붙여 고기를 유인하였는데 거문도의 내해는 고기잡이배들이 밝히는 붉은 횃불이 불야성을 이루었다.

귤은 선생도 당시의 아름다운 밤바다의 경치를 '홍국어화紅國漁火'라 이름 짓고 노래 불렀다.

홍국어화

맑은 물결 발에 비춰 붉게 물들었는데
물살 위 조각배는 동서로 오가네

거문도 고도에 있는 영국군 묘지(위)와 큰 파도를 막아주는 천연양항 거문도 내만

물가를 단장한 꽃 그림자 예쁘니
강루의 밤마다 봄 기분 느끼누나!

아름답고 평화롭던 한적한 어촌이 격랑에 휩싸이게 된 것은 서구 열강이 동북아시아까지 진출하기 위해 각축을 벌이던 19세기 중엽이었다. 1885년 4월 15일 러시아의 조선 진출을 저지하려던 영국군은 거문도를 불법으로 점령하는 거문도사건을 일으켰다.

당시 태평양으로 진출을 꾀하던 러시아는 전략적 요충지가 필요했으며, 조선에 접근하여 1884년 통상조약을 체결하고 활발한 외교활동을 통해 조선에서 친러 세력을 확대시키는 데 성공하였다. 이러한 러시아의 행동에 민감한 태도를 보인 나라는 그동안 조선에서 우위를 선점하고자 했던 청과 일본이었다. 세계 각지에서 러시아와 대립하고 있던 영국 또한 러시아의 조선 진출에 대하여 방관할 수 없었다. 이에 영국은 러시아의 남진을 막는다는 명분을 내세워 청의 양해 하에 군함 6척과 상선 2척으로 거문도를 점령하였다.

영국군은 거문도를 해밀턴 항(Port Hamilton)이라 부르고, 병영을 세우고 포대를 쌓는 등 영구적인 주둔을 계획하였으나, 청의 중재 등의 외교적 노력으로 1887년(고종24) 2월 27일 거문도를 점령한 지 22개월 만에 철수하게 된다. 당시 주둔중 사망했던 병사들의 무덤중 일부가 지금도 거문리에 남아 있다.

외세의 침탈과 함께 관솔로 불을 비추던 밤바다의 횃불은 일제강점기에는 카바이드 불로 바뀌었고, 다시 석유등잔을 거쳐 전기등으로 바뀌었다. 그러나 붉은 빛의 나라를 이루었던 홍국어화는 불이 밝아질수록 줄어들었다. 내해에서 잡히던 멸치나 갈치 같은 바다고기들이 어구의 발달과 남획으로 줄어들었기 때문이다.

옛날 거문도에 흉어로 주민들이 어렵게 살아가게 되었다. 갑자기 고기가 잡히지 않는 변고에 마을 사람들은 정성을 다해 용왕제를 지냈다. 그랬더니 갑자기 폭풍우가 몰아치기 시작했다. 다음날 폭풍우가 멎고 나서 큰 바위 하나가 덕촌마을 앞 바다 위로 둥둥 떠오는 것이었다. 마을 사람들은 용왕이 이 바위를 보낸 것으로 믿고 이를 유림해수욕장 앞에 있는 '안노루섬(內獐島)' 정상에다 신체로 모시고 제사까지 지냈다. 그 해부터는 다시 고등어가 많이 잡혀 주민들은 걱정 없이 살 수 있었다고 한다. 그래서 이 돌을 고두리 영감으로 부르게 된 것이다. 고두리는 한자어 고도어古刀魚 혹은 고도어高刀魚에서 온 말로, 『동언교략東言巧略』을 보면 고동어高同魚와 같은 뜻으로 적고 있다. 고두리는 고등어다. 지금도 안노루섬 정상에는 이때 덕촌마을로 둥둥 떠왔다는 부석이 모셔져 있다.

해방 직후 거북이 한 마리가 상처를 입고 겨우 산 채로 '갓지미(변촌)' 해안으로 올라왔다. 마을 사람들은 거북이가 가엾기도 했지만 안주 삼아 잡아먹어 버렸다. 그런 뒤 얼마 못 가서 마을에 변고가 생겼다. 고기가 잡히지 않은 것이었다. 마을 사람들은 그때야 용왕의 사자인 거북이를 잡아먹었기 때문이라며 서둘러 이를 달래는 제사를 지내게 되었다. 제사를 지낸 후부터는 갈치가 아주 잘 잡혔다고 한다.

먼저 이야기는 고두리영감제가 열리던 덕촌마을의 전설이며 다음이야기는 용왕제가 열리던 변촌마을의 전설이다. 거문도에서는 매년 음력 4월 15일마다 어김없이 고두리 영감제, 풍어제, 용왕제, 거북제 네 가지 행사를 하루에 치르고 있다. 처음에는 거문도, 동도, 서도에서 마을별로 따로따로 지내 오다가 얼마 전부터는 수산업협동조합이 주관해 합동제례 형태로 행한다.

섬

파도가 섬을 넘는 넘자섬, 여자도

높은 가을 하늘이 바다와 어우러져 활짝 열린 여자만이 시원하게 펼쳐진다. 바다를 배경으로 살랑대는 억새를 바라보는 눈길도 이 계절이기에 이런 호사를 누릴까 싶다. 참으로 아름다운 섬 여자도에서 느끼는 가을 정취다.

섬으로 들어오는 아침 첫배가 8시 50분. 작지만 아름답고 정겨운 포구로 소문난 섬달천 나루에서 작은 배로 30여 분 통통거리면 닿는 거리에 여자도가 있다.

여자도의 본래의 이름은 '넘자섬'이다. 섬의 높이가 낮아 파도가 섬을 넘는다는 의미로 '넘자'라 하였다. 그리고 '넘자'란 말의 뜻을 한자로 바꾸면서 '넘'은 남이란 뜻을 가진 여汝로 해석하고 '자'는 소리 나는 대로 표기하여 자自로 하여 '여자도'가 되었다. 여자도 곁에 있는 송여자도는 작은 여자도란 뜻으로 본래 이름은 '솔넘자'였다. 여기서 '솔'자는 작다는 의미인데, 한자로 송여자도松汝自島라고 표기하고 있어 소나무가 많은 섬으로 오인하기 쉽다. 차라리 소여자도小汝自島라고 하는 것이 좋겠다.

나룻배는 작은 섬인 송여자도에 먼저 닿는다. 남쪽을 바라보며 들어앉은 포근한 포구에는 십여 호의 작은 마을이 포대기에 쌓인 듯 아늑하게 감싸 안겨 있어 정겹다. 포구에 들어서면 가장 먼저 눈에 띠는 빨간색의 긴 다리가 보인다. 대여자도와 연결된 560m의 이 다리는 다리에서 낚시와 관광을 할 수 있도록 만들어진 여자도의 자랑거리이며 주민들의 희망의 다리이다.

여자도의 큰 섬과 작은 섬 사이는 천혜의 낚시터로 감성돔 낚시를 즐기는 사람들이 많이 찾던 곳이다. 이 두 섬 사이를 연결하여 낚시

육지에서 바라본 송여자도와 여자도

를 즐길 수 있도록 기발한 아이디어를 발휘하고 여자도의 숨겨진 아름다움을 널리 알려 관광을 활성화시켜 보려는 주민의 의지와 꿈이 담겨진 다리인 것이다. 다리가 시작되는 서쪽 입구 언덕 위에는 멋들어진 최신 시설의 펜션도 들어서 있다.

두 번째 나룻배가 닿는 마을의 이름은 마파지이다. 마파지는 맞바람, 즉 남풍이 닿는 포구를 이르는 말로 「마파도」라는 영화 속의 섬 이름도 남쪽 섬이란 뜻이다. 잘 꾸며진 보건소와 출장소가 있다.

마파지를 경유하고 나면 여자도의 마지막 큰 마을인 대동리를 향하게 된다. 가는 도중 해안가의 바위가 붉은색을 띠고 있어 '붉은독'이라고 부르는 지역을 만난다. 짙은 회색이나 검은색 바위가 대부분인 해안가에서 이 부근의 바위들만 유난히 붉은색을 띠고 있다. 가까운 곳에 물이 부족한 여자도에서 생명줄 같던 해안가 샘이 있던 생기미란 지역도 만난다.

대동마을 항구로 들어서기 전엔 삐쭉삐쭉 솟아난 바위 무리를 만나는데 이곳을 각시바위라고 부른다. 멀리서 시집을 오던 각시가 시집오던 날 풍랑을 만나 바다에 빠져 죽었단다. 그 뒤로 바람이 부는 날 밤이면 각시의 혼령이 서럽게 서럽게 울어서 각시바위라고 했다는 전설이 전해진다.

여자도에서 만나는 사람들은 탁 트인 여자만을 닮고 높지 않은 섬을 닮아서인지 만나는 사람마다 어머니 같고 아버지 같다. 섬의 자연환경은 좁은 수로를 사이에 두고 대여자도와 소여자도 2개 섬으로 이루어져 있다. 주위에는 운두도·장도 등이 산재해 있으며, 대여자도는 해발 고도 51m, 소여자도는 48m의 완만한 구릉지와 평지로 되어 있다. 여수 시내에서는 서쪽으로 약 44.5km 지점인 여자만 중앙에 있으며, 대여자도의 모양이 북서~남동 방향으로 길다. 해안선 길이는

송여자도 마을선창(맨 위), 여자도 종착지 대동마을 선창(가운데), 여자도와 송여자도를 이어주는 붕장이니 리(맨 아래)

7.5km이며, 면적은 0.59㎢, 인구 325명, 133세대의 주민이 살고 있다. 주민 대부분이 농업과 어업을 겸하며, 주요 농산물은 고구마·보리·마늘·녹두 등이다.

그리고 연근해에서는 조기·주꾸미·낙지·새우·장어·전어 등이 잡히고 새꼬막·피조개 등의 양식이 이루어진다. 집들은 주로 대여자도의 북단 여자마을에 분포되어 있다. 물 사정이 좋지 않아 주민의 식수는 빗물을 받아 이용하고 있다. 능선을 따라 작은 길이 나 있고, 대여자도 북쪽에는 소라초등학교 여자분교가 있다.

송여자도와 다리가 연결되고 펜션이 건립된 여자도는 앞으로 섬 일주 여행이 기대되는 여행지이다. 송여자도에 있는 작은 분교와 섬의 여러 곳에 있는 조약돌 해변, 갈대 어우러진 낮은 등성이, 최장군의 전설이 전해지는 장군바위 등 볼거리도 많다.

묘도와 이순신대교

여수반도와 남해도가 감싸안고 있는 섬진강하구 광양만은 강으로부터 유입되는 풍부한 수량으로 해산물이 서식하기 좋은 뛰어난 생태환경을 갖추고 있다. 이러한 여건은 예로부터 풍부한 수산자원의 보고로서 바지락, 고막, 맛조개, 새조개, 키조개, 개불 같은 어패류부터 노래미, 볼락, 농어, 참돔, 감성돔 등의 어류에 이르기까지 남해안 수산업의 모태로서 지역민에겐 보물창고였다.

이와 같은 살기 좋은 땅 광양만의 중심에 있는 섬 묘도는 우수한 자연환경과 지리적인 여건으로 숱한 역사의 풍파를 겪게 되었다.

가까운 시기만 보아도 남쪽에는 우리나라의 중화학공업의 요람으로 여수산단이 들어서고 광양만의 북쪽으로는 제철소까지 들어서게 되자, 광양만의 생태환경은 변하고 말았고 주민들은 자연과 함께 생활했던 삶터를 잃고 산업단지에 얽매인 치열한 삶을 살아야 했다.

묘도는 고양이 섬으로 알려졌다. 섬의 모양이 고양이처럼 생겨서 묘도猫島라 하였다는 섬의 유래에 따라, 고양이를 연상할 만한 상징을 찾았지만 섬의 어디에도 고양이를 떠올릴 만한 것을 찾기 어렵다.

문헌을 살펴보면 이 섬을 묘도라고 한 연유로는 '괴섬'이라고 하였

이순신대교 야경(위/사진 김경완)과 묘도와 창촌마을

던 옛 이름에 근거를 두었다. 우리말 '괴'의 의미는 구덩이나 굴과 같은 '움푹 파인 곳'의 의미와 '고양이'의 의미가 있었지만 전자의 경우는 죽은말이 되어 사용하지 않게 되자 '괴섬'은 고양이 섬의 의미로 굳어진 것이다.

묘도가 고양이를 닮았다는 민간의 전설은 급기야 서씨徐氏 성을 가진 사람은 묘도에 살 수 없다는 잘못된 믿음까지 만들었다. 그래서 오랜 세월 묘도에는 서씨 성을 가진 사람이 살지 않았다는 그럴 듯한 이야기도 전해져 왔다. 이는 묘도가 고양이 섬이어서 쥐 서鼠자와 음이 같은 서씨에게 해악을 끼칠 것이란 미신 때문이었다.

그러나 주민들을 통하여 확인해본 결과 묘도에는 일흔이 넘는 오랜 세월을 살아온 서씨가 평범한 삶을 살고 있으며, 또 다른 서씨도 유복하게 살고 있어 근거 없음이 확인된다.

묘도의 역사에는 빼놓을 수 없는 인물이 두 사람 있다. 충무공 이순신 장군과 명나라의 장수인 진린 도독이다. 파죽지세로 조선을 유린하던 왜군은, 차츰 전열을 가다듬고 반격에 나선 조선군과, 충무공의 해상봉쇄에 이어 의병의 활약과 명나라의 원군까지 가세하자 전쟁은 소강상태에 빠졌다. 이때 왜장 고니시 유키나가(小西行長)는 묘도와 가까운 순천부 신성포에 성을 쌓고 주둔을 하였고, 묘도는 전략상 중요한 요충지가 되었다. 이때 묘도의 북쪽 포구에는 명나라의 수군을 거느린 진린 도독이 거주를 하였고 좌수영 군도 묘도에 진을 치고 신성포의 왜군과 대치하였다. 이때 진린 도독이 머물렀던 포구의 이름은 지금도 도독포이다.

1597년 정유재란 일어나고 토요토미 히데요시가 사망하자 전쟁은 막바지에 이르고 왜군은 본국으로 돌아가려고 기회를 엿보고 있었다. 1598년 11월 19일 총력을 기울여 도망을 치던 왜군을 한 사람도 살려 보내지 않겠다는 충무공의 결연한 의지는 결국 장군의 마지막 전투로 이어진다. 이 전투의 출발지가 묘도이고 이 해전이 유명한 노량해전이다.

세계박람회의 여수개최와 함께 묘도는 또 다른 변신을 준비하고 있다. 여수산단과 광양산단의 사이에 위치하여 어업을 생활로 하던 삶터를 잃고 활력까지 잃었던 이곳에 광양에서 여수를 잇는 이순신대교와 진입로가 건설된 것이다. 2012년 10월 완공된 이순신대교는 주탑의 높이가 270m로 세계에서 가장 높고 주탑간 거리 1,545m에 총연장 2.3km 길이로 규모면에서는 세계에서 4위로 알려져 있다.

이순신대교의 완성으로 여수와 광양간의 80분의 거리가 10분으로 단축되었으며, 여수산단의 물동량 완화 및 물류비 감소 효과와 세계박람회 당시 여수를 찾았던 관람객의 편의에도 크게 기여하였다.

22019년 12월 현재 606세대에 1,230명의 주민이 살고 있는 묘도는 9.4㎢에 16.3km의 해안선을 가진 섬이다.

대교가 완성되면서 광양만의 상징이 된 이순신대교와 광양만 해전의 유적지로 알려지는 명나라 진린 제독의 도독포와 묘도봉수대 등에도 많은 사람이 찾아온다. 앞으로는 문화유적지로서의 묘도의 변화도 기대되는 대목이다.

포근한 갯가 감도와 이천 해안

여자만을 바라보는 여수반도 서쪽 해변마을들은 하나같이 석양에 드리우는 아름다운 노을이 마음을 사로잡는다. 감도마을의 해변이 그 중 하나다. 넓게 차지한 하늘 위로 어떤 구름이 펼쳐 있어도 아름답 게 드리우는 노을에다, 멀리 고흥반도의 산자락은 낮게 내려앉아 쪽빛으로 짙고 옅고 겹겹한 그림자는 그야말로 그림이다.

물길이 감아도는 곳이란 의미로 본래 '감디'라 부르다가 한자의 옷을 입어 '감도坎道'라는 마을이름을 갖게 된 이 마을은, 여자만으로 머리를 길게 내민 용머리 모양의 반도를 가운데 두고 동서쪽 해안으로 옹기종기 집들이 거느리고 있다.

전설이 깃든 감도마을의 유래는 마을 뒷산의 불암산 부처바위가 "감중련"하였다 하여 감도라고 하였다고 전해진다. 감중련이란 팔괘八卦의 하나인 감괘坎卦의 상형 '☵'을 이르는 말로 감괘의 가운데 획이 이어져 틈이 막혀있어 입을 다물고 말을 하지 않음을 이르는 말이다.

마을이름의 변천 과정을 살펴보면 옛 이름을 한자로 바꾸면서 마을의 소망이나 풍수지리를 곁들인 길지 또는 좋은 의미의 한자를 빌려 쓰는 경우가 많은데 감도리에서도 그렇다.

마을 입구에는 커다란 소나무가 있어 솔정자라 부르며 쉬어가던 자리에 정자를 지어 놓았다. 멀리 동북 방향으로 보이는 이천마을이 한눈에 바라보인다. 산허리에 띠를 두르듯 만든 해안길은 바다를 끼고 계속 이어져 여행객들에게는 여수의 아름다운 길로 선정되기도 했다.

한 해가 마무리되는 연말이 되면 가족이나 연인끼리 노을이 지는 서해안을 많이 찾는다. 지는 해를 바라보면서 지나간 시간을 반추하면서 감사하고 새로운 희망을 만들어가기 위해서다. 넓게 펼쳐진 여자만 바다 같은 넉넉한 마음과 매일 새로 태어나는 태양의 생명력처럼 인간의 삶도 그렇게 넓고, 뜨겁고, 힘차고, 새롭게 이루어지도록 염원하고 다짐하는 마음에서 일 게다.

이천으로 이어지는 해변길은 오르락내리락 오른쪽으로 굽었다 왼쪽으로 굽었다 한다. 여수의 특징인 리아스식 해안의 지형을 따라 구불거리며 마을과 마을을 이어주는 길이 아름답고 길가에 늘어선 집들은 정겹다.

이천마을의 유래에는 재미있는 전설이 전해온다. 옛날 마을에 큰 배나무가 있어 배꽃이 피면 멀리서 바라볼 때 구름처럼 보였단다. 그래서 유래된 마을이름이 운이대雲梨大였고 뒤에 이대梨大마을로 부르다가 이천利川이 되었다고 전한다.

이천마을에는 지금도 칠월칠석이면 당산제가 열린다. 음력 7월 7일 오전 10시경 마을 주민 모두가 합심하여 제를 올리며 이를 이천마을 '촌제'라고 한다. 신격은 '당산할아버지'로 신체는 팽나무이다. 마을에서는 동회 때 유사로 일곱 집을 선정한다. 그리고 제를 지내기 전 일주일 안에 다시 그 중에서 음식을 장만할 사람을 선정한다. 유사로 남자를 선정하지만, 음식은 제관으로 선정된 사람의 부인이 장만한다. 제사 비용은 일곱 집의 유사들이 각자의 성금으로 마련한다.

이천마을 해변

감도마을 인기미 해변(위)와 태풍으로 사라진 이천마을 당산나무

오랫동안 이어오던 당산제는 30년 정도 중단되었다가, 마을에 불미스러운 일이 끊이지 않고 생겨나 다시 모시게 되었다고 한다. 당산제날짜와 시간은 변경하지 않고 예전에 지내던 그대로 다시 제를 지낸다.

당산할아버지는 마을회관 앞 공터에 서 있는 한 그루의 팽나무이다. 보호수로 지정된 이 팽나무의 수령은 400년으로 가늠되는데 마을 주민들은 새봄 잎이 돋아나는 형상으로 마을의 길흉을 점치기도 한다.

백야곶과 힛도

여수반도 육지 최남단인 힛도는 역사에도 다양한 형태로 자주 등장했는데 그 중 재미있는 이야기를 살펴보자.

세종 9년 5월 ~형조에서 계하기를, '전라도 돌산 천호千戶 하흥이 그의 족제族弟인 전 연안 부사 하지둔과 함께 백야도에 가서 사냥을 하려고 밤에 바다를 건너다가 선군船軍 18명이 물에 빠져 죽었으니~'

세종 16년 12월 ~ 병조에서 아뢰기를 "전라도 백야곶 목장의 호랑이와 표범을, 순천 부사와 조양진 첨절제사 및 각 포의 만호로 하여금 군인을 요량하여 거느리고 잡되, 그 중에 먼저 창질을 하거나 먼저 쏘아서 잡은 자가 있거든 마리 수를 계산하여 벼슬을 주소서" 하니, 그대로 따랐다.

조선왕조실록 세종 조에 나타나는 두 가지 일화이다. 최근 100여 년 전만 해도 한반도에 호랑이가 많았다는 뉴스가 전해지면서 실록에 전해지는 호랑이 이야기가 화제다. 당시 백야곶목장이라는 이름으로 나라의 군마를 길렀던 백야곶은 지금의 여수시 화양면 지역 일대로 화양반도 전체를 일컫는 지명이다.

이때만 하더라도 한반도의 최남단인 이 지역에 호랑이가 출몰하여

백야도에서 바라본 여수시

안포리 삼섬과 가막만(위), 백야대교와 힛도

목장의 말들을 해치는 일이 잦아서 잡은 사람에겐 벼슬까지 주었고 오늘날의 화양면 용주리에 있던 돌산만호진의 지휘관이던 천호가 백야도로 사냥을 갔다 노를 젓던 선군이 물에 빠져죽기까지 했던 것이다.

한반도의 최남단인 여수 지역까지 호랑이가 많이 살았음을 보여주는 일화로 당시의 여수 지역의 자연생태계가 짐작된다.

당시의 기록인 백야곶 목장이나 백야곶 봉수를 해설하는 과정에서 지금의 화정면의 소재지가 있는 백야도로 오인하여 백야도에 있는 목장이나 봉수대로 설명하는 글을 볼 수 있는데 잘못된 해설이다.

이 중에 두 번째 이야기에서 돌산천호가 건너던 바다는 옛사람들이 힛도로 부르던 백야도 해협이다. 길이 200여 미터의 그다지 멀지 않은 거리지만 섬인 백야도를 사이에 둔 좁은 바다는 조수의 차이로 항상 물살이 빠르게 흘러 크고 작은 사고가 끊이지 않고 일어났다.

바닷길에서 섬과 육지 사이나 섬과 섬 사이 빠른 물살이 지나는 해협을 도(발음은 또)라 하였는데 가까운 여수 지역에는 '힛도'와 더불어 '장군도도'와 남면의 '싱갱이도'가 유명하다.

충무공의 난중일기에는 힛도를 백서량이라 표현하였다.

힛도 부근의 당머리에는 여수를 중심으로 하는 국립수산과학원 남서해수산연구소가 자리 잡고 있어 수산자원 평가 및 관리, 증·양식기술 개발 및 수산식품 위생연구, 해양환경 변동 및 보전기술연구, 수산생물 전염병 방역 등의 일을 하고 있다.

바다를 바라보는 언덕은 어디라도 아름답지만 힛도의 언덕 위의 풍경은 동서 남으로 시원스럽게 펼쳐지는 다양한 바다의 경관이 장관이다. 동으로는 넓은 바다호수 가막만과 함께 기차처럼 늘어선 다섯 개의 섬이 밀물과 썰물의 차이로 매일 세 개의 섬으로 나누어졌다가 하나로 이어지는 삼섬이 있다. 또 육지의 꼬리 같은 오랑지라는 작은 섬이 있고, 서쪽으로는 내해 바다로 길게 이어지는 공진이 반도와 그 위를 물들이는 낙조, 남으로는 백야도를 비롯해서 지리섬(제도), 꽃섬(화도), 모래섬(사도), 개섬(개도), 거무섬(금오도), 가마섬(부도), 닭섬(계도)이 그림이 되어 펼쳐진다.

물살 빠른 힛도에는 2000년 6월에 착공하여 2005년 4월 백야대교란 이름으로 다리를 세웠다. 길이 325m, 폭은 12m로 주탑 없이 아치로 상부를 지탱하는 주전자 손잡이 모양의 닐센아치형의 다리로 최신 공법과 기술이 집약된 아름다운 다리다.

2012년 여수세계박람회의 개최 확정으로 남해안 섬들을 연결시켜서 일주 코스로 만들려는 계획이 추진되었다. 백야대교는 여수시와 고흥군 사이에 건설될 11개의 다리 중에서 맨 처음 준공되었다. 세계박람회의 개최 시기에 맞춰 나머지 다리도 완공되기를 기대하였지만 세계박람회 이전 백야대교만 완공되었다가 2015년 12월 화태대교, 2016년엔 고흥을 잇는 팔영대교에 이어 2020년 2월 화양조발대교, 둔병대교, 낭도대교, 적금대교가 개통되었다. 아직 남아있는 구간은 백야도와 제도, 제도와 개도, 개도와 월호도, 월호도와 화태도로 11개 다리 중 7개의 다리가 완공되었다. 힛도 언덕에 올라서 11개 다리가 연출하는 멋진 풍경을 감상할 날이 머지않다.

한반도의 정수가 모인 하얀 보석 섬 백야도

'희섬'은 백야도의 우리말 이름이다. 멀리서 바라보면 깎아지른 절벽을 만들며 높이 솟은 백호산의 바위절벽이 하얗게 보여 흰섬이라 부른데서 유래한다. 한반도 지맥의 정수가 모여 여수반도를 이루고, 그 기운이 정점을 이룬 반도의 끝자락 백야곶의 정기가 모여 한 점 보석이 된 것이 하얀 섬이다.

백야도의 중심에 솟아있는 백호산은 높이 286.4m로 세 봉우리로 이루어져 북쪽의 가막만의 바다에서 동쪽은 돌산도와 금오도, 서쪽으론 상화도와 낭도 방향, 남쪽으로는 하화도, 제도, 개도 등 동서남북이 조망된다. 다도해의 바다와 어우러진 파노라마가 펼쳐지는 멋진 경관을 보려는 등산객이 사철 붐빈다.

백호산 제1봉의 정상 부근에는 많은 돌무더기가 보이는데, 백야산성터라는 전설이 전해오고 있으나 정확한 발굴 조사나 기록은 전해지지 않는다. 더군다나 가까운 화양면의 백야곶봉수대의 이름이 백야도로 잘못 알려져 봉수대가 있었다고 잘못 알려졌다. 지금의 화양반도를 조선시대에는 백야곶이라 하였기 때문이다.

백호산 등산로 입구에는 효자정이라고 부르는 느티나무에 재미있

백야등대 가는 길(위)과 백야도 백호산

는 전설이 전해온다. 전라도 남원 땅에 등창이 난 어머니를 모시던 효자가 있었다. 어미니의 병세에 시름을 앓고 있던 효자의 꿈에, 남해 어느 섬 아홉산 봉우리를 가진 산마루턱 정자나무 아래를 보면 암수 지네가 있는데 이를 잡아서 약으로 쓰면 병이 낫는다고 하였다. 효자는 백방으로 수소문하여 이 섬이 백야도인 줄 알아내고 느티나무를 찾아 나무 아래를 파보니 암수 지네가 있어 이를 잡아 약을 해서 병이 나았다고 한다.

백호산은 자연생태가 우수하다는 것이『조선왕조실록』의 기록에서도 눈에 띈다.

백야도 일대의 뛰어난 경치는 과거에도 소문이 나서 봄이면 화전놀이나 꽃놀이를 즐기는 남녀노소가 경치가 좋은 백야도를 찾았다. 그 중에 1928년에 점등된 백야도 등대 주변은 1970년대 초까지도 인근 화양면과 화정면 지역의 많은 마을에서 음식과 고기를 준비하여 봄놀이를 즐기며 새로운 한해를 준비했었다.

면적 3.08㎢인 백야도는 해안선의 길이가 11.3㎞로 여수항에서 남서쪽으로 18.5㎞ 떨어져 있다. 기온이 따뜻하여 동백나무가 무성하고 남국의 경관을 이룬다.

섬 내에는 화정면 사무소가 있는 백야리와 와달과 신기마을로 이루어진 화백리가 있다. 백야도의 큰 마을인 백야리에는 동쪽의 끝 마을인 '동머리'와 '진막', 백야마을의 태를 묻었다는 '안투골', 샘이 있었던 '새미꼴창', '돌아지기'라는 돌아가는 길모퉁이, '솔고지', 표면이 미끄럽다는 '지름바구', 소들이 놀던 '쇠마당', 긴 꼬리모양의 섬 '오랑지' 등의 땅이름들이 전해져 오며, 절터골에는 선사 유적인 패총도 전해온다.

화목한 마을이 되라는 뜻으로 지어졌다는 '화백리'는 새로운 터에 세운 마을 '신기'와 비스듬한 등성이에 있어서 지어진 '와달'이란 이름

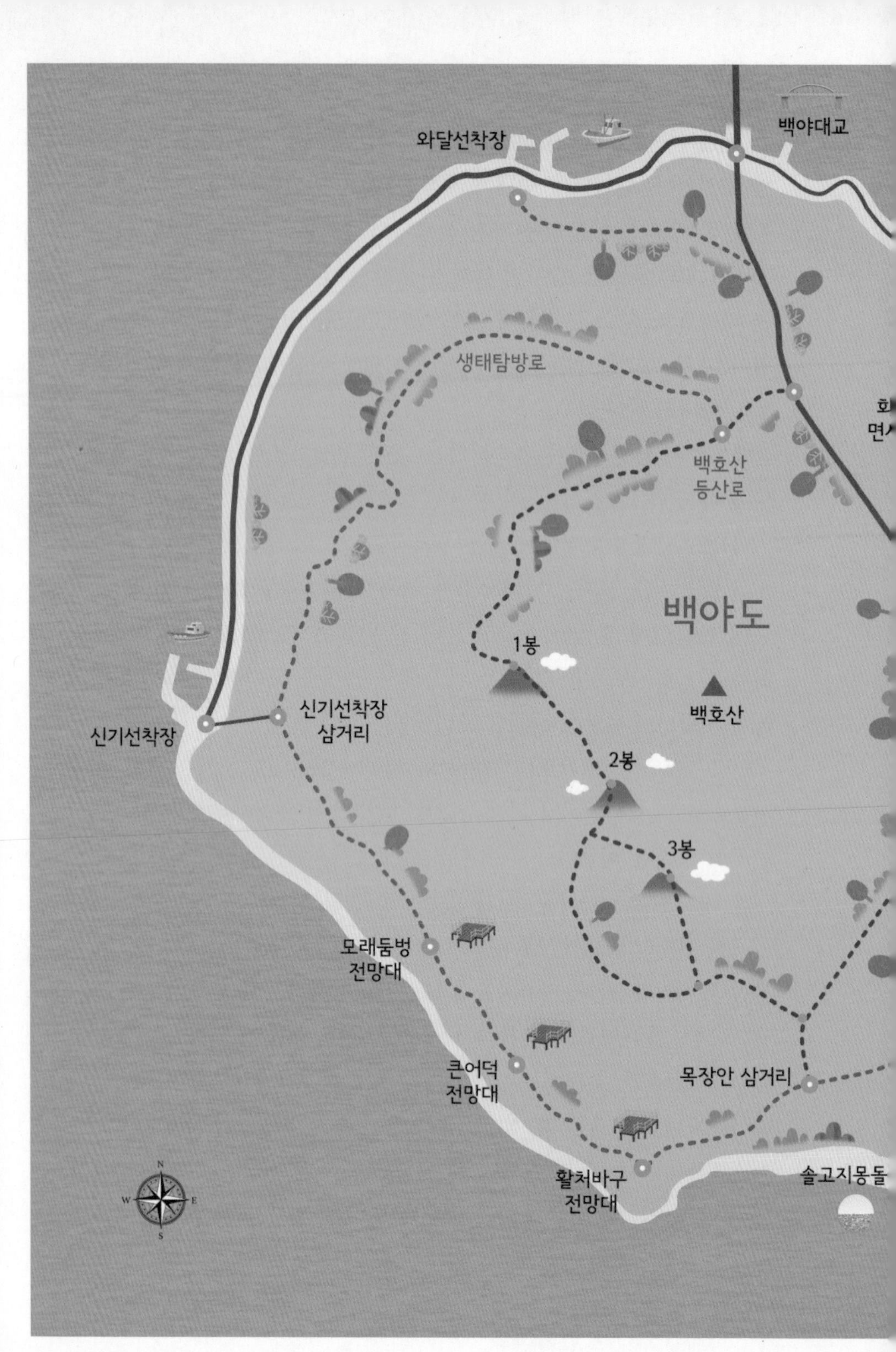
백야대교
와달선착장
생태탐방로
백호산
등산로
백야도
1봉
백호산
신기선착장
신기선착장
삼거리
2봉
3봉
모래둠벙
전망대
큰어덕
전망대
목장안 삼거리
활처바구
전망대
솔고지몽돌
N
W
E
S

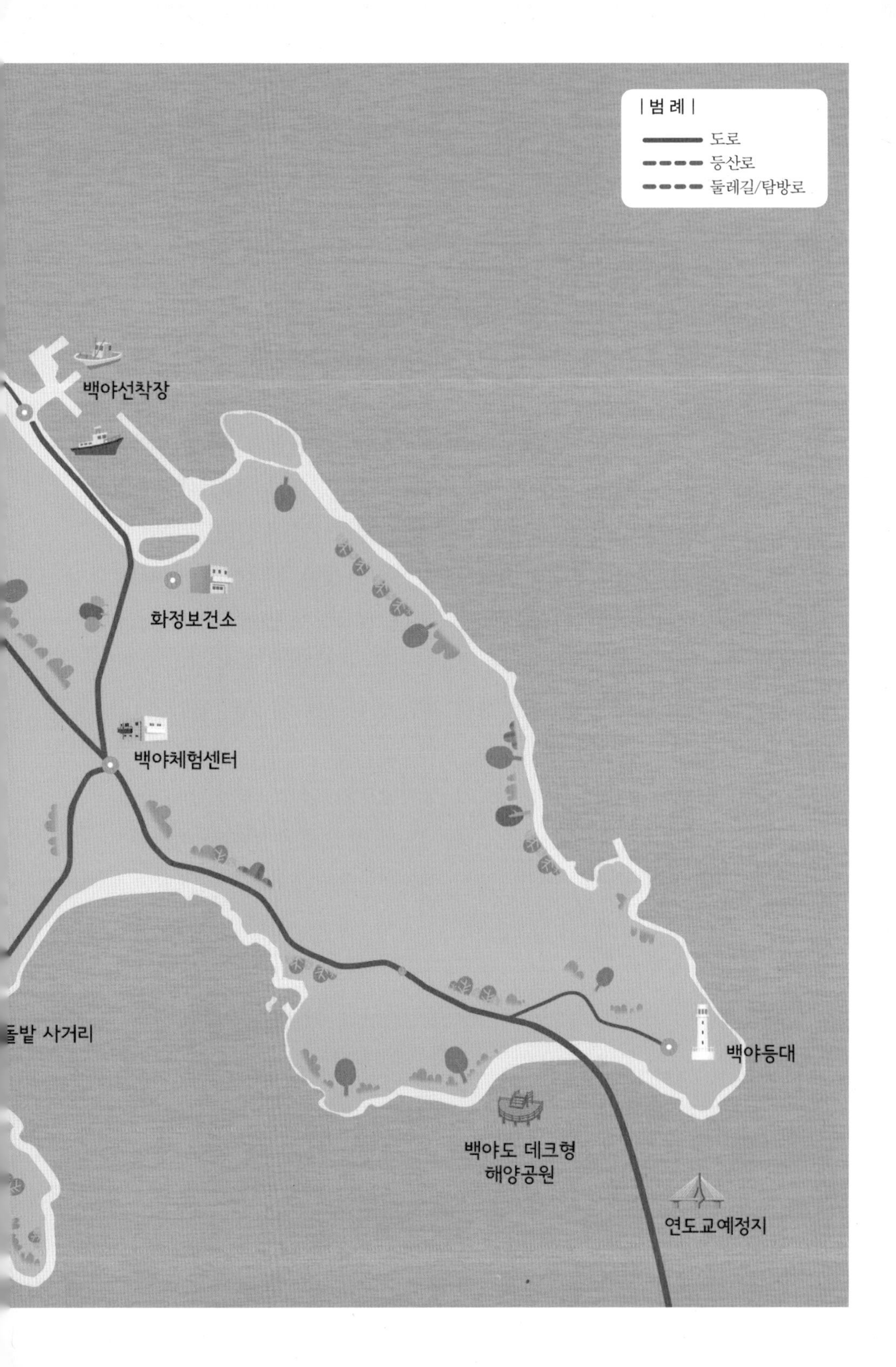
| 범 례 |
도로
등산로
둘레길/탐방로
백야선착장
화정보건소
백야체험센터
돌밭 사거리
백야등대
백야도 데크형
해양공원
연도교예정지

이 전해온다. 와달마을의 풍수는 해달이 누워 있는 형세라 하였는데 마을 이름을 한자 '와달臥獺'로 보기 때문이며, '새터'란 이름이 변한 신기마을도 마을의 풍수를 볼 때 터가 세기 때문에 '세터'라고 하였다지만 근거가 없다. 1980년 백야리에서 분리되면서 화합과 단결의 뜻에서 화백이라 개칭했다는 마을 이름의 유래는 두 마을이 서로 이해관계가 있을 때마다 서로의 의사를 존중하고 합의하여 처리하자는 신라의 화백제도를 본 따서 화백리라 하였다고 전해진다.

2005년 4월의 백야대교의 준공 이후 싱싱한 수산물과 전복을 재료로 하는 음식점들이 성업 중이며 다리와 섬의 등대를 찾는 여행객이 늘어났다. 주민 대부분이 백호산 주변의 밭농사와 수산업을 주업으로 하였으나 생활여건의 변화로 관광소득에 대한 기대가 어느 때보다 높은 편이다. 여러 곳에 펜션과 바다 낚시터가 들어섰으며, 이러한 기대에 부응해 전라남도가 행정안전부에 신청한 '찾아가고 싶은 섬' 공모사업에 선정되어 바다생태 체험 등의 사업에 25억 원이 투입된다고 한다.

최근에 승인된 비렁길의 직포와 장지항로가 백야도에서 출발하게 된 것도 여행객에게 아름다운 섬 백야도를 알릴 좋은 기회라 하겠다.

막걸리와 참전복이 유명한 개도

"옛날부터 물이 좋아 임진란 때는 이순신 장군도 우리 마을에 와서 물을 실어 갔다는구먼! 근께로 막걸리 맛이 끝내 주는 것이지."

여성들도 편하게 마실 수 있는 달달한 맛으로 유명한 개도 막걸리 집 앞에서의 풍경이다.

화정면의 가장 큰 섬 개도蓋島는 '개섬'이라고도 부르던 섬이다. 가막만이나 장수만에서 바라보는 섬의 모양이 개가 쭈뼛 귀를 세우고 있는 모양이다. 개도란 한자는 덮는다는 뜻을 가지고 있는데 개도의 주산主山이라 할 수 있는 화개산華蓋山의 모양이 솥뚜껑 모양을 닮아서 그렇게 붙여졌다고도 한다.

개도라는 섬 이름 때문에 "개도 사람입니까?"라고 개도에 사는 사람이냐고 물으면 "예"라고 대답하기에, 이 섬에서는 동물인 개도 사람이 된다는 우스갯소리가 그럴싸하다.

여수에서 남쪽으로 21.5km 떨어진 개도는 화정면 소재지인 백야도로부터는 남동쪽 5km 지점에 위치한다. 가장 큰 마을인 화산마을 남동으로 해발 338m의 천제봉天祭峯과 봉화산峰火山이 나란히 솟아 있어

개도의 청석포(위), 개도 얼굴바위

쌍봉을 이루고 있고, 주위로는 작고 큰 산들이 병풍처럼 둘러져 있어 산세가 매우 수려하다. 여객선이 내리는 별촌으로부터 시작되는 4시간 정도 소요되는 개도 종주 산행은 전국적으로 많이 알려져 찾는 사람이 많다.

부드럽고 깔끔한 맛으로 유명한 개도 막걸리는 이 섬의 물이 좋기 때문이라고 하는데 본래는 화산마을 안에서 주조하다가 지금은 마을 입구에 주조장이 세워져 있다. 일제 초기에 세워진 옛 도갓집은 당시 화개면 일대에 막걸리를 공급하던 곳으로 ㅌ자 형식의 독특한 기와지붕 건물로 보존가치가 있었으나 지금은 허물어진 폐허가 되어 아쉬움이 크다.

천혜의 환경과 주민들의 근면성이 더해져 개도는 주민 소득이 높은 섬이다. 이미 1920년대에 여수의 재력가 김한승에 의해서 김양식을 성공했던 마을답게 청정한 개도 앞바다에서 자란 미역과 다시마, 몰(모자반)을 먹이로 하는 참전복을 상품화하여 2005년에 행정자치부가 정한 '전남여수 참전복개도마을'이란 이름으로 인터넷을 이용한 전자 상거래를 활성화하고 있다.

이는 예로부터 조개류의 황제로 알려진 전복 중에 개도의 자연환경과 어울리는 참전복을 30ha의 바다에서 양식하여 마을의 소득 증대에 도움을 줄 수 있도록, 정보화 마을을 통하여 성공으로 이끈 사업이다.

개도에는 월항, 신흥, 화산, 여석, 모전, 호령이란 6개의 자연마을이 있다. 진막마을로 더 잘 알려진 신흥마을은 진막은 옛날 군사들이 임시로 주둔하였거나 사람들이 해산물을 채취하기 위하여 임시로 거처하던 곳의 땅이름이다. 이 마을에는 푸른 돌이 많은 해변 '청석금이'와 배들이 쉬던 '배신기미'가 있으며 마을 뒷산은 봉화산이라 하고 봉수대 터가 전해온다.

개도의 가장 큰 마을인 화산마을은 일찍이 큰 동네 또는 대동이라고 부르던 마을로 화개산이 있는 마을이란 뜻으로 해방 후인 같은 이름으로 1952년부터 같은 이름으로 부르게 되었다. 마을에는 위치에 따라 웃몰, 아랫몰, 건너몰과 멀리 떨어져 있어 별촌이라고 부르던 작은 마을이 있다.

해안이 둥글어서 그렇게 불린 도장개, 시누대가 많다는 신대난골, 까끔골창, 산소골, 산천재, 질마지, 흙구덕, 바람따지, 큰재, 작은재 등 한 번 들으면 잊히지 않을 정감 있는 땅이름들이 전해져 온다. '운꼬지'라고도 하는 별촌 마을의 '찰떡여'는 파도에 잠겼다 드러났다 하는 바위가, 부딪히는 파도에 찰떡찰떡 소리가 나는 데서 유래하였다.

여석마을은 마을부근에 숫돌의 재료가 되는 돌이 많아 '숫돌기미'라고 부르던 곳을 한자로 고친 마을 이름이다. 마을 입구에 청석으로 만들어진 독특하고 해학적인 모습을 한 돌벅수가 남아 있다.

모전마을은 '띠밭몰'이라고도 하는데 마을이 잔디의 다른 말인 띠가 많은 지역이어서 불려진 이름이며, 호령마을은 마을 뒷산이 호랑이 모습을 하여 '호야개' 또는 '호녁개'라고 하던 곳을 호령號令이라는 한자로 표기하게 되었다.

섬 주민들은 여수의 도서지역을 11개의 다리로 묶는 연륙사업의 완공에 큰 기대를 하고 있다. 개도와 화양면 힛도에서 백야 제도를 거쳐 개도, 월호, 화태, 돌산으로 이어지는 이 사업이 완공되면 섬에서 육지로 이어지는 수려한 경관을 자랑하는 훌륭한 관광지가 새로 출현할 것이다.

말을 잘해서 부자로 산다는 섬, 제도

화정면의 가장 큰 섬인 개도와 면소재지인 백야도 사이에 위치하고 있는 제도는 해안선의 길이가 9km인 작은 섬이다. 섬의 가장 높은 산도 105m에 불과하다. 마을유래지에는 '임진왜란 당시 옥천육씨沃川陸氏가 난을 피해 처음 입도한 뒤 임씨林氏, 배씨裵氏, 서씨徐氏 등이 차례로 입도하여 마을이 형성되었다'고 기록하고 있다.

조선시대의 기록에는 저도猪島, 절이도折里島 또는 제리도齊里島라 하였고 지금은 제도諸島로 표기한다. 주민들이 부르는 우리말 이름은 '질섬'이나 '지리섬'이다. 이런 연유로 제도에서 시집온 아낙을 '질섬댁'이라 부른다.

섬이 길게 늘어선 모양에서 '지리섬'이란 이름으로 불려서 유래한 이름으로 보이지만 지형이 제비와 같다는 전설과 함께 주민들에겐 제비의 사투리인 '지비섬'으로 각인되어 제비와 관련된 재미있는 이야기가 전해온다.

제도의 풍수를 살펴보면 섬의 지세가 제비혈이란다. 그래서 예로부터 제도리 사람들은 말을 잘한단다. 일제강점기 때는 왜놈 순사도 제도에 와서는 말로 해볼 수가 없어 이 섬에 와서는 매번 당하고 돌아가기가 일쑤였다고 한다. 사람 간에 시비가 붙어 송사가 나도 제비섬 제도 사람에게는 말로 해 보지 못하고 당해왔단다.

오죽하면 '벙어리도 제도에서 3년만 지내면 말을 한다'고 하는데, 진지하게 이야기하는 주민의 표정은 믿음직하게 보인다.

제도는 조선시대에 제리도 목장으로 지정되어 군마를 키우는 섬이었다. 기록으로 보아 조선초기부터 말을 키우는 목장으로 지정되어 관리되었던 모양이다.

마을 입구에 생활쓰레기가 모여져 지금도 만들어지고 있는 조개더미 사이로 말뼈로 보이는 동물 뼈가 쉽게 눈에 뜨인다. 고령의 노인들은 말 목장 시절로부터 전해지는 일화 한두 가지씩은 재미있게 이야기한다.

섬에 전해지는 지명에서도 몰(말) 장본, 몰(말) 내려간 굼턱, 마장, 웃마장, 발안 등의 말과 관련된 지명이 많고 이를 뒷받침 해주는 유적인 목장성이 폭 3m, 높이 2m, 길이 약 200m 정도로 비교적 원형을 유지한 채 남아 있다.

제도의 면적은 1.23㎢, 인구는 184명, 70세대의 주민이 살고 있다. 경지 면적은 논이 0.02㎢, 밭이 0.46㎢, 임야는 0.49㎢이다. 주민의 대부분이 대부분 농업과 어업을 겸하며, 주요 농산물로는 고구마·보리·마늘 등이다. 연근해에서는 주로 멸치·갈치·쥐치·고등어·조기·새우 등이 잡히며, 김·전복·굴·새꼬막 등이 양식된다.

전력은 육지와 철탑으로 연결되어 공급되나 상수도는 공급되지 않아 주민의 대다수는 식수로 우물을 이용한다.

2019년 12월 현재 제도리에는 50여 가구 92명의 주민이 살고 있다. 면소재지인 백야리에서 동남쪽 2.0km 지점에 위치하며 동남쪽 1.0㎞ 지점에 개도, 동북쪽 5.5km 지점에 돌산읍이 있다. 여수시 여객선터

제도마을 선창(위), 제도 항공사진

미널에서 배편으로 1시간 20분 소요되며, 하루 두 차례 화신해운 소속의 정기여객선이 왕복하고 있다. 개인 배를 이용하는 경우는 백야도로 와서 버스나 자가용을 이용하여 시내로 나온다.

마장산이라는 산과, 새색시 새참 나르기가 시집살이 만큼 힘이 들어 이름이 생겼다는 제도리에서 가장 가파른 골짜기 '시집골', 섬으로 시집오던 새색시가 쉬었다 왔다는 방처럼 장롱과 옷걸이가 있는 '각시굴'을 빼놓을 수 없겠다. 어딜 가서도 제도 사람은 말을 잘해서 부자로 산다는 섬사람들의 이야기에는 섬의 자랑이 넘쳐나지만 주민의 평균 연령이 70세가 넘어 노인복지와 고령화가 화제이자 걱정이다.

진시황의 불로초 전설을 간직한 섬 월호도

화정면의 가장 동쪽에 있는 섬 월호도는 우리말 이름이 '다리섬'이다. 고서 『동국여지승람』이나 『동국여지지』, 「대동여지도」, 「호구총수 등에는 '다리도多里島'로 「대동지지」에는 '다로도多老島'로 표기하고 있다.

주민들이 전하는 유래에 따르면 여러 섬이 있어서 이 섬 저 섬을 연결하는 다리의 역할을 하였다거나 마을 앞 해변이 반달처럼 둥글어서 '다리섬'이라 하였다고 전한다. 다리섬을 월호도라고 한 것을 보면 달처럼 둥근 모양이라는 데 더 점수를 줄 만하다.

월호도의 마을로는 섬의 이름을 딴 월호 마을과 비자금, 멀칭개 라는 마을이 있으며 지금은 사람이 살지 않는 '글생이'라는 지역에도 마을이 있었다고 한다.

글생이는 바닷가 절벽에 글이 새겨진 곳이 있어 글이 새겨진 곳이란 뜻으로 부르게 된 지명이다. '서불과차(徐市過此: 서불이 지나가다)라고 절벽에 새겨졌다는 글은 영생불사의 불로초를 구하려고 했다는 진시황의 전설이 전해져 온다.

진시황은 불멸의 삶을 염원하여 심복이었던 서불에게 동남동녀 3천명을 거느리고 동방의 봉래, 방장, 영주라는 삼신산에 불로초가 있다

불로초 전설이 전해오는 월호도 글생이

하니 그 것을 구해오라 명령했다.

명령을 받은 서불은 곤륜산의 천년 묶은 고목을 베어 60척의 배를 만들고, 중국 산동 교남의 랑냥타이에서 배를 타고 동방의 산천을 헤매며 불로초를 찾았다. 동방의 봉래는 금강산이요, 방장은 지리산, 영주는 오늘날의 한라산의 옛 이름이다. 흥미로운 것은 이렇게 서불이 지나갔다는 곳곳마다 진시황의 심복이었던 서불의 이야기가 전설이 되어 전해지고 있다는 점이다.

불로초를 구하기 위해 우리나라를 찾아온 서불은 지나는 곳곳 마다 흔적을 남겨 놓았다. 멀리 금강산으로부터 가까운 남해에 이르기까지 지나는 곳의 큰 바위에다 서불이 지나갔다는 뜻의 '서불과차'라는 큰 글을 새겼다는데 금강산의 곳곳을 지나온 서불은 지리산을 지날 때 지금의 구례군 마산면 냉천리를 지나면서 우물물을 마시고 너무 물맛이 시원해 냉천이란 이름을 붙였다고 한다. 그래서 구례의 서시천은 서불이 지나간 천으로 서불천(徐市川)이라고 한 것이 서시천徐市

川으로 읽어서 서시천이 되었다고 전해온다.

남해 상주리 금산에 있는 돌에 새겨진 글씨는 서불이 새겨 놓은 고대의 글씨로 유명하여 서불연구회에서 학술대회까지 개최할 정도이다. 중국인 금석학자는 이 글씨가 고대글씨이며 서불기례일출徐市起例日出이라고 해석하였다.

거제의 해금강에도 서불의 전설은 전해온다. 해금강 칡섬(갈도)의 우제봉 절벽에 서불과차란 글이 새겨졌다가 1958년 사라호 태풍에 소실되었다는 이야기다.

월호도의 '글생이' 절벽의 글도 서불과차 혹은 서불과처(徐市過處)란 글자가 커다랗게 한문으로 새겨져 있었는데 사라호 태풍이 휩쓸고 가면서 절벽의 바위가 깨져버렸다고 한다. 남면 소리도의 까랑포 절벽도 '글생이'라고 부르는 곳으로 서불과처란 글이 새겨졌다고 전해온다.

여수를 지난 서불 일행은 고흥의 팔영산을 들렀던지 팔영산에도 서불과차의 전설이 전해오며 제주도에는 조천으로 들어와 서귀포 정방폭포에 서불과처란 글을 새겨놓았었다고 전해온다. 제주도 서귀포의 지명은 서불이 돌아온 곳이란 의미에서 지어진 지명이라고 하니 서불의 전설은 어쩌면 실화에 바탕을 둔 역사에서 유래한 것인지 모른다.

제주도 정방폭포 입구에는 서불의 다른 이름인 서복기념관이 세워져 서불의 전설을 전해주고 있다. 서불의 전설은 일본에도 전해오는데 여수시와 자매결연을 맺은 가라쓰를 비롯해 30여 개 지역에서 전해져 온다. 대표적인 일본의 서불 전설지는, 서불이 상륙지를 점쳤던 술잔이 흘러 도착한 곳이라는 부바이, 서불이 판 우물과 심은 나무인 향목, 서불 일행이 천필의 천을 깔고 전진했다는 천포, 서불이 발견했다는 샘물 학영선, 서불이 찾아 갔다는 금립산과 금립숲 등이다. 그곳에서는 전설을 소재로 하여 다양한 볼거리를 만들어 관광객을 유인하

서불과차 고문이라고 하는 남해도 각석문

고 있다.

월호도의 글생이와 까랑포 절벽의 글생이, 두 곳이나 서불관련 유적지를 품고 있는 여수도 서불관련 관광지 보존 계획을 세우고 세계인에게 소개해야 하지 않을까? 비슷한 유적을 소재로 하여 관광객을 유치하고 자원화하고 있는 남해나 거제를 보면서 소중한 문화자원이 월호도의 바닷가에 잠자고 있는 현실이 안타깝다.

월호도의 해변에는 동백이 많이 피는 동백개와 개나리가 많이 피는 개나리 골창, 당산이 있는 땅골, 하늬바람을 막아주는 하늬마지, 넓은 해변인 넙너리와 형상에 따라 가매바구, 너울바구, 소들바구, 지름바구, 칼바구, 택바구, 진바구, 선바구 등 이름만으로도 아름다운 경치가 그려지는 바위들이 해변의 모양을 대신 전해 준다.

꽃섬 화도

꽃섬은 백야도의 서남쪽 5km 지점에 자리하고 있는 섬이다. 섬의 북쪽 1km 지점에 있는 섬도 꽃 섬이어서 옛날에는 '큰꽃섬', '작은꽃섬'으로 부르다가 지금은 북쪽을 상화도, 남쪽을 하화도라 부른다. 마을의 역사를 알려주는 여천군 마을유래지에는 "임진왜란 중 인동장씨 일가가 뗏목으로 피난하던 중 동백꽃, 선모초, 진달래꽃이 아름답게 피어있는 이 섬에 마을을 형성하고 정착하면서 꽃섬이라 불리게 되었다"라고 기록하고 있다.

그러나 꽃섬의 이름은 임진왜란 이전에 이미 만들어진 이름으로 추정된다. 꽃재라고 불리는 화치가 물가로 튀어나온 '곶재'에서 유래되었듯이 꽃섬도 섬의 모양이 길쭉한 고추처럼 생겨서 이름 지어졌다. 사진의 모양처럼 웃꽃섬 상화도나 아래꽃섬 하화도 모두 고추처럼 길게 생긴 모양을 볼 수 있다. 꽃섬의 이름이 생겨난 것은 이렇게 섬의 모양이 길게 꼬지 모양으로 생겨 '꼬지섬'이라 했다가, 음이 '꽃섬'으로 변한 것으로 보인다.

'화노花島'는 '꽃섬'을 한자로 표기한 땅이름이다. 그 중에 섬의 규모가 좀 더 큰 곳이 '아래꽃섬' 하화도이다. 그래서 조선시대에는 큰꽃섬, 대

화정면 부도의 동굴

꽃섬 회화도(위)와 상화도

화도大花島로 불리었고, 김정호의 대동여지도에도 대화도로 기록되어 있다.

오랜 세월동안 섬의 이름이 '꽃섬'인 관계로 주민들의 의식에는 꽃이 만발한 꽃천국에서 살아왔다. 「꽃섬」이란 영화에서도 꽃섬은 상처 입은 사람을 보듬어줄 치유의 섬이며 새로운 삶을 살아갈 파라다이스다. 힐링이란 단어가 꽃처럼 만발하는 요즈음에 꽃섬은 '힐링 아일랜드'이다.

제주의 올레길의 성공 이후 전국 각지에는 수많은 크고 작은 길들이 익숙한 이름으로 여행객을 유혹했다. 여수에도 금오도의 비렁길이 전국에 알려지면서 섬을 보는 시각들이 달라졌다. 꽃섬의 꽃길도 흥미로운 전설과 천혜의 비경을 간직한데다, 꽃섬이라는 아름다운 시명은 여행객을 유혹하기에 충분한 조건들이 되었다. 이에 발맞추어 여수시와 주민들은 꽃섬을 사시사철 꽃이 피는 섬으로 변화시키고 있다. 5km에 이르는 생태탐방로는 동서로 뻗친 섬의 끝과 끝을 연결하는 길이다. 칠여의 전설을 듣고 숨넘밭넘을 지나 막섬 끝에 다다르도록, 짧지 않은 길에 취해 걷노라면 더 이상 지날 수 없는 벼랑끝 절벽이 아쉽게 발길을 막는다.

꽃섬에 도착하게 되면 입구부터 여행객을 반기는 소박한 그림들이 마을의 담벼락 화폭에 담겨 반긴다. 한 점 한 점 정성으로 그린 그림들은 유명작가의 그림에 못지않게 끄는 바가 있어 그림을 그렸던 작가라도 만나 함께 이야기하고 싶어진다. 봄과 여름은 뱃머리 입구부터 섬사람을 닮은 야생화 화분들이 여행객의 마음을 즐겁게 한다. 마을 해안 길을 따라 걸으면 손에 잡힐 듯 잔잔한 바다가 발 밑에 있어 금방이라도 풍덩 빠질 것 같다.

분홍색의 슬레이트 지붕색이 돋보이는 마을로부터 시작되는 생태탐방로는 하화도의 동서를 가르며 길게 뻗어 있다. 길가에 자연스럽게 피어 있는 야생화들은 유년의 고향 길을 떠올릴 만큼 정겹다. 꽃섬의 꽃들은 수목원들에서 보았던 원색의 화려함을 뽐내던 이름도 어려운 서양 꽃들이 아니어서 더 좋다. 높지 않은 섬 등을 따라 걷는 길은 좌우가 모두 연녹빛 바다이다. 올망졸망한 눈앞의 섬들은 공룡나라 사도이며 여러 개의 봉오리가 늘어선 산은 고흥의 팔영산이다. 옛날 거인이 넘어져 팔영산 정상에 손을 짚어 손가락 사이로 삐져나와 저렇게 봉오리가 되었단다. 탐방로의 서쪽 끝 부근에 있는 큰 굴에서 불을 피우면 1km는 떨어졌을 팽(평)바구에서 연기가 솟아오른다는 이야기도 재미있다. 남서쪽으로 보이는 부도에는 남해를 지나가던 해적들이 보물이라도 숨겼음직한, 웬만한 배들이 들어갈 수 있는 깊이가 30m나 되는 큰 굴도 있다.

소나무 사이로 보이는 상화도의 주황색 지붕을 바라보면 며칠쯤 쉬면서 사랑하는 사람과 꽃섬의 정취에 취하고 싶어진다. 생긴 모양이 소의 머리를 꼭 닮았다는 상화도는 아래 꽃섬 하화도와 다정한 연인처럼 마주하는 섬이다. 섬의 정상 부근에 조성된 야생화 단지는 2km가 넘게 생태탐방로란 이름으로 조성되어 교통이 불편함에도 찾는 이가 제법 많다.

상화도 탐방로에 가기 위해서는 마을 가운데를 가로지르는 가파른 계단을 올라야 한다. 숨이 턱에 찰 만큼이면 정상에 오르게 되는데, 보이는 경관에 절로 힘겹던 조금 전의 상황을 잊고 만다. 그야말로 절경이다. 꽃섬 꽃산에 올라 잠시 인간사 내려놓은 신선이 되어 본다.

여수시는 오는 2017년까지 섬에서 자생하는 구절초와 원추리 등의 야생화 식재와 천연동굴 개발 그리고 친환경적인 휴식공간과 화장실 등을 추가로 설치하여 지금보다 더 편한 여행이 될 수 있도록 투자할

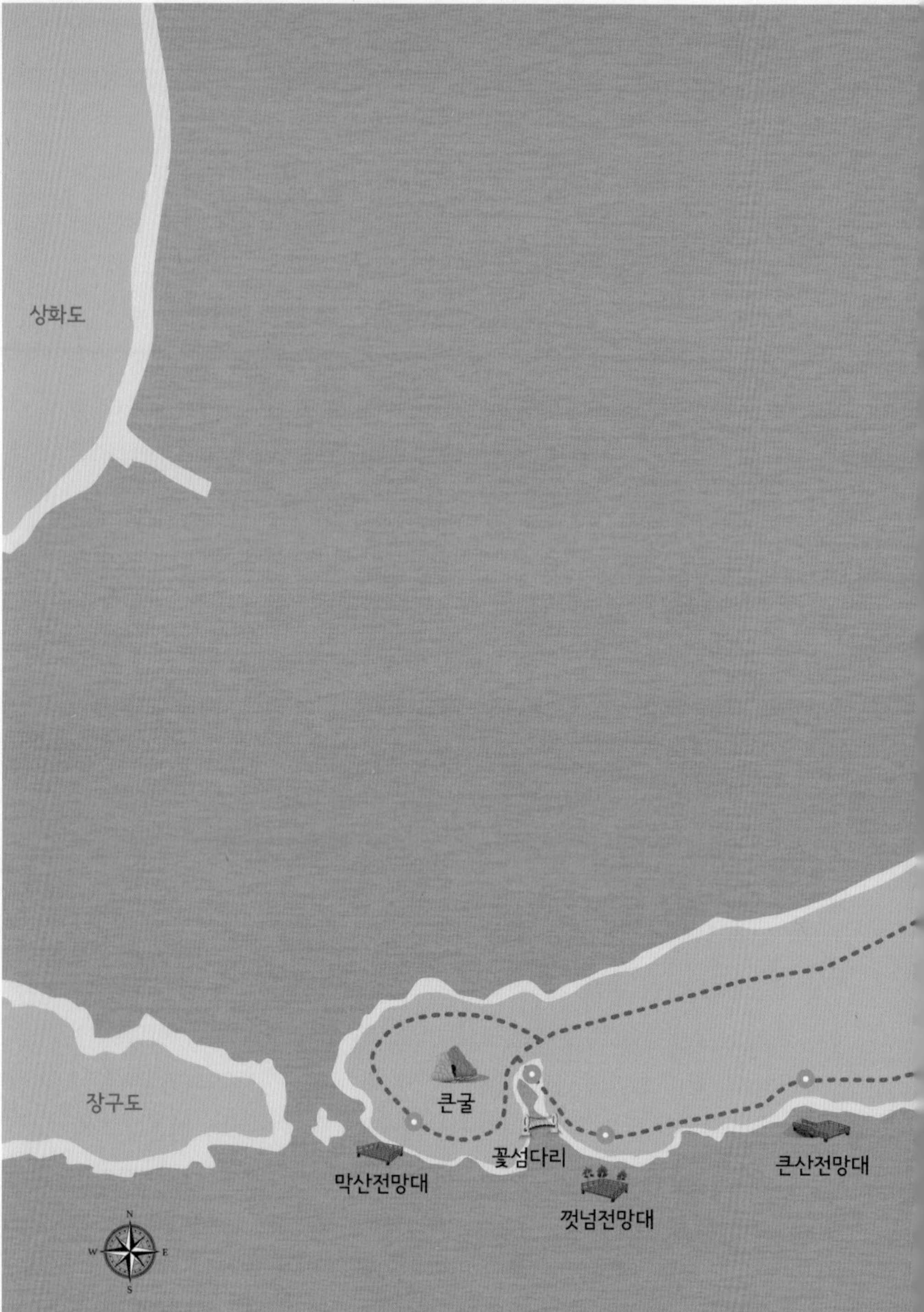

상화도

장구도

큰굴

꽃섬다리

막산전망대

껏넘전망대

큰산전망대

N
W
E
S

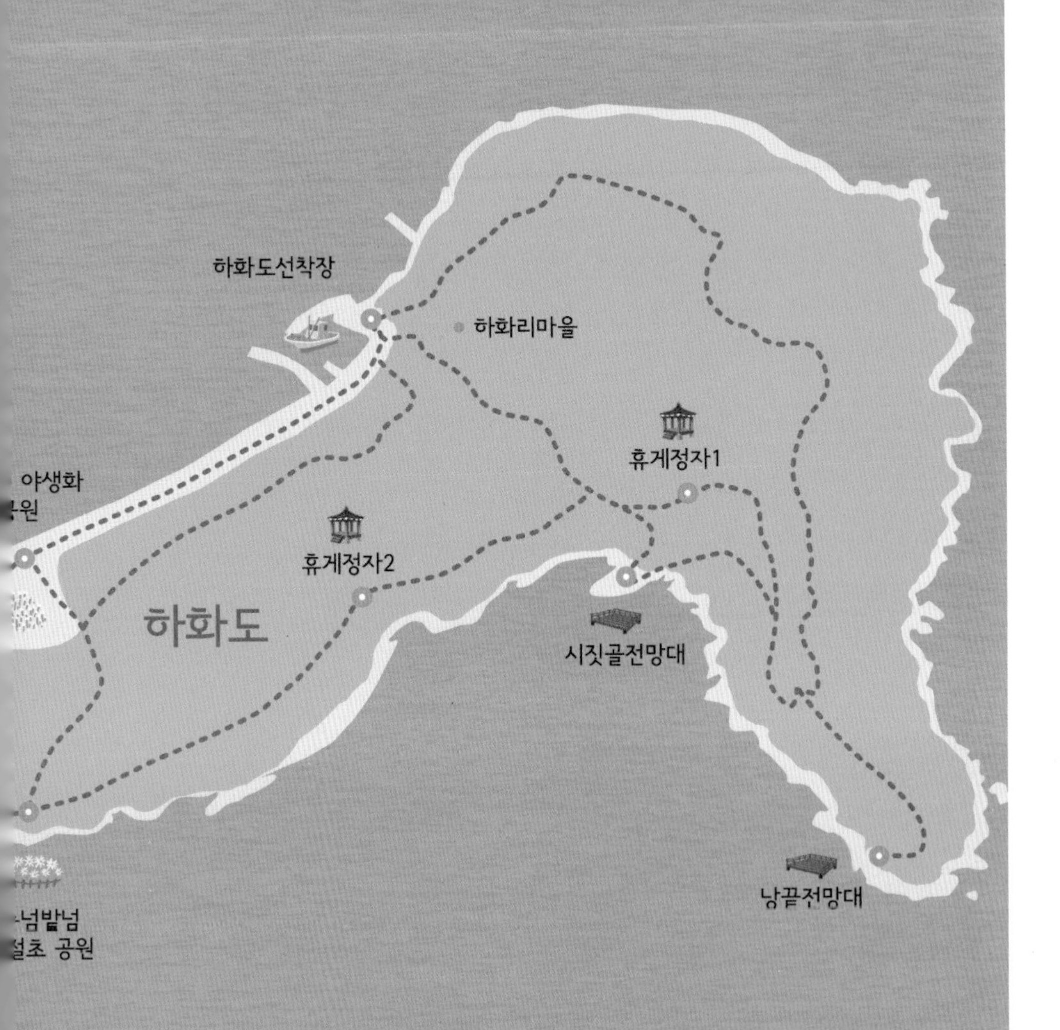
하화도선착장
하화리마을
휴게정자1
야생화
휴게정자2
하화도
시짓골전망대
낭끝전망대

계획이다. 배편도 늘고 다녀간 사람들의 입소문을 타 이 섬이 더욱 알려지면 한가롭던 꽃섬은 우리나라 사람이라면 누구나 오고 싶어 할 환상의 섬으로 재탄생할 것이다. 땅속에서 휴식을 취하고 있을 봄꽃이 만발할 돌아올 봄이 벌써 기다려진다.

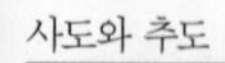

사도와 추도

공룡나라 사도

사도는 잠시 인간의 시간을 잊게 해 주는 섬이다. 섬에 닿기도 전에 백년을 살기도 힘든 인간에게 2억 3천만 년에서 6천5백만 년 전의 중생대에 살았다는 공룡의 시대로 안내를 한다. 섬 입구에 세워진 티라노사우루스의 조형물을 보고 나면 금방이라도 섬의 곳곳에서 다양한 공룡이 나타나 영화 「쥬라기 공원」에서 보았던 모험이 펼쳐질 것 같다.

고운 모래에 끊어질듯 이어지는 7개나 되는 섬들이 모여 모래섬 사도를 만든다. 공룡 보행렬 화석이 발견되기 전인 1990년대 말까지 사도는 너무 아름다운 절경에 이미 관광지로 이름이 높던 곳이었다. 여기에 일 년 중 바닷물의 높이가 가장 낮아지는 영등시에는 사도의 작은 섬 추도와의 사이에 700여 미터의 바닷길이 드러나는 현상이 일어나기 때문에 이를 구경하기 위한 관광객이 많이 찾던 곳이었다. 이렇게 빼어난 절경의 사도에서 발견된 공룡발자국 화석은 사도를 공룡나라로 만들어 이 섬이 얼마나 아름다운지 잊게 만들었다.

사도는 가장 큰 섬인 모래섬 사도를 중심으로, 북쪽에 소나무가 몇 그루 서 있는 작은 동산을 나끝이라 부른다. 나끝에선 매년 모세의 기적이라 불리는 바다 갈라짐 현상이 일어나는데 이때 연결되는 건너편의 섬이 추도이다. 본래는 섬에 취나물이 많이 자라서 취섬으로 불렀으나 한자로 기록하면서 추도로 적었기 때문에 추섬이 되고 말았다.

추도에는 몇 년 전만 하더라도 5~6명의 주민이 마을을 지키고 살고 있었으나, 2019년 현재 두 가구에 두 사람이 살고 있다. 아름다운 자연보다는 편리를 추구하는 현대인의 삶의 방식이 이 섬을 이렇게 비워놓은 게 아닐까?

책을 쌓아 놓은 것 같다는 채석강의 퇴적지층처럼 추도의 퇴적암지층도 켜켜이 쌓인 모양이 신비하고 아름답다. 사도에서 유명한 세계최장 84m의 보행렬 화석이 있는 곳도 추도의 이런 퇴적암층이다.

사도에서 가장 높은 지점은 49m에 불과하다. 이곳을 지나면 가운데에 있다하여 간데섬으로 부르다 한자 가운데 중中으로 표기한 중도가 나온다. 중도 동쪽에 있는 섬은 예전 시루떡을 찌던 시루를 닮았다는 시루섬이다. 바위 절벽이 섬을 둘러싸고 있어 수목이 우거진 윗

부분과 어울려 시루를 닮았다. 시루는 한자로 증甑으로 표현한다. 이렇게 시루섬이 증도가 되었다.

증도 동쪽에는 진대섬이다. 대섬이 길게 생겼기 때문에 진(긴)대섬이 된 것이다. 그런데 진대섬을 한자로 표기하면서 장사도가 되었다. 진대섬을 왜 장사도로 표기 했는지는 통 알 수 없다. 연목은 목이 길게 이어져 연목이다. 모래섬을 사도로 표기하여 의미를 알기 어렵게 한 것처럼 시루섬이 증도가 되고, 진대섬이 장사도로 변하고, 취섬이 추도로 변한 것은 대부분 일제강점기 지도를 제작하면서 한자를 많이 쓰던 일본문화의 영향 때문이다.

추도와 사도의 얼굴바위

2007년 문화재청은 사도 추도마을의 옛 담장길을 등록문화재 제367호로 지정하여 보존하고 있다. 지금은 찾아보기 힘든 돌로만 만들어진 담장길이 훼손되지 않고 자연미를 간직하고 있어 정겹다. 이와 함께 중생대 백악기 시대의 공룡발자국은 2003년 천연기념물 434호로 지정되어 보호받고 있다.

사도에서 공룡발자국 화석만큼 탐방객의 사랑을 받는 거북바위는 여러 개의 바위가 자연스럽게 쌓이고 얽혀 거북모양을 이루고

낭도
낭도등대
선착장
헬기
사도관광센타
본도해수욕장
공룡화석
공원
사도해수욕장
사도
일출포인트
만층암과
꽃바위
딴여

N
W
E
S

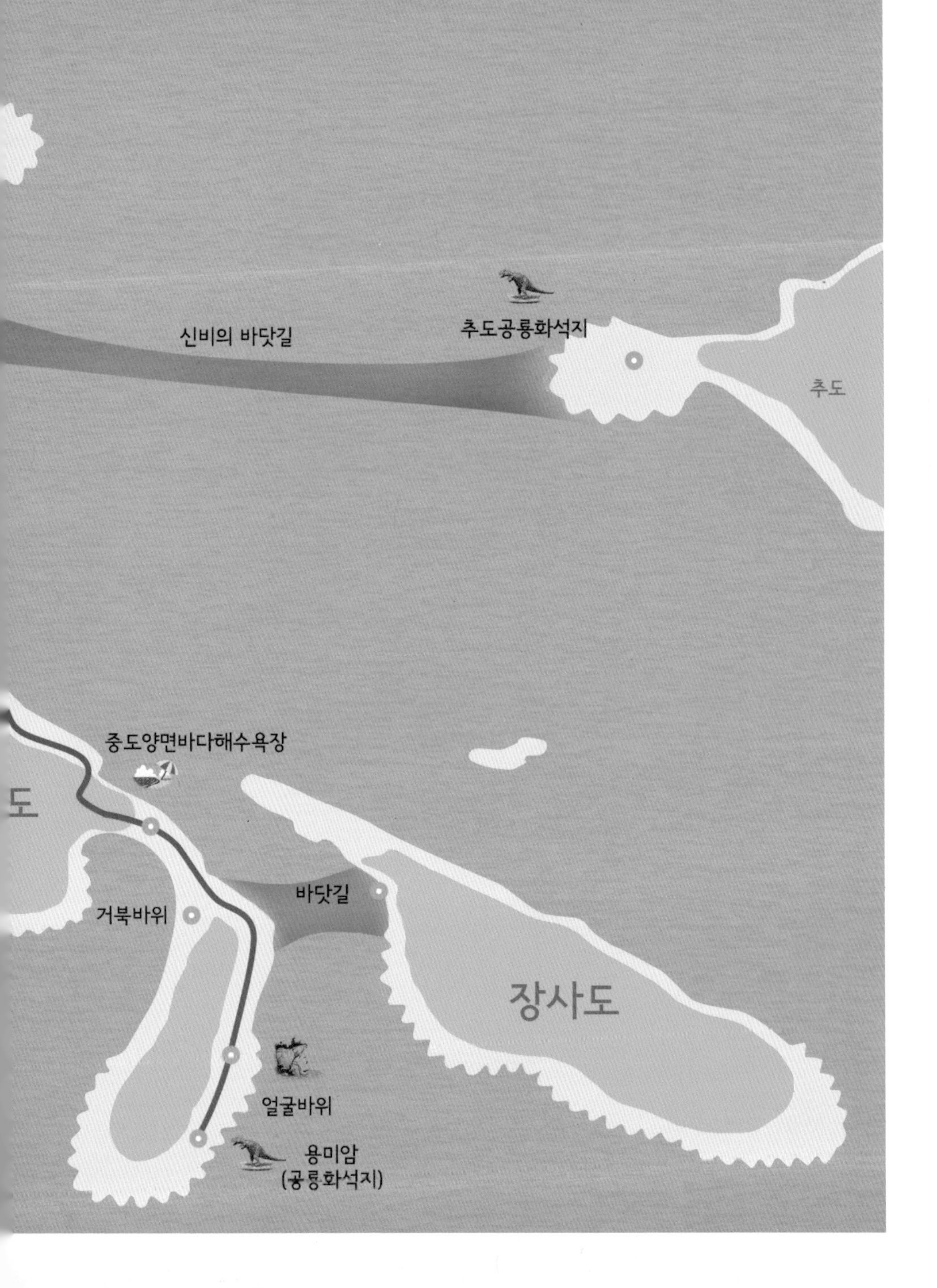

신비의 바닷길
추도공룡화석지
추도
중도양면바다해수욕장
도
바닷길
거북바위
장사도
얼굴바위
용미암
(공룡화석지)

있다. 이야기는 과장되어 안내자마다 임진왜란시 충무공 이순신 장군이 이 섬에 들러 이 바위를 보고 난 뒤에 거북선을 만들었다고 하는데 그 표정은 믿거나 말거나다. 거북바위 주변으로는 얼굴바위, 명석바위, 용꼬리바위, 장군바위 등 여러 가지 형상과 흥미로운 이야기를 담고 있는 바위들이 있어 여행객의 귀를 즐겁게 한다.

이리를 닮은 섬 낭도

사도의 서쪽에 있는 낭도는 섬의 형상이 이리를 닮았기 때문에 '이리도'라 하였으며, 낭도狼島는 이리도의 한자 표기이다. 낭도를 소개하는 글마다 낭도는 이리를 닮은 섬이라고 소개한다. 낭도의 어떤 부분이 이리를 닮았을까?

이리를 국어사전에 확인해 보면 늑대와 같은 동물로 소개한다. 이리는 어깨의 높이가 90cm 가량으로 꽤 큰 몸집이란 것을 알 수 있다. 장수만이나 화정면의 소재지인 백야도에서 바라보는 낭도는 상산이 우뚝 솟아 있어, 쫑긋한 귀를 세우고 당당한 몸짓을 하고 있는 이리를 떠올리게 하지 않았을까 여겨진다.

낭도의 동쪽에 솟은 상산은 해발 280m로 뾰쪽하게 솟은 산을 제외하고는 대부분이 낮은 구릉이다. 해안선은 곳곳에 소규모의 만과 곶이 이어져 있다. 만은 대부분 사빈 해안이고 남쪽 돌출부는 암석 해안으로, 공룡나라 사도의 해안과 같은 공룡발자국이 있는 퇴적암 지층과 함께 해안선만으로도 자연사 박물관이라 할 만큼 많은 볼거리를 간직하고 있다.

특히 사도와 마주보고 있는 남동쪽 해안지대는 무인등대로부터 여

낭도 여산마을

산마을 입구에 이르도록, 아름다운 해안선과 함께 주상절리대까지 숨어 있어 자연 지리학습장으로 최고의 여건을 갖추고 있다. 상산을 오르는 길에 만나는 섬의 등성이 길은 슬로우시티라는 슬로건을 내걸고 여행객을 유혹하는, 완도의 청산도에서 만났던 서편제 길에 비할 만한 매력 있는 길이다.

길에서 만나는 모든 곳에서 마주치는 때묻지 않은 사람과 자연은 낭도를 홀로 숨겨 간직하고픈 장소가 된다.

낭도의 가장 큰 마을인 여산리는 예부터 마을 뒤로 아름다운 산이 많다고 하여 1952년부터 낭도리에서 명칭이 바뀐 것이다. 논이 많은 지역인 논골의 한자 이름인 답동畓洞과 멀리서 보면 탑처럼 보여서 불려진 '탑고지'라는 작은 마을이 함께하는 마을이다.

낭도와 여수시 간의 거리는 남쪽으로 약 26.2km 떨어져 있고 고흥군 영남면이 서쪽에 있으며, 해안선 길이는 19.5km에 면적은 5.02㎢

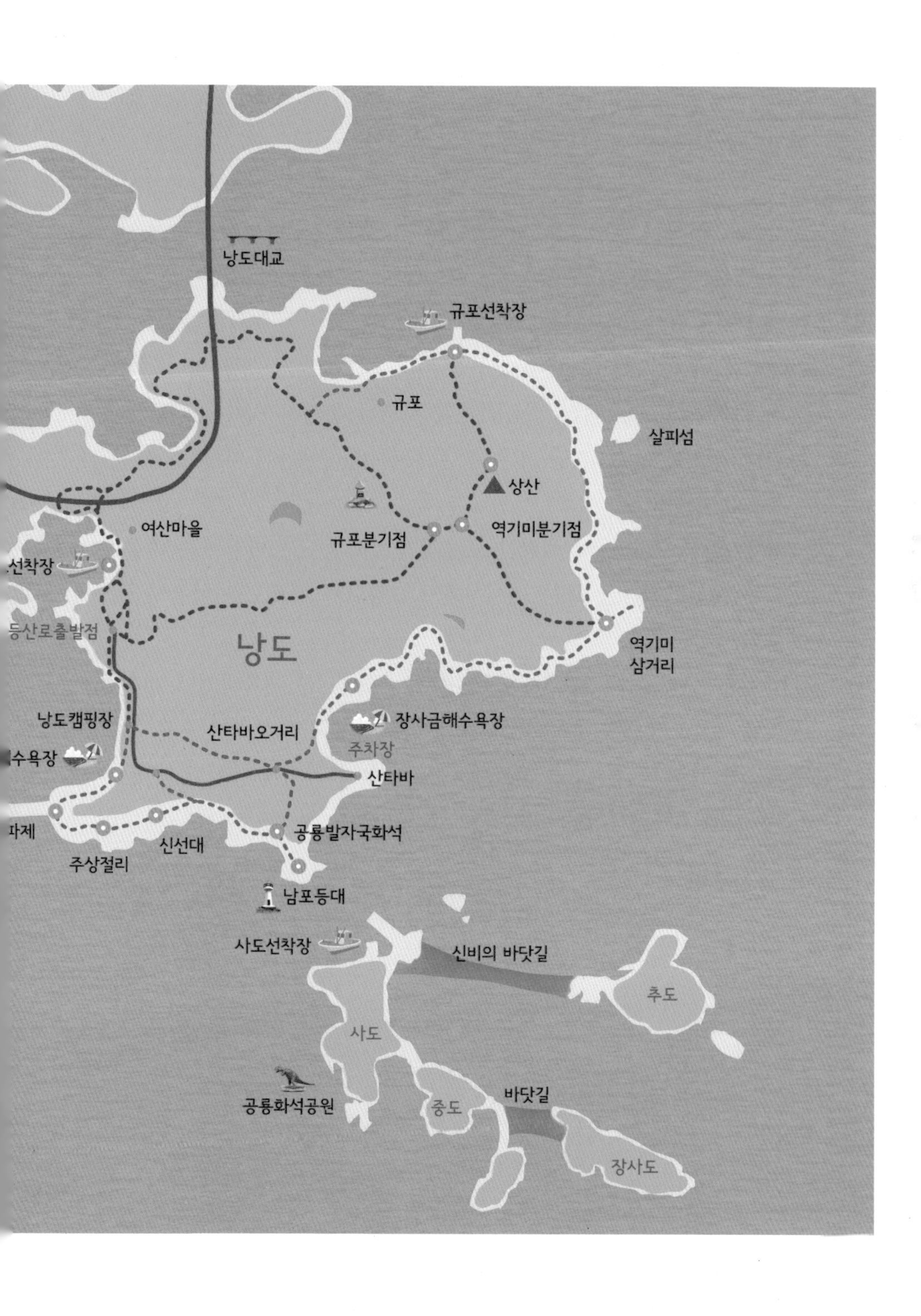

낭도대교
규포선착장
규포
살피섬
상산
여산마을
규포분기점
역기미분기점
선착장
등산로출발점
낭도
역기미
삼거리
낭도캠핑장
산타바오거리
장사금해수욕장
주차장
수욕장
산타바
파제
공룡발자국화석
신선대
주상절리
남포등대
사도선착장
신비의 바닷길
추도
사도
공룡화석공원
바닷길
중도
장사도

이다. 섬에 살고 있는 주민은 2019년 12월 현재 193세대에 297명으로 이 중 남자 137명 여자 160명이다.

여기에 가족단위 여행객이 맘껏 쉬었다 갈 수 있는 낭도해수욕장이 있다. 여수항에서 배편으로 1시간 50분 소요되는 정기 여객선 백조호가 하루 2회 운항하며, 백야도에서는 대형카페리3호가 50분 걸리는 항로를 하루 3회 운항한다.

마을 안에 꼬막이 많다는 꼬막개, 어망의 일종인 드래를 설치하여 장어를 잡았다는 드래끝, 산허리가 지붕처럼 생겨서 지어진 집뚜개, 고노리, 살지바, 엉바, 창날, 싱판 등 독특한 땅이름들이 마을 곳곳에 전해온다.

도장처럼 둥근 모양의 해변인 '도장개'라 불리는 규포마을에는 마을 뒷산에 봉화산이라고 하는 조선시대의 요망소가 전해오는 아름다운 마을이다.

여수세계박람회 개최로 추진되었던 화양~고흥 간 연륙사업이 계속 추진되어서 2020년 2월에 완성되었다. 공룡발자국 화석 발견으로 체험학습형 관광지로 변모한 사도에 다양한 투자가 이어지고 있어 낭도 역시 뛰어난 관광지로 변모하게 될 것이다.

삐툴이 섬 조발도

조발도는 화양면 이목리의 벌가마을 남서쪽으로 보이는 작은 섬이다. 마을 유래지에 '아침 해가 일찍 떠서 마을을 밝게 비춘다' 하여 조발도早發島라 부르게 되었다고 전해오는 이 섬은 본래는 삐뚤이라고 부르는 섬이었다. 말 잔등처럼 생긴 지형 때문에 섬의 어느 곳에도 평지가 없어, 얼마 되지 않은 밭이나 집들이 모두 경사면에 자리를 잡고 있어서 붙은 이름이다.

삐툴이라는 섬 이름이 특이해서 오랫동안 가까이 지내던 둠병섬이나 적금도 사람들은 재미있는 이야기를 만들어 삐툴이 섬 사람들을 놀려댔다. '삐뚤이 섬의 밭들은 비탈이 심하여 밭을 일구던 아낙들은 윗 고랑에 발 하나 아랫 고랑에 발 하나를 두고 일을 할 수밖에 없었다. 그러다 보니 이 섬의 아낙들은 몸의 중심에 있는 중요한 부분이 삐뚤어지게 되었고, 그래서 섬의 이름을 삐뚤이라 하였다는 조발도 주민들이 듣기에는 대단히 불쾌한 유래가 전해온다. 1970년대 초반 조발도의 교통수단은 하루 한차례의 정기여객선이 전부였다. '남국호'라는 여객선이 여수에서 출발하여 여수의 서부 섬지역과 화양면의 감도, 이천을 비롯하여 섬달천 여자도까지 이어지는 항로에 들렀다. 당시 37세의 열혈남아의 기질이 남아있던 마을주민 김O실씨는 장을 보러 배를 탔다가 삐뚤이라고 놀리는 이웃 섬사람과 다투다 결국 경찰서 신세를 졌다는 이야기가 전설처럼 회자된다.

하지만 지금은 정기 여객선도 운항이 중단되고 여객선에 오르면 왁자하게 소란했던 정겨움도, 삐틀이 섬이라고 놀려대는 이웃 섬 사람도 사라진 지 오래다. 가까운 벌가마을에서 하루 서너 차례 도선이 오가고 있지만 종선을 옮겨 타고 여수까지 다니던 그때가 더 좋았다고 주민들은 입을 모은다.

조발도에 언제부터 사람이 살았는지는 정확히 알려지지 않았다. 대략 임진왜란 이후에 사람이 거주하였다고 알려지며, 1960년대 70여 세대를 정점으로 마을의 규모가 점차적으로 줄어들고 있다. 1896년(고종 33) 돌산군 설립 당시에는 옥정면 조발리였으며, 1914년 여수군 행정구역 개편시 법정리가 되었다. 1998년 삼여통합으로 여수시 화정면에 속하게 되었다.

면소재지인 백야리에서 8.3km 지점에 위치하며 북동쪽 2.3km 지점에 화양면이 있다. 북서쪽으로 둔병도와 남쪽 3km 지점에 낭도가 있다. 여수시와 고흥군의 연륙연도교사업의 시발점인 조발리는 화양면 공정마을과의 사이에 길이 700m의 연도교가 세워질 마을이다. 섬에서 가장 높은 곳은 동남쪽에 있는 171.2m의 낮은 산으로 경사가 비교적 완만하며, 남동쪽은 암석 해안으로 이루어져 있다. 50여 세대 가옥 중에 비어 있는 집이 절반이 넘고, 연령 분포는 70세 이상 홀로 사는 경우가 대부분이어서 노령화 문제를 뚜렷이 보여주고 있다.

조발리에서는 당산제를 정월 대보름에 지내며 제주로 뽑히면 한 해 동안 어려운 금칙을 지켜야 한다. 즉 육고기를 먹지 않고 초상이나 결혼식, 불이 난 곳, 싸우는 곳에는 가지 않는다. 동네 일이나 개인사에

여객선 여신호(1970년대 초/위)와 조발도 선창(아래)

참견해서는 안 된다. 당집은 동네 위에 있으며 신체는 위패를 모시고 있다. 유적으로는 이순신 장군이 세웠다는 봉화대가 요막산에 남아 있다. 고기를 잡으러 나갔다가 난파선에서 거북이 등을 타고 살아 돌아왔다는 홍선장 이야기가 전설로 전해진다.

명주실꾸리가 한 꾸리쯤 들어간다는 바다 밑 동굴이 굴바등에 있으며, 샘기미·솔머리·목넘·신추·강간리·따신기미·납데기·목낭골·가마골·가장골·당산·솔머리·버리밥·풀섬바·갈미봉·나느바·애덧기미·진작지·곳바·상산·큰산 등 전형적인 섬 지명들이 전한다.

조발도를 비롯한 화정면에서도 삼산면처럼 바닷가의 바위 절벽을 '바'라고 부르고 있다. 이로부터 돌산읍·남면 등의 동부 쪽과는 달리, 고흥 지방의 영향을 많이 받아 완도·장흥·고흥권의 토속어가 많이 남아 있는 것을 알 수 있다.

조발도의 교통은 화양면과 가까워 정기여객선이 폐지되고 화양면 이목리 벌가항에서 건너가는 배가 하루 3회 운항된다.

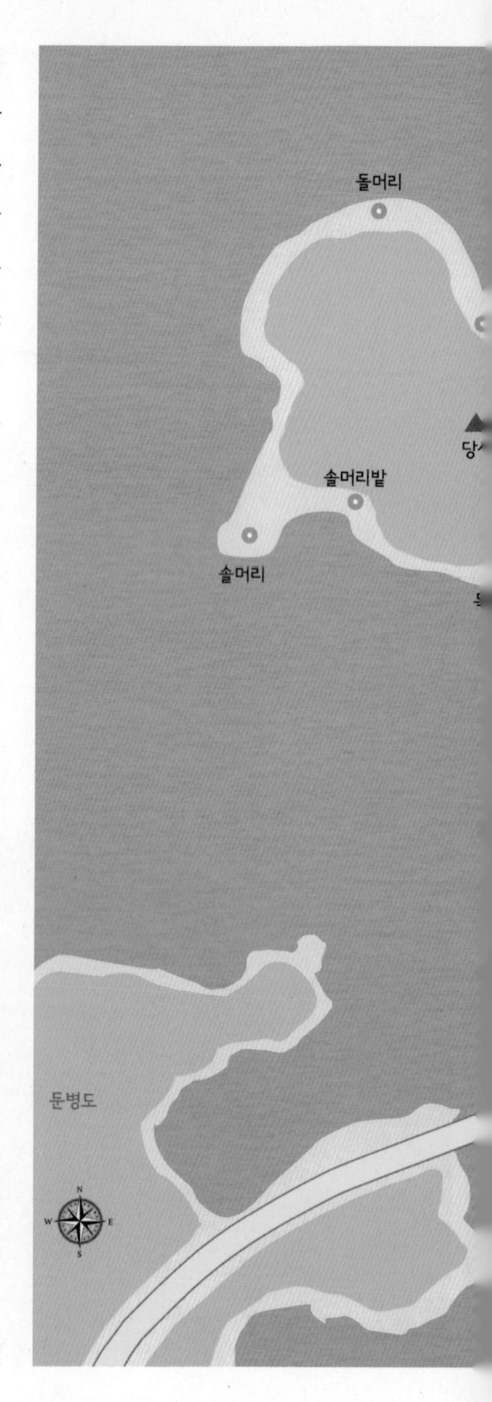

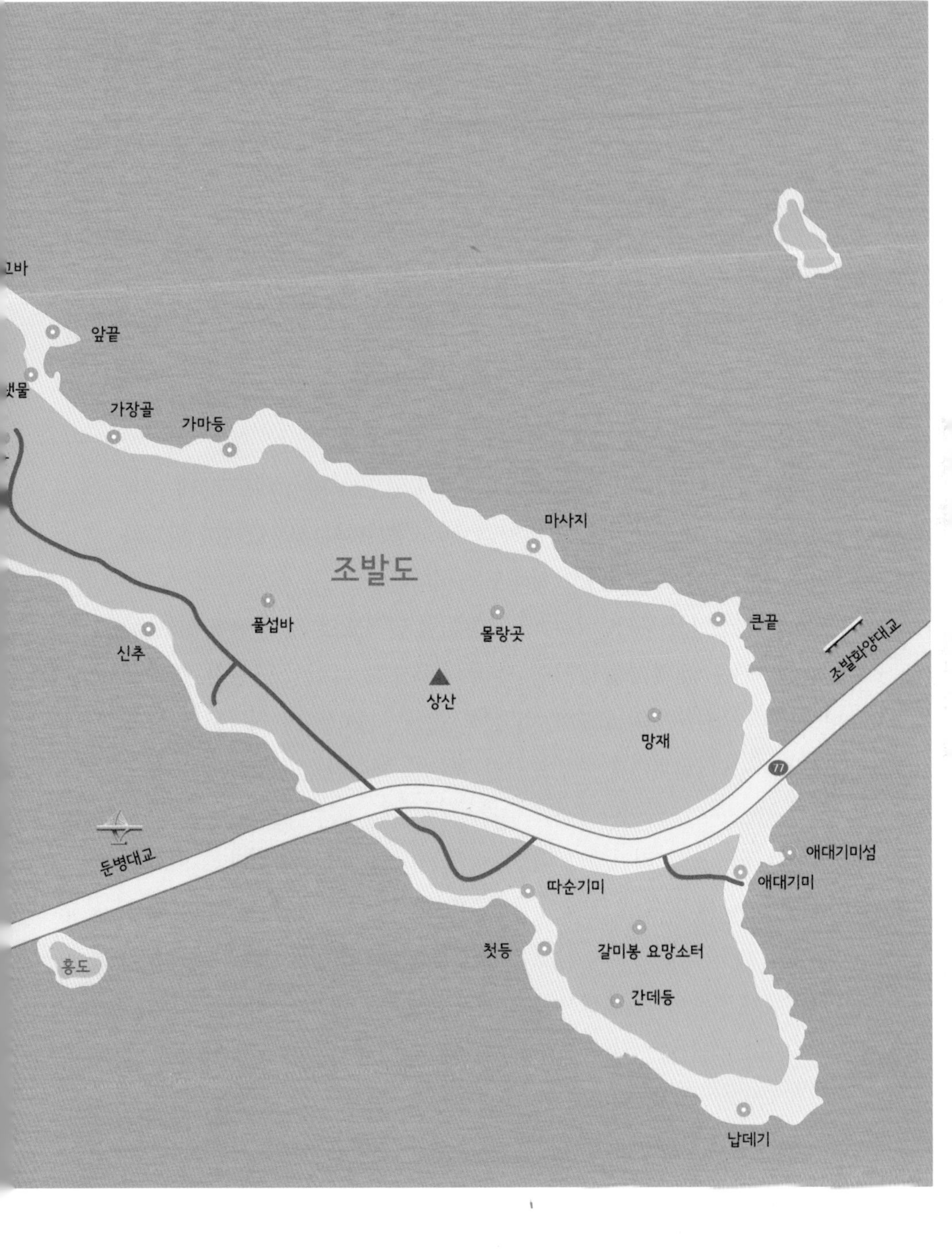

고바
앞끝
샛물
가장골
가마등
마사지
조발도
풀섭바
몰랑곳
큰끝
신추
상산
조발화양대교
망재
77
둔병대교
애대기미섬
애대기미
따순기미
첫등
갈미봉 요망소터
홍도
간데등
납데기

황금을 쌓아 두었다는 적금도

적금도는 여수시의 화양반도 남서쪽과 고흥군 영남면 동쪽 사이에 위치한 유인도다. 주민은 80세대에 140여 명으로 이 섬에도 65세 이상의 고령자가 대부분이다. 약 450년 전 고령신씨와 진주강씨가 입도하여 자연마을을 이루었다고 전해오는 섬이다.

호주 원주민의 무기인 부메랑 모양처럼 남북으로 길게 뻗어 있는 섬의 해안선은 개펄, 모래, 자갈, 암석 지역으로 나뉘어 다양한 경관을 보여준다. 섬 주민의 규모에 비해서 긴 해안선이 있어 적금도는 금을 쌓아 놓았다는 섬이름의 전설처럼 해산물 채취와 고기잡이를 주업으로 하는 부자 마을이다.

적금도는 조선 전기에는 적호赤湖 또는 적포赤浦라 하였다는 이야기가 마을 유래지 등에 전해지지만 확인되지 않는다. 확인되는 기록은 17세기 고지도나 「청구도」, 「대동여지도」 등에 나타나는 적이도赤爾島(赤尒島)가 대부분이다. 조선시대 전라좌수영에 속한 수군진이였던 여도만호진의 둔전으로 사용되어 조선 중기까지 병사들만 거주하였던 섬으로 보인다.

전설로는 섬 주변으로 금이 많이 있을 거라는 예언 때문에 쌓을

적금도 전경

적積자와 쇠 금金자를 써서 적금도라고 하였다는 마을 유래가 전해진다. 하지만 이는 적금도의 이두식 한자 이름에서 연상되어 만들어진 유래다.

본래의 섬이름이 적금도이라면 적금도는 '작기미섬'이 변한 이름으로 보인다. '작기미'는 마을 동서에 작(자갈)밭이 잘 발달되어 붙은 이름으로, 해안의 후미진 곳을 이르는 해양 지명 기미와 결합되어 적기미라 불렀을 것이다. 금을 쌓아둔 곳이라는 뜻의 적금이라는 땅이름 때문에 금이 많이 숨겨져 있을 것이라는 허황된 꿈은 이 섬 곳곳에 생채기를 남기고 있다.

일세강점기인 1930년대 조선반도는 가히 황금광시대라고도 하는 골드러시 시대였다. 일확천금을 꿈꾸던 많은 사람들이 금맥을 찾는다면서 산으로, 들로, 강으로 떠났다. 뿐만 아니라 노름꾼부터 척박한 일제 강점기에서 좀 배웠다하는 변호사, 의사, 소설가 등 지식인들도 이 열풍에 함께 올라탔다.

혹시나 하는 기대감은 전국의 지명까지 집착하게 만들었고 여수 지역의 경우에도 금이 난다는 뜻을 가진 생김이 생금生金—여수시 신월동, 금을 만든다는 뜻의 작금作金—돌산읍 금성리, 금을 쌓아 놓았다는 적금積金—화정면 적금도, 금 골짜기 금곡金谷- 소라면 죽림 등에서 금광 채굴을 시도하였다. 바닷가에 위치하고 있어 만灣의 우리말 표현인 '기미'가 쇠 금金으로 기록되면서 소리 기록인 지명 표기를 뜻 기록으로 오해한 데서 벌어진 일이다. 당시의 투자자는 막대한 손실을 보았으며 블랙홀처럼 남겨진 굴의 입구가 그 시대의 교훈을 말해준다. 가장골에는 지금도 금광개발을 위해 굴착했던 금굴이 남아 있다. 길이는 입구에서 70여 미터이며 끝에서 두 갈래로 파고 들어가려다 중단된 흔적이 보인다.

적금리의 마을 지명으로는 도네기·선바·큰마을·집앞·독섬·인공굴·가장골·돈목·괭이발·추끝·탑고지·백모락·구석·너부·당산끝·충기밑·사장등·몰락금이·요막산·당산·샘구석·송곳여·산밭골·연목·목넘·비락바·대팽이·캣돌바·문진바 등이 있다. 탑고지는 탑이 있는 곶(고지)이라는 지명인데 퇴적암이 탑처럼 생겼기 때문이며 공룡 발자국 화석이 있다.

화정면 소재지인 백야리에서 18.5km 지점에 위치한 적금리는 서북쪽 2.5km 지점에 고흥군과 접하고 동쪽 2km 지점에 둔병도, 남쪽 2km 지점에 낭도가 있다. 교통은 화양면 벌가마을에서 7.25톤급의 '우리바다호'를 이용하여 육지와 연결된다. 평일 하루 두 번, 휴일과 애경사가 있을 때에는 하루 세 번, 연휴 기간에는 매시간 운행한다.

마을의 주 소득원은 해조류와 바지락 등으로 바다에서 많이 나는 해산물이다. 조발도에서 고흥으로 연결되는 연륙연도교 사업이 진행중이며 곧 육지와 연결될 꿈에 부풀어 있다. 고흥과 인접해 있는 지리적인 관계로 고흥의 영향을 많이 받고 있다. 2011년에는 정부가 주도하는 주민참여형 소득업으로 선정되어 어촌마을 공동어업기반시설 등이 들어서기 시작해 2015년 완료되었다.

2020년에는 오랜 숙원 사업이었던 여수에서 적금도를 잇는 교량이 완공되어 주민들의 삶이 크게 변하게 되었다. 한편 여수시에서는 돌산 화태도에서 백야도로 이어지는 6개의 교량과 화양 장수리 공정마을 조발도, 둔병도, 낭도, 적금도를 거쳐 고흥으로 이어지는 5개의 교량을 모아서 '백리섬섬길'이란 이름으로 명명하였는데, 남해안의 다도해와 어우러진 섬 관광이 크게 늘어날 것으로 기대하고 있다.

많은 섬들이 오랫동안 전승되던 민속행사를 더 이상 이어가지 못하고 있지만, 적금도는 이를 계승하기 위한 주민의 노력이 돋보인다. 특

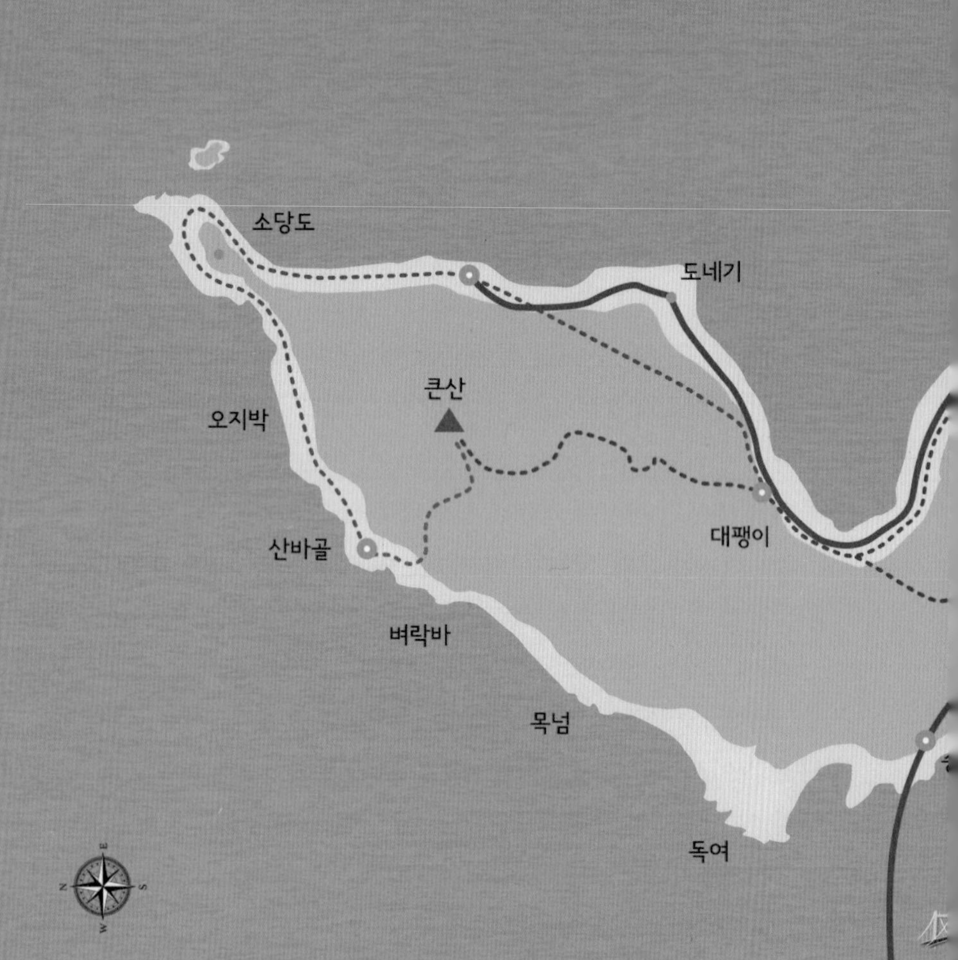
소당도
도네기
큰산
오지박
대팽이
산바골
벼락바
목넘
독여

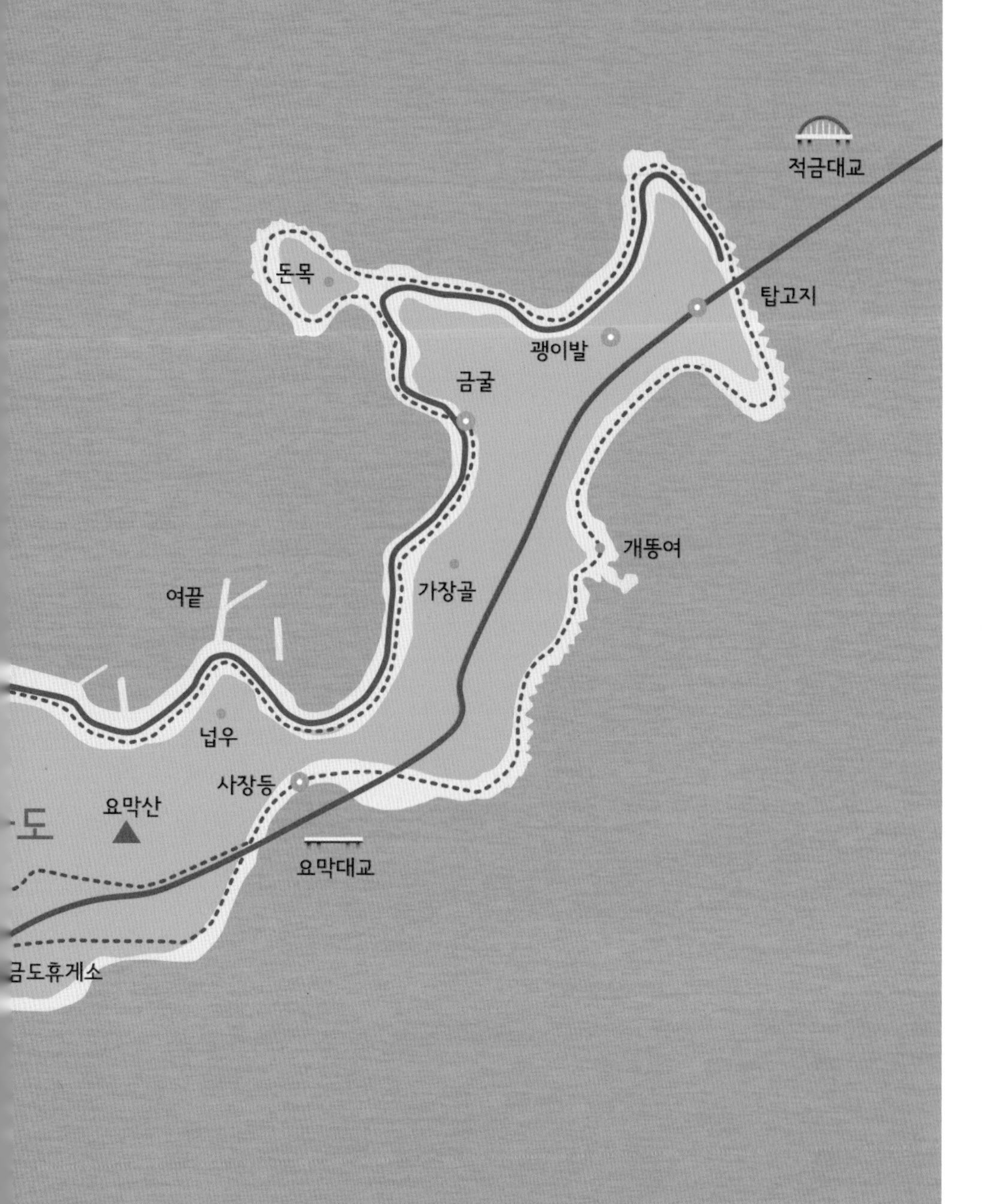
적금대교
돈목
탑고지
광이발
금굴
개똥여
가장골
여끝
넙우
사장등
요막산
요막대교

히 적금도의 당제는 주목받을 만한 민속행사로, 당제에서는 열두 당산에서 각기 다른 가락으로 매구를 치는 점이 특별하다.

열두 당산제는 큰당산·작은당산·우물·선바·목(큰선창목)·볼마당(보리마당)·큰길·여끝·작은당산·날당산·독섬·용왕제이다. 당제일은 상화·조발·둔병과 같이 정월 대보름에 행해진다.

개펄의 작은 연못, 둔병도

지도에서 보이는 둔병도는 천혜의 요새처럼 보인다. 남으로 큰 섬 낭도가 가로막고 서쪽으로는 적금도가 막아서고, 동북쪽으로는 조발도가 가로막고 있으며 그 가운데에 병사들이 주둔하였다는 둔병屯兵이란 이름의 섬과 마을 이름으로 오랫동안 전해오고 있기 때문이다. 임진왜란시 이순신장군과 병사들이 주둔하여서 둔병도라고 했다는 그럴듯한 이야기도 많이 알려져 있다.

옛 문헌을 살펴보면 「여지승람(1864)」이나 「동국여지지(1864)」 등에서 보이는 둔도屯島란 지명과 「호구총수(1789)」나 「대동지지(1864)」 등에서 보이는 두음방도斗(豆)音方島란 지명이 오늘날의 둔병도의 옛 지명으로 보인다.

50여 호 남짓 되는 작고 아름다운 섬 둔병도의 마을 전경은 바닷물의 높이에 따라 전혀 다르게 보인다. 밀물이 들어오는 만조가 되면 마을 앞 하과도라는 섬과의 사이에 있는 해안이 바닷물이 차지만, 간조시에는 넓은 개펄로 변하기 때문에 마을 풍경은 전혀 달라진다.

그리고 병사들이 주둔했다는 전설도 의구심을 갖게 하는 지형상의 의문점도 보게 된다. 작은 섬에 배에 실을 물도 부족한데 해상지리에

현재의 둔병도

밟았던 좌수영의 수군들이 정말 주둔 했을지 말이다.

둔병도의 우리말 이름은 둠벙섬이다. 마을 앞 해안의 이름을 '집앞'이라고 부르는데 집앞 해안과 앞섬 하과도와 사이에 썰물이 되면 둠벙이 생기기 때문에 나온 이름이다. 옛날에는 이 둠벙을 용굴이라고 불렀다고도 하며 명주실 한 꾸리가 다 들어가고도 남았다는 전설도 전해진다. 지금도 집앞 해안의 둠벙은 매일 썰물이 되면 생겨나지만 하과도를 연결하는 다리가 생기고 주변 개펄이 메워져 작은 연못 크기로 만들어진다.

둔병도 가까이 인접한 섬으로 상과도와 하과도란 이름의 섬이 있다. 옛 이름이 외섬으로 이를 여수의 지방 말인 오이로 생각했기 때문에 한자로 적으면서 오이 과瓜자를 써서 상과도와 하과도란 이름이 되었다. 옛 이름 수리섬은 솔개섬으로 할메섬은 홍도 또는 홍창도란 이름으로 지도에 표기되어 있다. 옛날 고기잡이를 가다 홍도 앞을 지나가던 마을 주민이 바라보니 아름다운 홍학이 춤을 추고 있어 배를 대고 지켜보게 되었다. 자세히 보니 하얀 옷을 입은 신선 같은 노인들이 함께 노래를 부르면서 즐겁게 놀이하고 있어 넋을 놓고 바라보다 집으로 돌아오게 되었는데, 죽은 사람이 돌아왔다고 반갑게 맞이하여 연유를 알아보니 잠시 한나절 보냈던 시간이 벌써 수년의 세월이 지나버린 뒤였더란다.

둔병도란 이름의 수수께끼는 마을 앞 해변에 생기는 둠벙섬에서 유래되어 이를 한자로 기록하면서 두음방도, 둔병도로 변하고 둔병도의 한자의 뜻을 풀이하는 과정에서 임진왜란시 이목구미를 떠나 홍양의 여도만호와 사도첨사진, 녹도만호진, 발포만호진을 순시하였던 이순신 장군의 일화에 곁들여 섬에 진을 쳤다는 유래로 바뀐 것으로 보인다.

둔병도와 조그마한 다리로 연결되는 하과도 남쪽 해안에는 신석기

둔병도의 타포니 지형(위)과 1970년대 초 둔병도

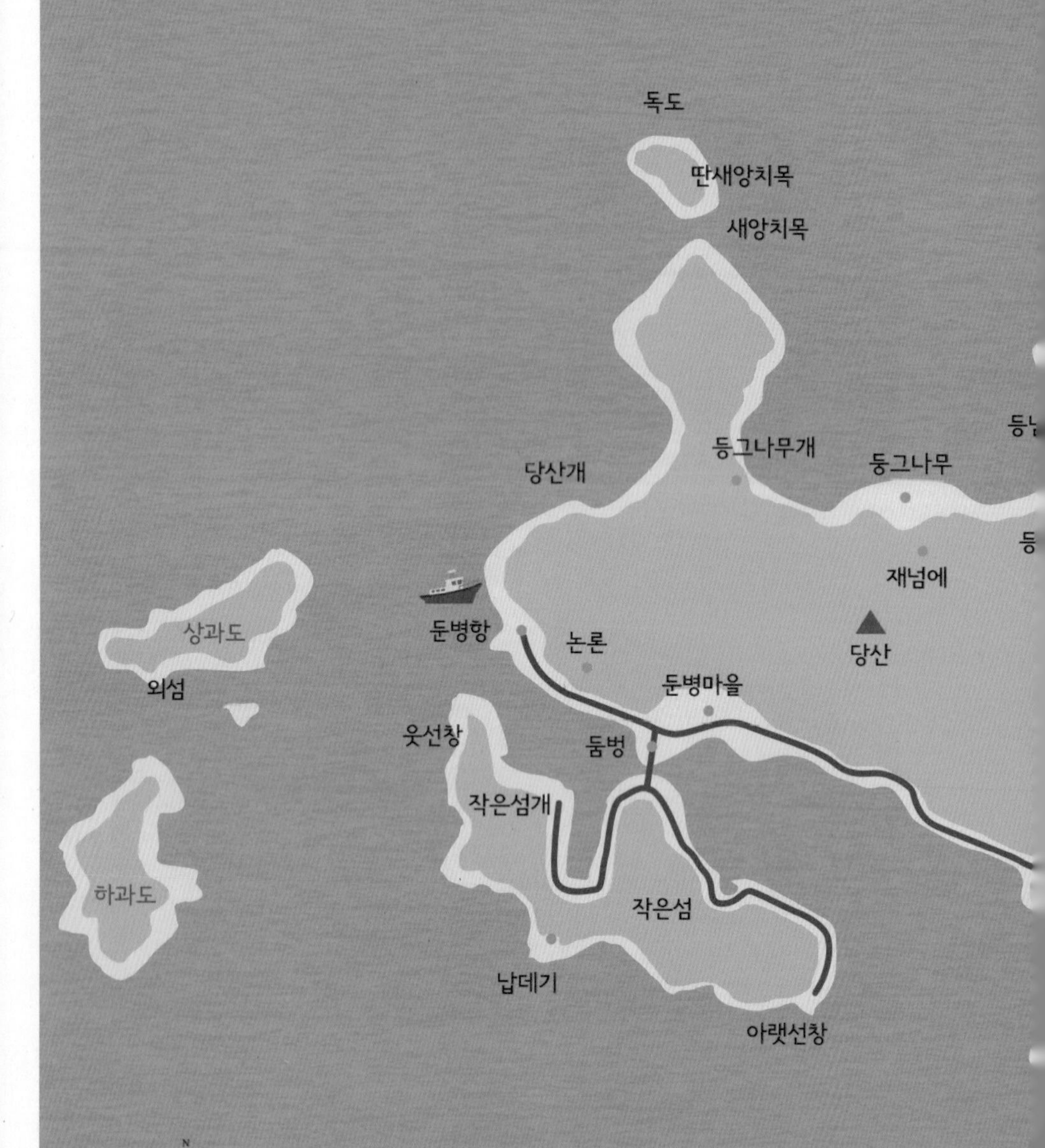
독도
딴새앙치목
새앙치목
등그나무개
둥그나무
당산개
재넘에
상과도
둔병항
논론
당산
외섬
둔병마을
웃선창
둠벙
작은섬개
하과도
작은섬
납데기
아랫선창
N
W
E
S

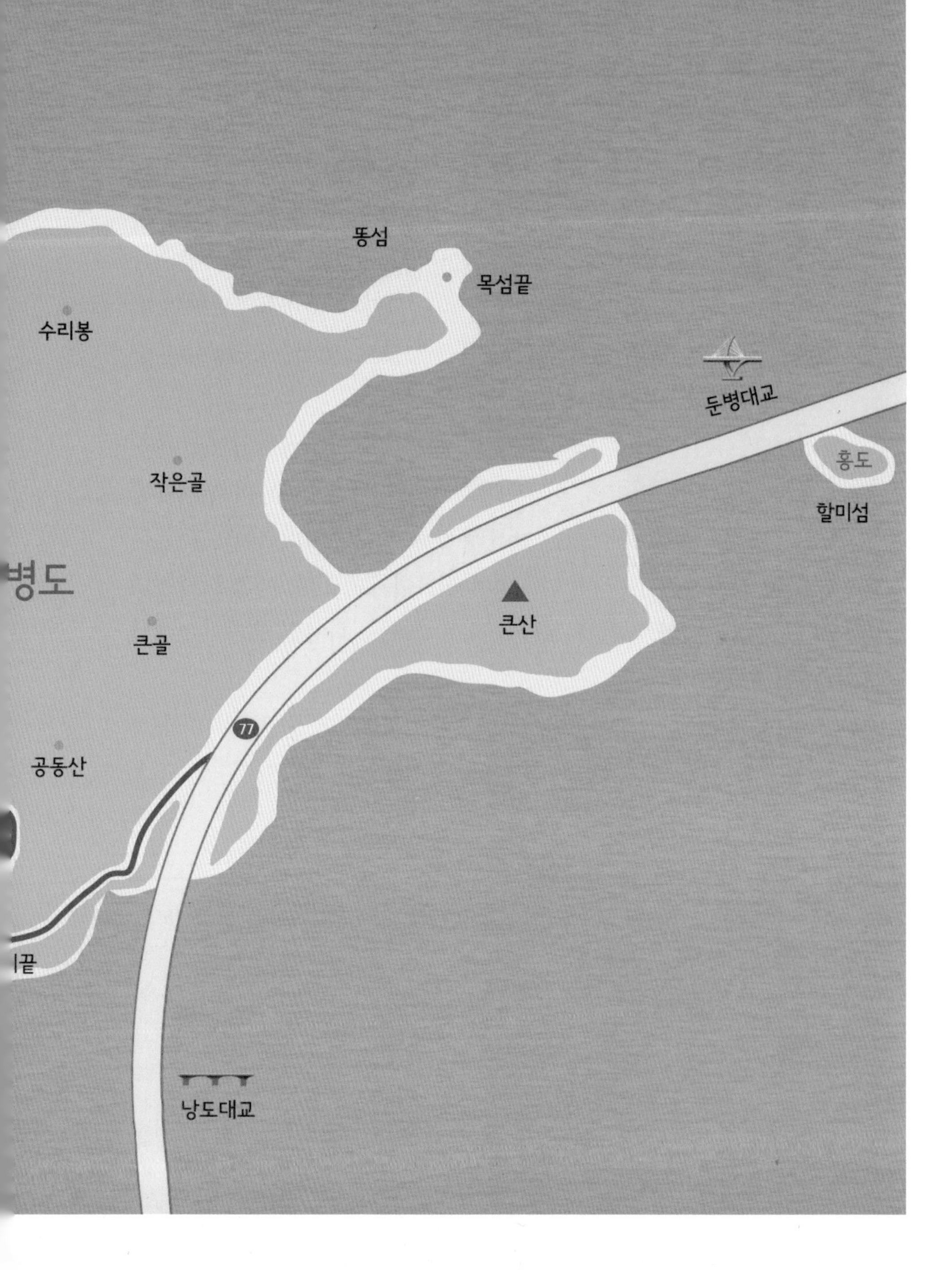

똥섬
목섬끝
수리봉
둔병대교
작은골
홍도
할미섬
병도
큰산
큰골
77
공동산
끝
낭도대교

시대의 조개더미가 있어, 이 섬의 비밀을 신석기 시대까지도 이어줄 보물을 간직하고 있다. 조개더미와 가까운 남서쪽 해안에는 300미터 정도의 멋진 타포니가 형성되어 있어 장관을 이루는데 바다의 파도가 굳어버린 형상의 신비한 모양이 경이롭다.

둔병도의 재미있는 지명으로 논놀끝, 아리끝, 할치끝, 머리언근(없은)산 등이 있다. 이 섬은 관광자원으로 활용할 수 있는 조개더미와 아름다운 해안선 동굴과 전설이 많은 섬이다.

섬의 최고 높은 곳이 114m이며 북서쪽 사면의 경사가 완만하여 마을과 농경지가 분포한다. 해안선 길이는 7.13km, 면적은 0.8㎢이며, 주요 신업은 농업과 어업이다.

경지 면적은 논이 1.1㎢이고, 밭이 21.7㎢이며, 임야는 37.6㎢이다. 주요 농산물은 감자이며, 이 외에도 보리와 약간의 쌀·마늘·무·콩 등이 생산된다. 연근해에서는 난류성 어족이 풍부하여 장어·멸치·문어 등이 잡히며, 김과 꼬막 양식업이 이루어지고 있다. 마을은 하과도와 마주보는 남쪽 해안에 모여 있으며 교통은 화양면 벌가마을에서 도선이 운항한다.

2009년도 마을을 방문했을 때 27세대 49명이었던 주민이 2019년 12월 현재 25세대에 39명(남18/여21)으로 줄어들었다.

빗깐이 섬 횡간도

섬으로만 이루어진 여수시 남면 동북쪽으로 '대횡간도'와 '소횡간도'로 부르는 섬이 있다. 발음하기조차 힘든 '횡간도'라는 이름은 본래 빗깐이라고 부르던 곳으로 지명을 한자로 고쳐 부른 이름이다. 섬의 지형이 남북으로 반듯하지 않고 비스듬하여 여수 지역의 지방말인 빗깐이로 오래도록 부르게 된 것이다. 전남 완도군의 소안면과 제주도 추자도 인근에도 횡간도의 이름을 가진 섬이 있는데 같은 이유에서다.

횡간도의 북쪽 해변은 돌산읍 금성리의 작금마을과 마주보고 있는데 이곳 해변에 밭 한 마지기는 됨직한 넓고 평평한 너럭바위가 있다. 주변 경관이 수려하고 동쪽으로는 시원스럽게 펼쳐진 대양이 이어지는, 뛰어난 경관을 가진 이 지역을 옛 사람들은 '놀이청'이라 이름 지었다. 바위 한 귀퉁이에 새겨진 각석문 내용에 의하면 전라좌수영의 수군 절도사였던 유성채의 재임 기간에 비춰 조선 숙종 24년인 1698년 무인년 5월에 전라좌수사와 군관, 순천부사와 방답첨사 등의 수군들이 놀이청에 왔다 갔다는 기념으로 새겨 놓은 것으로 보인다.

횡간리 마을에 전해지던 이야기도 건너편 돌산읍 작금 마을에 있는 해안굴을 과녁 삼아 방답 첨사진의 수군들이 활을 쏘고 수련을

횡산도 선창부근

하는 연마장으로 사용했다고 하며, 또한 고관들의 놀이터 역할도 겸했다고 한다.

횡간도는 조선시대 전라좌수영 지역의 특산물을 진상하던 곳으로도 유명한 섬이다. 여수의 역사책인 『호좌수영지湖左水營誌』에는 섬에다가 잠수군潛水軍을 두고 전복을 잡아 말려서 진상하고 생전복은 역마를 통해 서울로 보냈다는 기록이 보인다. 여수는 옛날부터 전복이 유명했다. 2011년 발굴되었던 태안군의 마도3호 난파선은 삼별초의 대몽항쟁이 한창이던 1264~1268년 무렵에 세금을 싣고 강화도로 가던 조운선이었다. 이 배는 여수를 출발하여 태안 마도에서 좌초된 것으로 당시의 생활상을 전해주는데, 여수에서 싣고 가던 전복젓갈이 나와 화제가 되었다.

횡간도 마을 가운데는 울창한 당숲이 있는데, 이는 바다와 함께 생활하던 사람들의 자연을 경외하며 토속신에게 제를 올리며 마을과 가정의 무사안녕을 기원하던 섬사람들의 민속을 느낄 수 있는 흔적이다. 마을 중앙에 있는 당숲은 당제를 지낸 흔적을 보여주는데, 지금은 맥이 끊어져 당제를 모시지 않는다. 당제와 함께 횡간리만의 독특한 민간신앙인 관왕묘가 있어 관왕제도 올렸는데, 이는 임란 이후 중국의 도움에 감사하는 의미에서 전쟁의 신인 삼국지의 관우를 숭배하는 것으로 여수 지역에 특별한 민속신앙이다.

횡간도의 주민은 현재 75가구에 200여 명이 살고 있으나, 대부분이 고령이다. 여수 지역의 섬 주민의 수는 주민등록지에 등록된 인구를 기준으로 하는데 섬 지역의 경우 고령자가 많아 몸이 불편하면 시내 지역에 거주하는 가족에 의지하기 때문에 집을 비우는 경우가 잦아 들쑥날쑥 하는 경우가 많다.

교통은 돌산대교에서 약 20km 지점의 군내리에서 화태리·월호리·

횡간도 관왕묘(위), 관왕묘의 내부(장비, 관우, 유비 순)

두라리·횡간도를 연결하는 해동스타호가 여객을 실어 나른다. 승객 70여 명과 승용차 10대를 실을 수 있으며, 오전 7시부터 오후 5시 사이에 5차례 운행되고 있다.

횡간도 어민들은 대대로 낭장망 어업을 주업으로 삼고 있으며, 1980년대 초부터 양식을 시작하면서 잡는 어업과 기르는 어업의 조화를 통해 튼튼한 소득 기반을 다지고 있다. 비교적 조류가 빠른 대횡간도와 화태도 사이, 돌산도와 횡간도 및 대·소횡간도 사이의 해역에 낭장망 40여 틀을 설치해 두고 멸치를 잡고 있다. 이곳에서 잡은 멸치는 말리는 것이 달라 함구미멸치라 하여 맛이 뛰어나 다른 지역 멸치 값에 비해 20% 가량 비싸다.

특히, 횡간도는 대횡간도와 소횡간도 2개의 섬 주변이 천혜의 갯바위 낚시터여서 전국에서 낚시꾼의 발길이 끊이지 않고 있다. 주말과 공휴일엔 하루 200여 명, 평일에도 100여 명이 찾고 있다. 주 어종은 감성돔과 꽁치이다. 교육 기관으로 화태초등학교 여동분교가 열려 있다.

십장생이 사는 낙원 금오도

벽옥빛 맴돌이 파도 위를 타고 노니는 금오金鼇와
천년 세월의 풍파를 막아온 갑옷을 둘러 입은 짙푸른 해송
억겁의 신화를 담고 있는 불로초를 품에 안은 비렁 위로
하늘이 너무 넓어 함께 떠오른 해와 달

남해 청수淸水와 어우러진 구름과
높아서 사람을 멀리 하지 않은 천지를 품에 안은 산천
흰옷 입은 사람과 함께하던 학이 살던 학마을엔
거무산 꽃사슴도 다녀가던 남녘 환상의 땅

여수의 아름다운 섬 지역 남면은 이런 모습으로 다가온다. 십장생도를 그렸던 옛사람은 분명 남면을 보고 그림을 그렸을 것이다.

남해안의 중심인 여수시 동남쪽에 자리한 남면은 42.4㎢ 면적에 1,800세대 4천여 명의 주민이 살고 있는 섬지역이다. 2006년 금오도와 안도 간 연도교 건설을 계기로 발굴되었던 안도의 패총에서 6,000년 전 신석기인이 사용했던 신석기 유물을 비롯해 500여 점의 다양한 유물이 발굴되면서 이 지역의 역사를 훨씬 풍부하게 알려주었다.

일본의 큐슈지방에서 나는 흑요석을 이용한 창이나 고조선의 유물

십장생이 그려진 민화

남면 항공사진

로 알려지며 우리나라의 북부지방과 몽고지방에서 나타나는 옥 귀고리의 발견은 남해안 절해고도란 이미지를 벗고 고대 해상교통로의 중심지에 있던 안도와 남면지역의 국제적 위상을 잘 알려준다.

통일신라시대 장보고의 업적을 후세에 알려주는 결정적인 기록물인 스님 엔닌의 『입당구법순례행기』에도 안도에서 머물고 일본으로 건너간 기록이 전하고 있어, 남면 일대가 고대역사에서의 중요한 교역로였다는 점을 확인해주고 있다.

남면의 금오도는 '거무섬'이라고 부르던 섬으로, 섬 삼림이 울창하여 검게 보였기 때문에 그렇게 불리게 된 것을 음이 비슷한 한자로 음차音差하면서 '금오도金鼇島'가 되었다. 금 거북을 닮아서 지어진 이름이라는 유래도 전해오지만 이는 금오도의 한자를 뜻풀이한 결과이다. 옛 지도 「청구도」나 「대동여지도」에는 거마도巨磨島로 표기하고 있는데 역시 거무섬을 음차하였다.

금오도의 역사를 살펴보면 금오도와 그 주변의 섬에서 많은 종류의 토기와 석기 조개더미 등이 발견되는 걸로 보아 안도와 마찬가지로 신석기시대나 그 이전부터 사람이 살아온 것으로 보인다. 옛 기록을 살펴보면 고려시대에 보조국사 지눌은 순천과 여수, 흥양 세 곳에 송광사를 지어 순천의 송광사와 여수 남면의 송광사를 왕래하였다는 기록이 전해진다. 이후 조선시대에는 금오도를 봉산으로 지정하여 사람이 사는 것을 막고 나무를 가꾸어왔던 기록이 있으며 이 섬에 많은 사슴이 살아서 관포수를 두고 관리를 한 기록도 보이며 왕실의 소유인 궁정토로 고지도에 나타난다.

1884년 안도에 대화재가 발생하였다. 민가 대부분이 소실되자 먹을 것을 찾아 헤매던 섬 주민 일부가 봉산인 금오도로 숨어들어 연명하게 되었다. 조선 후기에 들어 왕실 사냥터의 기능도 상실되고 경복궁 복원으로 많은 나무가 베어져 봉산으로서의 기능도 약화된 터라, 각계의 노력으로 안도에 사람이 살 것을 상소하였는데 특히 남면으로 귀양을 와서 지내던 이주회의 공이 컸다. 마침내 1885년 민간인이 살아도 된다는 허민령이 반포되었다. 이를 계기로 새로운 터전에 꿈을 일구기 위한 일반인의 집단 이주가 이루어지기 시작했다. 이런 영향을 받아서인지 남면인들에겐 낙원을 개척하려던 조상들의 의지가 살아 있어 지금도 여수 지역뿐 아니라 우리나라 곳곳에서 이주에 성공한 일화를 듣게 된다.

남면의 섬 이야기를 종합하면 민화로 전해오는 십장생도가 생각난다. 부귀공명을 누리며 장수를 한다는 인간의 원초적 욕망을 담은 열 가지 영물인 십장생은 해와 달과 산과 물, 바위와 소나무, 학과 거북, 사슴과 불로초인데 이 모든 영물이 여수 남면의 땅과 신화와 전설에 깃들어 있기 때문이다. 소나무 봉산이었던 금오도에는 우학리 학동은 학이 많이 살아서 지어진 이름이며, 금오도의 금오金鰲는 금 거북, 봉산의 사슴과 동남동녀 5백 명과 함께 불로초를 찾았다는 진시황의 특사 서불이 지나면서 새긴 서불과처란 글귀의 전설이 서린 월호도와 연도 까랑포 절벽, 글생이의 불로초에 얽힌 이야기 등이 전해온다.

한 가지 영물만으로도 선경이라 할 만한데 남면은 이 모두를 가진 유일한 섬이다.

금오도의 매봉산

코끝을 스치는 훈풍에 상쾌함이 더해간다. 봄이 남쪽 물가에 닿아 있다. 아름다운 여수에서 봄 섬 산행은 축복이다. 하늘빛과 물빛이 조화를 이룬 가운데 연녹색 새싹과 대지가 함께 어울린다. 금오도를 북에서 남으로 종주하는 매봉산 등산은 이런 매력으로 전국의 상춘객을 사로잡았다.

사면이 바다로 둘러싸인 금오도는 주산인 해발 382m의 대부산을 정점으로 남북으로 이어진 11.88km의 등산로는 약 7시간 코스로 일반 등산로와는 전혀 다른 섬 특유의 경관을 보여준다. 소나무, 동백, 소사나무가 겹겹이 둘러싸여 빼꼼한 하늘과 간간이 보이는 바다를 보는가 싶더니 어느 순간에 온 바다를 품에 안고 호령하는 장군이 된 것처럼 온 세상을 발아래 굽어보여 호기로움과 장쾌한 감상에 빠지고 만다. 나무 터널을 지나며 즐기게 되는 삼림욕은, 대양으로부터 해풍에 실려 오는 '오존'과 상쾌한 공기로 등산객이 아무리 걸어도 지칠 줄 모르게 한다. 소주 몇 잔에 쩔쩔매던 사람도 이곳에 오면 거뜬하게 한 병을 비워도 기별도 오지 않는 신비함을 맛본다.

금오도는 여수에서 41km 남쪽에 위치하며 여수 여객선 터미널에

남면 함구미 선창

보조국사 지눌이 왕래를 하였다는 금오도 송광사터

서 출발하는 여객선으로 약 1시간 가량이면 도착한다. 또 다른 코스로 돌산도의 신기마을까지 자동차로 이동하여 신기마을에서 운항하는 여객선을 이용할 수 있다. 이곳에서는 25분 가량이면 금오도의 여천 항에 도착한다.

매봉산 등산은 함구미마을에서 시작된다. 마을 앞 포구가 크고 넓어 한구미라고 하던 우리말이 함구미含九味란 한자로 표기하면서 마을 이름으로 굳어졌다. 긴 세월의 흔적을 보여주는 자연스럽고 아름다운 돌담길이 그대로 남아 있고 돌담을 닮은 소박한 사람들이 그곳에서 자연과 함께 살아가고 있다. 마을 곳곳에 비어 있는 돌담 안으로는 수년전까지도 사람이 산 흔적이 묻어나는 빈집들이 보인다.

함구미 마을에서 매봉산으로 이어지는 산행 전에 잠시 짬을 내면 용머리의 송광사 절터를 둘러볼 수 있다. 먼 옛날 보조국사 지눌이 모후산 정상에서 기러기 세 마리를 날려 보내고 기러기가 내려앉은 곳을 찾으니 순천 조계산과 홍양 절이도(고흥 거금도)의 적대봉, 그리고 또 한곳이 이곳 남면 금오도 용머리의 소나무에 자리를 잡으니 세 곳 모두에 암자를 짓고 송광암이라 하였단다. 지금 조계산의 송광암은 명찰이 되어 송광사가 되었고 거금도의 송광암도 그대로 남아서 전해지고 있으나 남면의 송광암은 절터만 남아서 옛이야기를 전해준다.

함구미에서 1.6km에 매봉산 정상이 나온다. 매봉산은 얼마 전까지 지도에 대부산이라 표기되었다가 최근에 수정되었다. 1886년에야 궁궐토에서 일반인에게 섬의 출입을 허용하였기에 일제강점기에 산을 임대하여 삼림을 개척하였다. 이런 이유로 빌렸다는 의미의 대부산이 산 이름이 되었다고 한다. 매봉산 정상에서 옥녀봉으로 이어지는 산정에는 커다란 바위가 대문같이 버티고 서 있는데 생긴 그대로 문바위이다. 정상에서 문바위까지는 2.1km이다.

아찔한 절벽도 함께하는 정상에서 옥녀봉까지의 길은 비교적 평탄하며 북으로는 여수시의 육지권과 돌산도 방향, 남으로는 안도와 연도를 비롯한 금오열도의 수많은 유무인도가 바다 위에 떠 있어 다도해의 절경을 만끽할 수 있다.

칼이봉(1.9km), 느진목(1.3km)을 지나면 옥녀봉(261m, 2.1km)을 만나게 된다. 하늘에서 네 명의 선녀가 금오도의 아름다움에 반해서 내려왔는데 셋은 승천하였지만 한 명의 선녀는 올라가지 못하고 금오도에서 살게 되었다. 그 선녀의 이름이 옥녀였는데 하루는 그 선녀가 바위에서 베를 짜다가 베틀의 북을 놓친 것이 유송리 앞 바다의 납덕섬이 되었더란다.

지금도 옥녀봉 산 밑에서는 벌채를 함부로 못하는데 이는 옥녀의 치마를 벗기는 것과 같아서다. 옥녀봉에서 검바위까지 1.9km 검바위에서 우실 선착장까지는 1km의 거리이다.

옥녀봉 남쪽으로 '다시랑'이라 부르는 봉우리는 신랑봉이라고 부르기도 한다. 하늘로 오르지 못한 옥녀는 이 섬에 살던 총각에게 반해 사랑에 빠졌는데 화가 난 옥황상제가 옥녀와 총각을 바위로 만들어 버렸기 때문이다.

오는 봄날 숱한 전설과 함께 아름다운 비경이 함께하는 금오도의 매봉산 등산로를 찾아보자. 비렁길이 금오도의 속살을 보여주는 멋이 있다면, 매봉산 등산로는 멋진 사내의 씩씩함과 건장함을 보여준다. 후련한 섬 산행의 맛은 누구든 방문자의 몫이다.

비렁길

봄맞이 여행객은 모두 금오도로 모인 것처럼 이른 봄부터 비렁길에 사람이 넘친다. 총 연장 18.5km의 비렁길 1코스는 함구미에서 초포라고도 불리는 두포 마을까지며, 2코스는 두포마을에서 직포마을까지로 1,2 코스 1구간의 거리가 8.8km이다.

다음으로 직포에서 학동 마을까지를 3코스, 학동에서 심포 마을까지가 4코스이며, 그리고 마지막 5코스는 심포 마을에서 장지 마을까지로 3,4,5코스 2구간의 거리는 9.7km이다.

함구미 마을에서 시작되는 비렁길의 시작은 아름다운 돌담길을 지나고 동백나무와 비자나무 숲길로부터 시작된다. 고목과 이끼가 어우러진 사이로 예쁜 콩 난이 지천이고 폐가를 뒤덮은 담쟁이 넝쿨에 마삭줄까지 자연스럽게 자라고 있어 안내판에 '비렁길 생태탐방로'라 이름 붙인 이유를 금방 알 수 있게 된다.

매봉산 산줄기 끝자락이 용의 머리와 닮았다고 해서 붙여진 용머리 절벽으로부터 비렁길의 의미인 벼랑이 보이기 시작하고, 기암절벽 위로 길이 이어진다. 용머리는 50m 내외의 절벽을 이루고 있는데 그 벼랑에 길이 만들어졌으니 아찔한 아름다움이 상상불허다. 옛날엔 그

비렁길 비렁

절벽 위에서 배를 깔고 엎어져 절벽 아래의 상어를 낚았다는 믿기지 않는 이야기도 전해진다. 미역널방이라는 이름의 전망대는 미역을 말리기 위해 절벽을 올라와 평평한 너럭바위 위에다 미역을 말린 데서 연유된 지명이란다.

송광암 절터 부근에는 뜨물통이라는 재미있는 절벽 협곡이 전해온다. 옛날 어떤 도사가 이곳에서 지팡이를 한번 내리쳐 절터를 다듬은 뒤 절을 짓고 불공을 드렸는데, 하루는 상좌승이 부처님께 공양을 드리기 위해 쌀을 씻던 중 잘못하여 수십 길 벼랑 아래로 떨어져 죽었다. 지금도 상좌승이 쌀을 씻던 곳을 '뜨물통'이라고 부르고 있으며, 쌀을 씻던 절벽에는 쌀뜨물처럼 보이는 하얀 흔적이 절벽 아래로 길게 남아 있다.

절터를 지나면서 눈을 돌리면 신선대, 굴등, 일종고지를 지나 매봉산 전망대로 이어지는 비렁길의 비경이 여행자의 마음을 설레게 한다. 조선시대 '황장봉산'이었던 탓에 금오도의 원시림이 유지될 수 있었고 해안을 따라 형성된 벼랑 때문에 사람의 발길이 많지 않아 지금의 모습을 간직하게 되었다. 앞으로도 금오도의 환경이 보존되기 위해서는 철저한 보존계획과 탐방객의 협조가 필요한 까닭이다.

하늘과 바다가 만나는 비렁길을 따라 홍겹게 걷다보면 초포마을에 다다른다. 금오도에 처음 사람이 들어와서 살아서 첫개(初浦)라고 불리는 마을 초입에 불무골이 보인다. 대원군이 경복궁을 재건하면서 금오도에서 나무를 가져갔는데, 나무를 베면서 필요한 연장을 만들던 풀무간(대장간)이 있었던 곳이었기 때문에 붙여진 이름이다. 풀무간은 마을길을 넓히면서 길 아래로 들어가 버리고 풀무간에서 쓰던 조그만 옹달샘만 남아 있다.

봉산이었을 때 사슴 사냥을 위해 내려오는 관청 소속 포수들이 처

여객선터미널
여천항
문바위
칼이봉
함구미선착장
매봉산
(대부산)
용두
함구미
송광사절터
금오도
갈림길
(삼거리)
신선대
두포(초포)
굴등전망대
촛대바위
직포
갈바람통전망대
학동
매봉전망대
비렁다리
사다리통
전망대

N
W
E
S

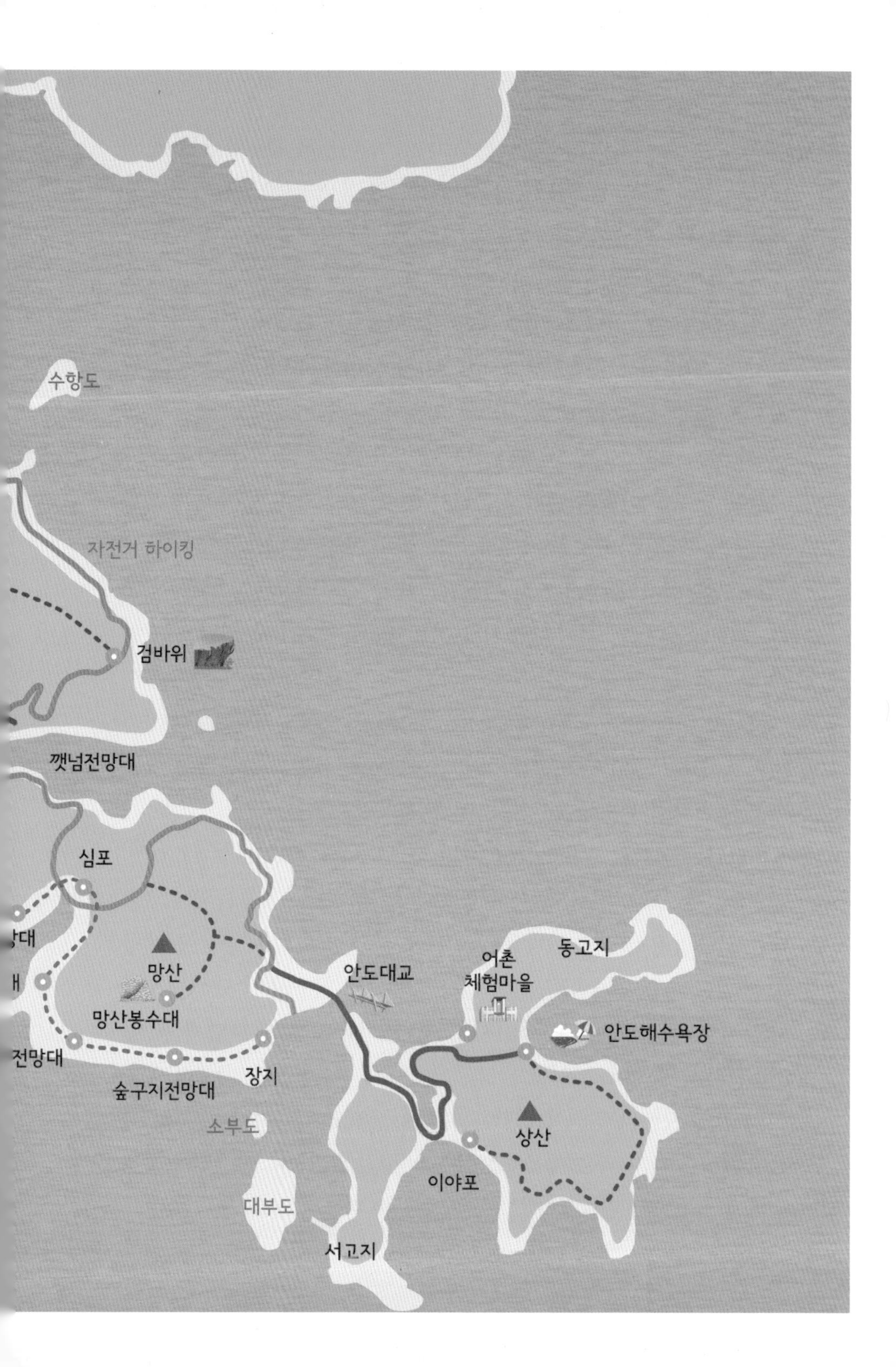
수항도
자전거 하이킹
검바위
깻넘전망대
심포
망산
망산봉수대
숲구지전망대
장지
소부도
대부도
서고지
안도대교
어촌
체험마을
동고지
안도해수욕장
상산
이야포

음 도착한 포구라 하여 '첫개'라 부르다가 옥녀봉과 관련된 전설에 의해 두포라고 했다. 즉, 옥녀봉에 살던 선녀인 옥녀가 뽕잎을 이용해 누에를 쳤는데, 누에고치가 많아 말(斗)로 되었다 하여 두포가 되었단다.

직포마을은 동산이 마을을 감싸고 있고, 남쪽 끝에는 매봉산이 우뚝 솟아 있으며, 바닷가에는 아름다운 해식애가 발달해 있다. 지형에 따라 마을이 있는 곳은 포구가 깊숙하게 들어가 있어 여름철 해수욕장으로 이용되고 있는데, 바닷가를 따라 노송 30여 그루가 멋진 조화를 이루고 있다.

직포란 마을 이름은 선녀인 옥녀가 주변 모하, 두포 마을에서 목화와 누에고치를 가져와 이곳에서 베를 짰다고 하여 베틀의 바디(보대)의 이름을 따서 '보대'라고 부르다가 한자식 땅이름인 직포織浦가 되었다. 계절에 따라 수평선으로 지는 해를 볼 수 있어 사진작가들이 많이 찾는다.

이어지는 비렁길은 직포에서 학동, 학동에서 심포, 심포에서 장지까지의 3, 4, 5코스이다. 비렁길 여행객의 설문에 가장 아름답다고 하는 매봉산 전망대가 속해 있는 구간이다.

비렁길 주변으로 수많은 산야초가 금오도의 아름답고 청정한 자연과 함께 자라고 있지만 그 중에 방풍과 황금 그리고 시호는 금오도를 대표하는 약용식물이다. 방풍은 이름에서 느끼는 대로 중풍을 예방하는 효능이 많다는 약초이다. 열을 내리는데 특효라는 시호는 산미나리 또는 멧미나리로도 불려진다. 황금도 소염, 충열, 해열제 등 다양한 약리작용으로 쓰임새가 많은 약초이다. 섬의 산밭에는 이 약초들이 많이 재배되고 있어 저렴한 가격에 구입도 가능하다. 자연의 아름다움에 도시의 찌든 때를 씻어내는 비렁길의 효능에 이 약초들까지 더하니 금오도와 비렁길은 분명 치유의 섬이다.

기러기를 닮은 섬 안도

남면 안도는 섬인데도 바다에서 바라보면 배들이 보이지 않는 신비로운 섬이다. 그 이유는 섬의 안쪽에 바다와 좁은 통로로 연결된 호수가 있기 때문이다. 이 호수를 '두멍안' 또는 '둥구안'이라고 하는데, 안도의 이름은 이렇게 안이 있는 섬이란 뜻으로 '안섬'이라 했다. 이를 한자로 표기하면서 안도安島가 되었고, 훗날 섬의 형상이 기러기를 닮았다 하여 안도雁島라고도 하였다. 두멍안의 동쪽으로 마을이 형성되어 있는데 1990년대 항공촬영으로 소개된 마을의 모습이 우리나라 한반도의 형상을 닮아서 화제가 된 후로 한반도 마을로 불린다.

안도는 여수시에서 남쪽으로 34km 떨어졌으며 북쪽에 남면 소재지가 있는 금오도가 있고 남쪽에 연도가 있다. 면적은 3.96㎢, 해안선 길이는 29km이며, 섬 중앙에 솟은 상산(207m)이 가장 높다. 상산 정상에는 봉수대의 흔적이 있는데, 왜구의 침략과 상황을 알리던 요망소로 추정된다. 금오도와 연도에 이어 남면에서 세 번째로 큰 섬으로, 섬 안에 안도마을과 동고지와 서고지마을이 있다.

안도리 1314번지 일대와 790-2번지 일대에는 신석기시대 조개더미 유적이 알려져 있다가 금오도와 연도교 공사를 하면서 발굴되었다.

안도 서고지 앞 노적섬(위)과 안도마을 당집 터

이 발굴로 유구·융기대문토기·선문토기·두립문토기·석기류·골각기류·흑요석·돌톱·유골 등 다수의 유물 출토되어 안도에 신석기시대부터 사람이 살기 시작했음을 확인시켜 주었다. 삼국시대인 538년(백제 성왕16)에 돌산현 관할이 되었고, 남북국시대에는 여산현 관할이었다. 847년(문성왕9) 일본인 승려 엔닌(圓仁)의 『입당구법순례행기入唐求法巡禮行記』 내용 중에 엔닌이 장보고 휘하에 있던 김진의 배를 타고 중국 적산포를 떠나 하루 낮 하룻밤에 한반도 서안의 고이도에 도착하였으며, 다음날 구초도와 안도 기착 후 일본으로 간 기록이 나타나 있어 고대부터 안도가 남해안의 중요한 항구로서 기능을 하고 있었다는 것을 알게 해 주었다.

고려시대인 940년(태조23)에 승평군 돌산현 관할이 되었다. 조선시대에는, 1860년 경신년 대화재로 300여 호 중 안도리 898번지 1채만 남고 전소되어 주민들이 금오도·연도 등지로 이주하였다는 기록이 있다. 조선시대 공도 정책으로 사람이 살지 못하다가 임진왜란 이후에 주민이 살았던 것으로 보인다.

비상하는 기러기가 날개를 펼친 모양으로 해안선의 형상이 아름답고 다양한 체험 관광이 가능하여 2007년 전라남도에서는 어촌 체험 관광 마을로 지정하였다. 이에 따라 어업 생태 체험, 쉼터, 개매기 체험, 역사 유물 체험 지구 등이 세워졌거나 연차적으로 세워질 예정으로 비렁길과 함께 인기 있는 관광지로 변하고 있다.

안도리 마을 중앙에 자리잡은 당숲과 당집은 오랫동안 안도마을의 정신적 지주 역할을 하다가 90년대 말엽부터는 당제도 시들해지고 젊은 후손들의 관심도 사라지면서 그 명맥이 끊어졌다. 일제 강점기에 지어져 유형문화재로서의 가치를 지녔던 당집도 무너져버렸고, 지금은 중앙공원의 기능과 정자, 그리고 당집을 소개하는 기능으로 대체

되어 있는 실정이다.

자연과 함께 살아야 하는 어부들에게는 금기가 많았다. 그들은 항상 섬기는 신에게 정갈한 몸과 정신으로 치성 드리며 바다에서 행하는 일까지도 부정이 타지 않도록 철저히 자신과 가족까지도 주의를 기울였다. 어부들에게 자연은 곧 신이었고 신앙의 대상이었기 때문이다. 금기사항이었던 몇 가지를 살펴보면 출어할 때 여자를 피하며, 항해 중에 아무리 큰 고기를 봐도 '그 고기 크다'고 말하지 않으며 오전 중에 선상에서 꿈이야기나 원숭이, 뱀, 여자 이야기 등을 하지 않는다. 배 안에 살고 있는 쥐는 잡지도 않았다. 또 돛끝에 새가 있으면 출어하지 않고 식전에 휘파람을 불지 않으며, 도깨비를 보거나 만나면 출항하지 않고 출항 직전에 배에서 쥐가 육지로 나가든가 항해 중이라도 배 위로 뛰어오르면 즉시 귀항했다. 노나 키가 부러지면 항해를 멈추고 집으로 돌아오고 고기잡이 중에 시체가 있으면 즉시 시체를 육지로 옮겨 장사를 지냈다. 매월 보름 전날 밤이면 제물을 차리고 제를 지냈다. 여러 가지 금기들이 어민들의 행동을 제약하였는데 금기를 지키지 않으면 흉사를 당하거나 풍어를 기약할 수 없다고 믿었다.

지금은 대부분의 어부 부부가 함께 그물을 치는 등 어로를 행한다. 일할 사람도 구하기 어렵고 기계화된 도구들은 여성도 쉽게 다룰 수 있기 때문이다.

보물섬 소리도

남면 최남단의 섬 연도鳶島는 오랫동안 소리도所里島라 하였다. 섬의 중앙에 솟은 시루봉의 형상이 솔개의 부리처럼 삼각형을 이루며 먼 바다에서도 위풍당당하게 보여 부르게 된 이름이다. 연도는 솔개를 한자로 고쳐 적은 이름이다. 연도의 해안 대부분은 단애를 이루고 있어 오랜 세월 풍화 작용으로 이루어진 기암절벽과 해식동굴이 많아 빼어난 절경을 이룬다.

언제부터 연도에 사람이 살게 되었는지 정확하지 않지만 신석기시대의 마제석기가 발견되었으니, 이미 그 전에 사람이 살았을 것이다. 전해 오는 연도의 발견 설화가 재미 있다.

삼국시대에 유배지에서 탈출한 사람이 떼배를 타고 섬 가까이 이르게 되었다. 망망대해를 떠돌던 사람이 큰 섬을 발견하였으나 사방이 절벽이라 상륙할 수가 없었는데 지금의 연도 목에 숲이 우거진 사이로 만조에는 바닷물이 들어갔다가 간조에 빠지는 것을 발견하였다. 그래서 바가지를 바다에 띄우고 그 바가지를 따라 들어오니 지금의 연도만에 사람이 살만한 집터를 발견하게 되었다.

연도의 대바위(왼쪽 위)와 소리도 등대(왼쪽 아래), 보물 동굴 전설이 전해지는 소리도 등대 부근 해변(오른쪽)

배를 타고 연도 항으로 들어오면 이런 이야기가 실감난다. 연도마을의 포구는 입구가 좁고 안쪽으로 아늑한 평지로 이루어져 천혜의 요새를 이루고 있어 신비롭다.

섬에는 오랜 역사를 말해주듯 다양한 전설도 전해온다. 연도의 서쪽 농끝이라고 불리는 절벽에는 한때 진시황의 시종 서불이 동남동녀 500명을 이끌고 지나가면서 남겼다는 서불과처라는 글이 새겨진 곳이 었으나 태풍으로 바위 글이 떨어져 나갔다고 전한다.

약 400여 년 전에는 연도에서 가장 높은 필봉산(시루봉)에 청기와로 집을 짓고 망루를 만든 장서린이란 사람이 있었다. 장서린은 수백 명의 부하를 거느리고 남해안을 근거지로 해적 행위를 하다가 조정의 관군에 잡혀갔다는 이야기가 전해온다. 지금도 필봉산에는 청기와 조각이 남아 있다.

연도마을 남쪽에 있는 까랑포 마을 앞은 파도에 닳고 닳아 둥글어진 몽돌과 자갈이 예쁜 해변이다. 새색시가 이 마을에 시집을 오면 자갈 소리에 잠을 이루지 못해 울게 되고, 세월이 지나 섬을 떠나게 되면 까랑포 마을의 자갈 구르는 아름다운 소리를 들을 수 없게 되어 울게 된단다.

전설도 재미있지만 연도를 찾는 사람에게 가장 홍미를 돋우는 이야기는 보물 동굴 에 얽힌 이야기다.

섬의 남쪽 끝 소리도 등대 밑에는 '솔팽이굴'이란 동굴이 있다. 조선시대 네덜란드 상선이 남해안 근해를 항해하던 중 폭풍우를 만나게 되어 난파되었다 한다. 이 배에 탔던 사람들은 거의 다 죽고 구사일생으로 살아남은 한 사람이 배에 싣고 있던 보물들을 상자에 담아 동굴 속 어디엔가 감춰두고 홀로 본국으로 돌아가게 되었다. 그 후 시간이 흘러 1972년, 난파 시에 살아서 돌아갔던 네덜란드인의 3세가 한국

카투사에 근무하게 되어 한국에 오게 되었다. 어느 날 이 네덜란드 인이 보물지도를 내놓고 보물얘기를 하는 것을 카투사에 함께 근무하던 연도출신 손연수씨가 듣게 되었다.

자세히 들어 보니 손씨의 고향인 연도가 확실해(보물지도 상의 표시에는 SOJIDO로 되어 있었다) 제대 후에 동굴 탐사를 시도해 보았으나 동굴 안쪽이 막혀 있고 더 이상 안쪽으로 탐사를 진행할 수 없어 별다른 것을 발견하진 못했다고 한다. 하지만 이곳에 살고 있는 주민들은 굴속 어디엔가 보물이 숨겨 있을 것이라고 믿고 있다. 그리고 굴속으로 들어가면 연도리의 동부마을 부엌 속에서 누룽지 긁는 소리까지 들렸다는 얘기가 전해지고 있어 굴이 동부마을 밑에까지 이어져 있을 것이라 생각하는 주민들이 많다.

연도는, 면적 약 6.81㎢이며 총 282가구에 641명의 주민이 살고 있다. 남북거리 5.9km에 해안선 길이는 35.6km이며 최고점은 231m이다. 여수에서 남쪽으로 40km 떨어진 해상에 있다. 섬은 동해안 가랑포와 서해안 병포만의 만입으로 해서 좁은 목을 이루어 남북으로 나누어진다. 북쪽 해안 동쪽에 역포만이 있고, 그곳에 역포마을이 있다. 쌀, 보리, 콩, 녹두, 고구마 등을 산출하고, 근해에서 멸치, 가자미, 쥐치, 도미, 전어, 낙지, 문어 등을 어획한다. 김 양식을 많이 하며 갈치젓의 명산지로 알려져 있다. 여수와의 사이에 정기항로가 열려 있으며, 섬의 남단인 대룡단에는 소리도 등대가 있는데, 광달 거리가 40km에 이른다. 높은 해식애와 무성한 동백나무의 경관이 훌륭하며 다도해 해상국립공원의 일부로 지정되어 있다 남동쪽으로 망망대해가 펼쳐져 있다.

거커리 섬 소거문도

삼산면의 가장 북쪽에 위치한 유인도인 소거문도는 섬의 둘레가 7.5km에 면적은 1.3㎢의 작은 섬이다. 주민도 실제 거주자가 20여 명에 불과하여 행정상으로 남아 있는 가구 수보다 적다. 몸이 불편하거나 고령자가 많아 섬에 사는 날보다 자녀들이 사는 여수시나 뭍에서 사는 날이 더 많기 때문이다. 고향사람 만나기도 섬보다는 여수시내 근처에서 열리는 향우회나 애경사가 치러지는 예식장, 장례식장이 더 쉽다.

여수항을 출발한 여객선이 우주센터가 있는 나로도 권을 벗어나면 파도도 높아지고 망망대해가 펼쳐져 가슴이 탁 트인다. 먼 바다를 처음 나서는 사람들에겐 뱃멀미의 고통이 시작되는 시점이기도 하다. 소거문도는 여수에서 손죽도, 초도, 거문도를 이어주는 항로에서 만나게 되는 아름다운 섬이지만, 여객선이 닿지 않아서 손죽도에 내린 뒤에 다시 배를 갈아타야만 닿을 수 있다. 소거문도를 비롯해서 광도와 평도를 이어주는 섬사랑호가 손죽도에서 운항되고 있어 그나마 섬 주민들에게는 다행스럽다. 수익을 올리기에는 터무니없을 항로를 섬사랑호가 지키고 있는 것은 이 섬에 사는 주민들의 교통편의를 위해 여

소거문도 마을과 상산(위)과 손죽도에서 바라다 본 소거문도

수시가 지원을 하기 때문이다.

소거문도란 섬의 이름에는 재미있는 역사가 숨겨져 있다. 지금의 소거문도라고 부르기 전 이 섬의 이름은 거문도였다. 처음에는 거문도로 표기하였으나 삼도라는 이름을 갖고 있던 지금의 거문도가 이름이 바뀌고 자주 사용되게 되자 혼란을 피하기 위해 한자만을 클 거巨에서 톱 거로 바꾸었지만 혼란이 사라지지 않아 소거문도로 바꾸게 되었던 것이다.

톱 거鉅자를 사용하게 된 것은, 바다 가운데 우뚝 솟은 큰 산을 중심으로 말발굽 모양을 하고 있는 섬의 지형을 옛 사람들은 대형나무를 벌목하던 큰톱을 닮았다고 하여 톱 거자를 써서 거문도鉅文島라고 하였다는 유래가 전해온다.

소거문도의 우리말 이름은 '거커리' 또는 '거끌이'라고 불렀다. 제주방언에 장소를 의미하는 말인 '커리'와 같이 거커리는 큰 동네, 큰 마을 정도로 의미를 둘 수 있는 말로 소거문도 옆 조그만 섬인 잔커리와 대응되는 말이다. 이 말을 한자로 기록하면서 거는 클 거巨자로 표기하고 '커리' 또는 '끌이'라는 말은 '글'로 훈을 새겨서 글 문文으로 적게 되어 '거커리 섬'은 거문도巨文島로 표기해 오랫동안 사용되었던 것이다. 소거문도를 거문도로 기록하고 불렀던 탓에 몇 가지 문헌자료만 의존하던 학자들까지도 착오를 일으켜 혼란을 불러왔던 것이다.

소거문도의 섬의 중앙에 솟은 상산은 마을에서는 '큰산'으로 더 많이 부른다, 해발 328m로 바다에서 바라보면 섬 중앙에 절벽으로 둘러싸인 산의 위용이 당당하다. 봄철 해무가 많은 날에는 낮게 깔린 바다안개 위로 '큰산'만이 우뚝 솟아 있어 더 높게 보인다.

거커리, 건네편, 신추, 작은진맹이, 잔커리, 큰진맹이, 막개에 사람이 살았다고 전해오며, 옛 정취를 그대로 간직한 마을에는 순박한 사람과 함께 아름다운 바다가 있다. 인심 가득한 섬마을과 풍성한 조황 때문에 낚시인들이 많이 찾는 소거문도는, 기후는 대체로 온화하며 비가 많다. 1월 평균기온 2.7℃ 내외, 8월 평균기온 23.6℃ 내외, 연강수량 1,362㎜ 정도이다. 토양은 신생대 제4기 과거 고온다습한 기후환경에서 만들어진 적색토가 넓게 분포한다. 식생으로는 동백나무를 비롯한 각종 난대림이 자생한다.

섬 주변의 아름다운 해안 침식지형, '큰산'과 해식애를 이용한 암벽등반, '큰산' 주변의 등산로 개발을 통한 난대림 탐방 등 관광자원으로 활용할 수 있는 소재가 많은 섬이며, 취락은 섬의 남쪽 만 입구에 발달하였다. 농산물로 마늘이 재배되며 수산물로는 전복, 문어가 유명하다. 여객선이 여수항에서 하루 2회 손죽도까지 운항되고 있으며, 소거문도·광도·평도 등 부속섬으로는 손죽도에서 출발하는 섬사랑호가 이어주고 있다.

손죽도 지지미 언덕의 화전놀이

『독 보듬고 돈디』

인디언 이름과도 같은 이 말은 여수시 삼산면 손죽도에 전해 오는 지명이다.

바위로 이루어진 해안에서 다른 지역으로 넘어가기 위해서는 돌(바위)을 안고 돌아가야 한다는 말이다. 독 보듬고 돌고 나면, '손잡고 돈디'를 만나게 된다. 해변의 바위 절벽을 돌아가기 위해선 누군가 손을 잡아주어야만 하는 곳에 붙여진 이름이다. 바닷가에서 해산물을 채취하기 위해서는 해변 곳곳을 다녀야 하는데 절벽으로 가로막혀 넘어가지 못하고 발을 동동거리다 손만 잡아주면 돌아갈 수 있으니 얼마나 다행스러운가?

'택걸이'의 기발한 발상에 이 섬사람의 기지에 놀란다. 이 지역은 절벽이 심하여 독을 보듬는 정도로는 건널 수가 없고 턱을 바윗돌에 괘고 두 손으로 바위를 붙잡고 건너는 곳이라니 짐작이나 할 수 있는가?

'옆걸음'도 재미있다. 해안지역 바윗길이 좁아서 정면으로 지나갈 수가 없어 옆 걸음질로 걸어가야 하는 곳에 이름 붙여졌다. '들개머리'란 곳과 '목넘' 지역에 이런 지형이 있어 들개머리 옆걸음과 목넘옆걸음으

손죽도 신창의 상가산과 쾌속여객(위)과 손죽도마을과 지시미고개(오른쪽 V형 가장 낮은 고개)

로 부른다.

'지지미'에 이르면 압권이다. 화전놀이가 유명했던 손죽도에서는 참꽃이 만개한 삼월 삼짇날 즈음이면 산등성이 꽃밭에서 꽃전을 부쳐 먹으며 춤과 노래를 부르며 축제를 벌였다. 화전놀이를 경험했던 노인들 중에는 산등성이 화전花田에서 일주일 이상 밤낮을 쉬지 않고 화전놀이를 했다는 경험담을 자랑하곤 할 정도이니 그 규모와 열정이 짐작된다.

이런 화전놀이터가 있던 지역 이름이 '지지미'이다. 여수 지역에선 화전을 보통 부쳐서 먹기 때문에 '부쳐리'라고 하고 지져먹는다는 뜻으로 '지지미'라고도 하는데 꽃전의 다른 이름인 지지미가 땅이름이 된 것이다.

지나던 배가 바위 사이에 끼인 사건이 있었던지 이곳은 '배 찡긴디'라 하고 바위 위를 지나면 덜걱거리는 소리가 나서 '덜걱더리'라 하였다. 곧게 벋은 길이 길게 이어지는 곳은 '진걸음'물이 내려오는 골짜기는 '물래골' 산중턱을 돌아 내려가는 곳은 생각할 것도 없이 그냥 '내려닿는 디'라고 부른다.

지형 한번 보고 나서 이름 한번 들으면 다시는 잊지 않게 될 땅이름들이다.

비교적 여수 지역의 땅이름은 타지역에 비해 한자말이나 외래어의 영향을 적게 받아 순수한 우리말 땅이름이 많지만 손죽도의 땅이름은 경이롭다. 배를 내리자마자 만난 땅이름이 '배댄머리', 마을 앞 해변은 '집앞'이라 불렀다. 물이 말라 있는 해변을 '보튼기미', 긴 자갈밭은 '진짝지' 등 짧은 이름 안에 땅의 모양을 헤아려 볼 의태가 담겨 있다. 마을 입구로 들어서면서 조개더미까지 발견하게 되면 작게만 보이던 섬이 갑자기 더 크게 느껴진다.

손죽도의 옛 이름은 '손대섬'이다. 섬 주변으로 화살을 만드는 재료로 잘 알려진 시누대가 많아 '시누대섬'이라고 하여 이를 한자로 표기하면서 발음이 비슷한 손대도巽大島로 기록하였다고 전한다. 조선 중기 왜구의 출몰이 잦자 녹도만호로 부임한 청년장군 이대원이 인근 바다에서 왜적을 크게 무찔렀다. 왜구가 다시 인원을 증강하여 쳐들어오자 이대원은 지원을 요청하고 앞서 나가 대항하였으나, 전공을 시기하였던 전라좌수사 심암이 지원군을 보내지 않아 손죽도 인근 해상에서 왜구에게 목이 베어 전사하게 되었다. 사건 후 사람들은 대원을 잃었다는 뜻으로 손대도損大島로 불렀다고 전해온다.

손죽도는 옛날 섬사람의 생활의 단면을 전해주는 구비문화 중 다양한 노래가 많은 것도 특징이다. 고기를 잡는 남성과 전복과 소라와 조개를 잡았던 여성의 이야기가 노래에 담겨 있으며 섬사람의 애환과 즐거움이 노래에 묻어난다. 조기잡이를 떠나고 대부분의 남성이 떠나버린 아낙들은 지지미 들녘에서 몇 날이고 노래를 부르며 축제를 즐기면서 고기잡이 떠난 남편의 무사안녕을 빌고 어려운 살림살이의 애환을 노래에 담아서 불렀다.

(~중략)

바람아 강풍아 석 달 열흘만 불어라, 우리낭군 고기잡이 못 떠나간다.

강남 갔던 제비들도 봄이면 오건만, 한 번 가신 우리 님은 어찌하여 못 오는가.

서산에 지는 해는 지고 싶어지는가, 날 버리고 가는 임은 가고 싶어 가는가.

뱅어 배 선장아 돈 자랑 말아라, 우리 낭군 내일모래 중선 배 간단다.

대구리 배 선장아 돈 자랑 말아라, 우리 낭군 내일모래 무역선 간단다.

쓸쓸한 이 세상 외로운 이네 몸, 누구를 믿고서 한 백년 살거나

사쿠라 꽃 피면 오신다던 우리 임이, 열매가 열려도 아니나 온다.

(후략)

손죽도의 땅이름에는 아름답고 순박한 토박이말이 상당수 남아 있다. 이름만 들어도 땅의 모양을 알 수 있는 땅이름들이 이 땅에 살고 있는 사람과 함께하고 있어, 우리 겨레가 우리말 땅이름을 써야 하는 이유를 보여준다. 토박이말로 된 땅이름은 이름이 생긴 본래 의미를 그대로 전할 수가 있고 더 이상의 설명이 없어도 단번에 기억할 수 있다.

하늬바람이 불어오는 마을('하늘담'), 샛바람이 부는 마을('샛담', '송곳여', '코바우') 등 설명이 없어도 그곳의 형태가 자연스럽게 떠올려지는 이름들이다. 그러나 이러한 이름들이 조금씩 잊혀 가는 게 오늘의 현실이다. 도시의 간판이 외래어로 도배되고 새롭게 건설되는 시설물들이 뜻도 모르는 언어들로 불리는 현실에서 손죽도의 땅이름은 삶과 연결되던 아름답고 고운 우리 이름을 그대로 보여주는 현장이어서 반갑다.

물 반 고기 반, 풍요의 손죽도 바다

화전놀이가 일주일씩 이어지고 수백 년 간 충신을 추모하며 제를 올릴 수 있었던 손죽도 주민들의 저력에는, 오랜 세월 이 섬 주변의 환경으로부터 얻어 온 풍족함 덕분이라 할 수 있다. 예로부터 손죽도 주변의 바다를 말할 때는 물 반, 고기 반이라는 말을 자주 써왔다. 실제 물고기가 절반이야 되었겠는가 만은, 이렇게 소문이 날 만큼 손죽도 일대의 바다는 어족 자원의 보고였다. 지금은 100여 호도 되지 않는 작은 어촌에 불과하지만, 재래식 어구를 벗어나 기계화된 어업이 시작되었던 일제 시절 손죽도의 풍요는 중선배에서 시작되었다.

중선배란 이름은 우리나라의 전통어구인 중선망을 이용하여 이름 붙여진 고기잡이 방법으로, 어장에 도착하여 닻을 내린 뒤에 배의 좌우측 현에 2통의 그물을 펼쳐 조류를 따라 움직이는 고기를 잡는 방법으로 조기나 새우를 많이 잡던 방법이다. 이 방법이 개량화된 것이 안강망이란 어구를 이용하는 방법인데, 아귀를 뜻하는 한자인 안鮟자와 강鱇자를 사용하는 데서 알 수 있듯이 물속에 아귀의 입을 벌린 것처럼 고정된 닻에 큰 입을 벌린 그물로 고기를 유인하여 잡는 방법 때문에 안강망이라 이름 붙여진 일본식 이름이다.

손죽도의 중선배가 가장 많았던 때는 일제 강점기 후반 해방 직전 즈음으로 알려진다. 1920년대부터 도입된 신식 어구가 1940년대에는 절정을 이루어서 섬 주민의 증언에는 70여 척에 달했다고 전하며, 손죽도의 삶의 모습이 잘 담긴 「손죽도지」에도 55척이었다고 기록하고 있다. 당시에는 선원들의 대우도 좋아서 손죽도로 많은 사람이 몰려들어 300여 가구에 500여 세대가 살았으며, 주택 1가구에 2~3세대가 사는 집이 많을 정도였다. 훗날 여수가 우리나라 수산업의 중요한 어장과 항구로서 선도적인 역할을 하게 되었던 배경에는 이 시절 손죽도를 비롯한 주변 어장의 활황과 선도자들의 경험과 자본이 축적되어 이루어진 결과라 할 수 있다.

당시의 생활이 잘 묻어난 문화로 손죽도의 중선배 오색기 달기와 길굿놀이가 전해온다. 어업이 주업이던 손죽도 주민들에게 중선배는 삶 그 자체였기에 섣달 그믐날이면 가장 큰 재산인 중선배에다 무사안녕과 풍어를 바라는 제의를 지냈던 것이다. 그러나 아쉽게도 해방과 함께 행사는 계속 이어지지 못하고 주민들의 기억에만 남아 있다.

주민들의 힘으로 섬의 역사를 낱낱이 기록한 「손죽도지」에 제를 지내는 방법이 전해진다. 선

손죽도 마을과 포구

달 그믐날이 되면 이른 새벽에 경쟁적으로 서둘러 선주 집과 중선배에 풍어를 비는 오색기를 설치한다. 배 이름을 새긴 기旗와 오색 천으로 만들어 늘어뜨린 오색기를 대나무의 위와 아래에 묶어 배에는 앞돛대에 달고, 집에는 상기둥에 깃대를 묶고 지붕 처마에 기대어 올렸다. 선원들이 낮에 선주 집에 모여 봉기奉旗를 두 개 만들어 하나는 선주집의 담벼락을 이용하여 세우고, 다른 하나는 선창의 중선배로 고사를 지내러 갈 때 가져가서 선두에 꽂았다. 선달 그믐날 오후가 되면 배를 깨끗이 청소하고 선주 집에서 별도의 오색기와 이미 만들어 놓은 봉기를 앞에서 들고 굿을 치면서 선창의 배로 내려간다.

배에다 제물을 차려놓고 풍어와 만선을 기원하고 안녕을 비는 고사를 지낸다. 고사가 끝나면 선주 집을 향하여 되돌아오는 길에 굿을 친다. 이를 길굿놀이라 하였다. 길굿놀이를 할 때는 다음과 같은 노래를 한다.

> 우리 배 사공은 신수가 좋아/연평 바다에 도장원都壯元 했네./에 헤이 헤야아 헤야 헤 에 헤이 야//도장원 했네 도장원 했어/연평 바다에 도장원 했네/에 헤이 헤야아 헤야 헤 에 헤 야//주인네 마누라 술동이 이고/발판머리에 궁둥 춤춘다./에 헤이 헤야아 헤야 헤 에 헤이 야//갈쿠섬 삔닥(비탈)에 들어온 조기/우리배 그물로 다 들어온다./에 헤이 헤야아 헤야 헤 에 헤이 야//주인님 마누라 인심이 좋아/막내딸 키워서 하장놈 주었네./에 헤이 헤야아 헤야 헤 에 헤이 야//흥양 바닥서 출물만 하더니/칠산 연평서 도장원 했네./에 헤이 헤야아 헤 야 헤 에 헤이 야//연평 바다에 널린 조기/우리 배 중간에 다 잡아드린다./에 헤이 헤야아 헤야 헤 에 헤이 야

고기잡이 잘한 일을 도장원 했다 하여 장원급제에 비견한 노랫말도 재미있고 해학적이고 익살스런 가삿말이 싸이의 노랫말처럼 재미

있다.

길굿놀이는 흥겨운 춤과 노래로 온 마을을 축제의 장으로 만들었다. 마을 사람들이 집 밖에 나와 구경을 하면서 함께 춤을 추고 노래도 한다. 이렇게 설치한 오색기와 봉기는 마을 매귀(埋鬼)굿이 끝나는 날 내렸다. 중선배 오색기 달기와 길굿놀이는 풍어를 비는 선주 중심의 뱃고사요, 마을 중심의 놀이다. 섣달그믐에 이렇게 함으로써 다음 해에 고기가 많이 잡히고 사고도 나지 않을 것으로 여겼다.

징과 꽹가리소리 왁자하고 만선가를 부르며 가족이 기다리던 집으로 내닫던 어부들의 노래와 선창가에서 이들을 맞았던 가족들의 환호가 그립다.

정감록이 예언한 비처, 너푸리 광도

손죽도 동쪽으로 약 17km 지점에 있는 광도는 절해고도이다. 1976년에 상영되었던 영화 「킹콩」에 등장했던 섬처럼, 광도를 처음 찾던 날 안개 속에 묻혀 있던 섬이 높다란 절벽과 함께 갑자기 나타났던 기억이 새롭다. 광도廣島는 한자 이름대로 넓은 섬이다. 손죽도 동쪽에 떨어져있는 광도와 평도 그리고 그 주변에 흩어진 작은 섬과 여에 비해서 조금은 더 넓은 섬이어서 그렇게 불러왔던 모양이다.

옛 이름은 깎아지른 절벽이 섬을 둘러싸고 있어서 병풍도로 불리기도 했다는데, 우리말 이름은 넓다는 뜻으로 '넙풀이'라고 불렀다. 넙풀이는 '넙'과 '풀'로 나누어서 넓을 광廣과 풀초草로 '광초도廣草島'나 '광도'로 표기했다. 다른 해석으로 너푸리의 너를 넉 사四로 하고 풀은, 풀이 많은 림林으로 하여 사림도라 하였다고 하며 19세기 말엽에 제작된 「대동지지」에는 '광초도는 손죽도 동쪽으로 둘레가 5리이며 일명 사인도四茵島로 불렀다'는 기록도 보인다.

사림도라는 이름에는 정감록과 이어지는 전설이 전해온다. 전해지는 이야기는 정감록에 사림도라는 섬이 있는데 그곳은 어떤 난리가 찾아와도 주민이 피해를 입지 않고 목숨을 보전하는 길지라고 하는

광도 부근 소두래기의 수상절리(사진 박근세)와 광도의 선창(위부터)

데, 현명한 현자가 너푸리를 한자로 풀어보니 사림도가 되어서 그 때부터 광도를 사림도라 했다는 전설이다. 그래서 한국전쟁시에도 한동안 전쟁의 소식도 모른 채 지나갔다고 한다.

광도의 북쪽에 위치한 섬의 정상은 243m로 소규모의 능선이 발달하였고 남서쪽으로 완사면지대가 나타나는데 이곳에 10여 호의 마을이 들어서 있다. 면적은 1.2㎢이고 주민 대부분은 농업과 어업을 겸하지만 70대 이상이어서 생활에 필요한 만큼만 일하는 실정이다. 주요 농작물은 고구마와 콩이 주로 재배되며 집주변의 텃밭에서는 채소류를 재배한다. 섬의 주변은 바위가 많아 해산물로는 김과 미역을 채취하고 어패류는 적은 편이다.

섬 주변을 둘러싸고 있는 해안절벽 사이에는 따구박굴, 집넘굴 등 해식동이 발달해 있다. 이 중 굴 내부가 2층으로 되어 있다는 따구박굴은 1970년대에 남해안에 간첩이 자주 나타나자 막아버려서 아직까지 내부를 들여다 볼 수 없다. 이때 막아버린 동굴은 지금도 여수 지역 곳곳에 산재해 있는 실정이다. 섬의 남서쪽에는 '드렁진산'으로 부르는 산이 있다. 산의 형상이 들어서 엎힌 모양이어서 부르는 이름이다. 섬 곳곳에 붙여진 우리말 땅이름들이 정겹다.

작은 섬이었지만 매년 섣달 그믐날에는 큰산 기슭 징판이에 있는 당집에서부터 마을로 이어지는 당제를 지내면서 주민의 무사안녕과 풍년과 풍어를 기원했으나 인구가 감소되면서 맥이 끊어졌다. 섬의 남서쪽 해안으로 튀어나온 꼭지라는 곳으로 배가 닿는데 절벽 위로 마을이 형성되어 있어 짐을 운반하는 케이블카가 설치되어 있다. 마을로 이어주는 가파른 계단도 광도에서만 볼 수 있는 특별한 풍경이다. 제주도의 집들보다 더하게 밧줄로 칭칭 동여매어진 슬레이트 지붕을 보면 이 섬에 닿는 바람의 위력을 집작할 수 있다. 전력이 공급되지 않

바람을 대비한 광도의 민가

아 마을 공동발전기와 태양광을 이용하여 전기를 사용하고 우물을 식수로 이용한다. 교통은 손죽도까지는 쾌속선을 이용하며 손죽도로부터 소거문도, 평도와 함께 섬사랑호가 정부의 지원을 받아 운항되고 있다.

광도를 오매불망 그리워하는 사람들이 많은데, 바로 바다낚시를 즐기는 사람들이다. 광도 주변의 해안에 있는 가리여, 검등여, 농여, 시리여를 비롯해서 소두역과 대두역으로 부르는 바위섬은 낚시가 가능한 날이면 사시사철 낚시꾼이 붐비는 곳이다.

특히 대두역과 소두역은 바다속 용궁을 만들던 돌기둥을 모아놓았는지 잘 다듬어진 대형 육각기둥 덩어리로 이루어진 주상절리가 주변의 뛰어난 경치와 함께 신비한 자연의 조회에 감탄하게 한다. 어종은 봄, 여름으로는 돌돔과 벵에돔을 가을, 겨울에는 감성돔이 많이 잡힌다.

바람의 섬, 평도

여수항에서 바닷길 61km, 1백50리 거리에 위치한 평도는 손죽도 남동쪽 6km 떨어진 곳에 있는 마을로 섬의 생김새가 평평하다 하여 부르게 된 이름이다. 마을유래지에는 석란이 많아 옛 이름은 석란도라 하였다는 내용도 전해진다. 석란은 석곡이라고도 하는데, 20cm 정도의 키에 굵은 줄기가 여러 개 모여서 나는 난초과의 풀로서 연붉은색이나 회색의 꽃이 5~6월에 핀다. 안개가 많은 봄날의 바다에는 진한 꽃내음으로 방향을 가늠한다고도 하는데, 풍란과 석란이 그렇게 진한 꽃내음을 풍기는 꽃이다.

평도의 면적은 1.25㎢에 20여 가구의 주민이 살고 있고 경지 면적은 밭이 0.03㎢, 임야는 0.32㎢이다. 해안선 길이는 5.5km이다. 섬 중앙 평지에 마을이 형성되어 있고, 구릉지가 많아 주민의 대부분이 농업과 어업을 겸하고 있지만 주민 대부분이 고령노인이라 경제활동보다는 자급자족하는 수준에서 채소를 가꾸고 해산물도 먹을거리만 잡는 정도이다.

평도의 주변을 살펴보면 본섬인 대평도와 북쪽의 소평여와 소평도가 있으며, 구도라고도 부르는 남쪽의 갈퀴섬과 양가린여 등 부속섬

평도 원경

으로 이루어져 있다. 부속섬들은 모두 무인도이다.

이 섬에 사람이 살기 시작한 것은 300여 년 전으로 노씨, 허씨, 정씨가 처음 들어와 마을을 이루었으며 후에 송씨, 이씨, 김씨 방씨 등이 들어왔다고 한다. 해마다 음력 11월 3일과 12월 30일 농사와 해조류의 풍작을 기원하는 용왕제를 지냈지만 지금은 지내지 않는다.

섬의 지형은 남쪽과 북쪽 해안이 둥글고 완만하며, 허리 부분에 만입부가 있다. 주요 농산물로 고구마·콩·마늘을 주로 재배한다. 연근해에서는 문어·갈치·조기·잡어 등이 잡히며, 전복을 비롯하여 김·미역이 채취된다. 최고봉이 137.4m이다. 섬 중앙부에 고도가 낮고 평탄한 지형이 나타난다. 해안 주위로 암석해안이 발달하여 해식동굴이 많다. 섬의 동북쪽에 있는 큰굴은 '하느바람 석'이라고도 한다. '석'이란 태풍이나 큰 바람이 불 때 배를 피항시키던 항구로 큰굴은 규모가 커서 배들이 피항 할 만한 공간이 있어 부르게 되었던 이름이다.

섬의 동서남북으로 동쪽 '샛담', 서쪽 '하늘담', 남쪽 '맞담', 북쪽 '높바람담'이나 '높다지'로 불러 바람과 함께 살아왔던 바다사람들의 흔적이 여실히 느껴진다. 섬 주변으로 비석바위·앞여·검둥여·큰여·작은여·시와여·대청여 등의 여가 많아 낚시인들이 많이 찾는다. 지질은 중생대 백악기 화성암인 산성화산암류가 대부분을 차지하며, 기후는 대체로 온화하고 비가 많이 내린다.

평도를 찾는 외지 사람 대부분은 낚시꾼들이다. 여수나 고흥권역의 항포구마다 바다낚시를 안내하는 낚싯배들이 가장 많이 찾는 포인트 중 한 곳이 평도이며 섬의 해안과 무인도의 갯바위마다 주민의 숫자보다 많은 낚시꾼들의 행렬이 끊이지 않는다. 섬 주변 갯바위에는 여름철에는 벵에돔과 돌돔, 가을에서 겨울철에는 감성돔이 많이 잡힌다. 전력은 섬에서 직접 발전기를 돌려서 공급되나 상수도는 공급되지 않아 주민 대다수가 간이 상수도 물을 식수로 이용하고 있다.

평도 선창

주민의 도시 이주와 고령화로 지금은 사라져버렸지만 평도에서는 정월 대보름날 무형문화재인 대보름 헌식굿이 행해져 왔다. 헌식굿은 임자 없는 혼령을 한자리에 불러 모시고 위로하여 주는 굿으로, 어족자원이 풍부했던 섬 주변의 여건 때문에 멀리 육지에서 고기잡이를 와서 목숨을 잃었던 어부들의 영혼까지 위로하며 굿을 했던 것이다. 헌식굿의 형태는 보름 하루 전까지 각 가정으로부터 잡곡을 추렴하여 그 곡식으로 음식을 장만하고 넓적한 풀잎에 음식을 여러 개로 나누어 담아 헌식터에 진설하였다. 제사를 올린 다음에는 이 음식을 나누어 먹었다. 이를 먹으면 그 해에는 병이 나지 않을 뿐만 아니라 아픈 병도 낫는다는 속설이 전해졌기 때문에, 마을 사람들은 굿이 끝나기 무섭게 달려들어 서로 많이 차지하려고 즐거운 쟁탈전을 벌이기도 했다. 얼굴도 모르는 사람에게 제까지 올렸던 평도 사람들의 넉넉한 마음이 엿보이는 대목이다.

마을 동편 해안에 위치한 '물커리'라는 곳에서는 바위 사이에서 물이 흘러나오는데 한 쪽은 암물이라 하고, 다른 한쪽을 숫물이라 하였다. 옛날부터 이 신비한 물에 치성을 드리고 목욕을 하면 피부병과 종기도 나았다는 소문이 난 뒤에는 멀리서도 물을 맞거나, 목욕을 하러 찾아오는 사람이 있었다고 한다.

풀 섬, 초도

여수항에서 남서쪽으로 71km 거리에 있는 섬 초도는 이름 그대로 풀이 많아서 이름 지어진 풀섬이다. 행정구역상으로 전라남도 여수시 삼산면三山面에 속해 있으며, 면적 7.72㎢. 해안선길이 22.6km이며 섬에 거주하는 인구는 372명(2019년 12월 현재)이다. 지도를 살펴보면 여수와 제주의 중간에 위치하여 해안선은 곶과 만이 번갈아 이어져서 드나듦이 복잡하고, 일부 해안에는 해식애가 발달하였다.

섬 중앙에 있는 상산봉上山峰(339m)을 둘러싼 산지는 경사가 완만하지만 기복이 크며 북쪽 대동마을을 중심으로 해안의 만 주변에 취락이 분포해 있다. 어업보다 농업이 중심이며, 벼농사는 미약하나 보리·고구마·콩·마늘 등의 생산량이 많아 식량자급률이 높다. 근해에서는 문어·방어·삼치 등이 많이 잡히며, 미역·톳 등 해조류 양식도 활발하다. 교통편은 여수와 나로도를 잇는 정기항로가 있다.

구미, 읍동, 읍포, 큰마을 등으로 불렀던 대동리는 초도에서 규모가 가장 큰 마을로 삼산면의 최고봉인 상산봉을 중심으로 지대가 완만하고 토질이 비옥하여 작은 섬에서는 보기 힘든 논이 있어 벼농사를 짓는다. 조선시대 말엽인 1896년에 전남 남해안 동쪽으로 신설되었던

상산에서 바라본 초도 부근의 바다

돌산군 삼산면 시절에 구미리라고 불렀다고 전해지는데, 이 시절에 편찬된 「여산지」에서는 '읍동'으로 표기하고 있다. 지금 부르는 마을 이름 대동리는 일제강점기 이후에 큰 마을이라는 의미를 한자말로 바꿔서 부르게 된 이름이다.

마을 북쪽에 예미와 북동쪽으로 사슴의 목을 닮았다는 큰사슴목과 작은 사슴목, 산을 넘어 동쪽으로 정창이라 불렸던 작은 마을이 있었으나 지금은 하나 둘 씩 폐허가 되면서 원시의 모습으로 변하고 있다.

초도 남동쪽에 있는 의성리는 마을 공동묘지 부근의 '솜널이'란 지역의 바위부근에서 철이 많이 나와서 한때는 '이성금'이란 이름을 가졌다고 한다. 임진왜란 때 조선수군이 진을 쳐 '진막'이라 했다는 진막마을과 유래가 알려지지 않는 '정강'마을, 고래가 많이 살았다는 '고라짐' 경촌마을이 있다.

여행깨나 했다는 사람들에게도 초도는 낯선 섬이다. 바다와 어우러진 풍경이 좋기로 이름난 거문도와 백도를 여행할 때면 으레 경유하게 되지만, 출항 이후 지루해질 즈음 모습을 드러내고 거문도와 백도에 시선을 빼앗겨 관심을 끌지 못했다. 그러나 초도에 내려 섬을 둘러보면 사람 내음 진하게 베어나는 순박한 섬사람의 정과 인심에 반하고, 때 묻지 않은 자연과 아름다운 풍경의 해안선에 취해서 몇 날 며칠이고 떠나기 싫은 섬이 초도이다.

아름다운 풍경에는 재미있는 전설도 많이 전해져 오랫동안 여행지의 기억을 간직하게 한다. 대동리의 예미마을 북쪽에는 수리망대라는 높은 절벽에 바위가 있다. 임진왜란시 전쟁에 나간 아버지는 왜군에 잡혀 돌아올 수 없게 되었다. 집에서 아버지가 언제 돌아오나 기다리던 모자는 바위 위에 올라 하염없이 아버지가 돌아올 날만 기다리

초도의 낭떠러지 해변

다 돌로 변해 수리망대가 되었다. 이후로 우리 수군은 독수리가 나타나 왜적의 위치를 알려주어 전전승승 하였다. 아들의 영혼이 독수리가 되었기 때문이란다.

의성마을에 있는 상술박엉에는 남녀 간의 슬픈 사랑이야기가 전해진다. 아주 먼 옛날 처녀와 총각이 사랑하다 총각이 마음이 변하자 처녀가 눈물로 애원해도 멀리하였다. 상심한 처녀가 상술박엉에서 뛰어내려 자결을 하고 난 뒤에 어느 곳이나 총각을 따라다니는 뱀이 한 마리 생겼다. 뱀 때문에 사람들과 어울리지 못하게 된 총각도 결국 이 바위에서 뛰어내렸다. 총각이 뛰어내리면서 바위와 가슴을 쳐서 피가 붉게 물들어 지금도 바위가 붉게 물들어 있다.

호랑돌팡은 대동리에 있는데 암수 호랑이가 살다 숫호랑이가 병들이 죽자 밤새 슬피 울던 암호랑이가 '어흥' 하고 울자 산울림으로 여기저기서 '어흥', '어흥' 하자 자신의 소리에 놀란 호랑이가 혼비백산하여 바다에 빠져 죽었다. 호랑이가 울던 바위를 호랑돌팡이라 부른다.

초도 뱃노래

초도의 중앙에 솟아 있는 상산에 올라보면 초도의 전경이 한눈에 펼쳐진다. 예전에는 동서남북 어디서나 접근이 가능했지만 산업화의 영향으로 젊은이들이 떠나고 소나 염소를 뜯기던 아이들도 떠나면서 여러 곳의 길이 막혔다. 상산에 오르기 위해서는 섬을 일주하는 도로를 따라 북동쪽의 바람재에서 남서쪽의 정가무재(정강재)까지 등산로가 잘 닦여있어 자연미를 한껏 즐기려는 꾼들은 소문을 듣고 찾아온다. 남해안의 섬 산행을 취미삼아 대부분의 섬을 둘러보았다는 여행객도 상산의 절경은 최상급이라고 이야기한다.

정상에서 섬을 바라다보면 북쪽의 예미로부터 대동마을과 남동쪽의 의성마을과 남서쪽의 진막마을이 한눈에 들어오고 안목섬과 밖목섬의 바닷길이 갈라지는 현상도 손에 잡힐 듯이 눈앞에 있다. 멀리 눈을 돌리면 삼산면에 속한 손죽도와 거문도, 백도는 물론 완도 청산도와 생일도, 거금도와 외나로도까지 짙푸른 바다와 함께 확트인 공간까지 깊이 뇌리에 새겨진다.

예로부터 별개의 행정구역으로 구분되어 있어서였던지 손죽도와 초도, 거문도는 많은 점이 닮았으면서 또 조금씩 다르다. 화전놀이를 즐

초도 대동마을 포구

기면서 부르는 민요와 놀이가 닮았고, 생활 속에서 저절로 생겨나고 행해지던 풍속이 닮았으며 먼 데서 온 손님을 반겨주는 인심도 닮아 삼산면 지역을 찾는 여행객에게는 깊은 인상을 남긴다.

아름다운 초도의 모습 중에 오랫동안 이어지고 보존되길 바라는 것이 하나 있는데 바로 초도의 뱃노래이다. 삼산면은 손죽도와 초도, 거문도 모두 뱃노래가 전해지는데 지역마다 생활의 형태가 반영되어서 인지 뱃노래의 유형이 조금씩 다르다.

1990년대 말, 초도의 뱃노래를 들을 수 있던 기회가 있었다. 10여 명의 시연자가 방 안에 둘러 앉아 합창으로 뱃노래를 부르는데 큰 충격을 받았다. 박진감 넘치는 초도 뱃노래를 보고 들으면서 왜 이런 노래가 제대로 전해지지 못하는지 오랫동안 안타까운 마음을 간직했었다.

한손에는 부레박 들고 또 한손에는 지창들고,
한질 두질 쑥 들어가니 요만길이 분명하다.

어앙 (어앙) 어앙 (어앙)
이여디여 차 (아이) 이여디여 차(아이)
낭끝 끝은 가직어가고 진저리 도는 멀어진다.
이여디여 차 (잘도 간다)

웃나 배는 잘도 간다
앞산은 가직어가고 뒷산은 멀어진다
이여디여 차 (잘도 간다)
(이어디야 이어디야)

초도는 해안선에 바위와 절벽이 많고 개펄이 있는 해변이 적어 바지락이나 조개와 같은 해산물이 적다. 반면 전복이나 미역 다시마와 같은 해녀가 물질로 잡아야 하는 갯것이 많은 편이다.

이런 이유로 1990년대 말까지도 초도의 대동마을 해녀의 수입은 전국에서 손꼽을 정도였다. 초도의 뱃노래는 이렇게 해녀의 물질을 위해 떠나는 배를 젓기 위한 노동요로 만들어진 이유에선지 노를 젓기 위한 노랫말이 빠르고 힘차다. 마치 거친 파도가 몰아치는 절벽 사이를 헤집고 다니는 작은 배가 빠르게 다니는 느낌이다. 배를 빠르게 젓기 위해서는 노를 여러 개 설치하고 한 개의 노마다 두 사람 많게는 세 사람까지도 노를 함께 저어 가는데[이를 내(노) 뽕 친다고 한다], 이렇게 함께 노를 저으면서 불렀던 노래가 초도 뱃노래의 원형이다.

옛날 삼산면의 세 섬 손죽도와 초도, 거문도 사람들은 대부분 세 섬 사이에서 결혼하고 가정을 만들었다. 젊은 시절 사랑하는 사람이 생기면 남몰래 달이 있는 밤에 배를 타고 만나곤 하였는데, 풍속이 되어 이를 선유船遊라 하였다. 나이 지긋하신 어르신 중에는 선유로 사랑을 키워 결혼했던 분이 많아 선유의 추억을 묻는 질문엔 주름진 볼이 붉어진다.

남해의 진주 거문도

여수에서 남동쪽으로 114.7km 해상에 위치하는 거문도는 서도西島, 동도東島, 고도古島의 세 섬으로 형성되어 있다. 조선초기의 기록에는 지금의 거문리 지역을 고도孤島라 하고 서도는 초도草島라 하여 고초도孤草島라 했던 기록을 조선왕조실록에서 볼 수 있고 조선후기에는 삼도三島라 하였다.

삼도를 거문도로 부르게 된 것은 조선말기 러시아, 영국, 중국, 일본 등의 열강이 각축을 벌이는 과정에서 거문도를 지나가는 해상 항로가 주목을 받게 되면서다. 이 시기에 영국 해군은 거문도를 불법으로 점령하는 거문도사건을 일으켰다. 사건이 일어나자 문제를 해결하기 위한 조선과 청나라 영국간의 외교가 활발하게 진행되었다. 거문도란 섬의 이름도 이때 생겼다는 일화가 있다. 사건 후 청나라를 대표했던 정여창 제독은 섬 주민과 만남을 자주 하였는데 말이 통하지 않아 한문 필담으로 의사소통을 하였다고 한다. 필담을 통해 섬에 학문이 뛰어난 사람이 많은 것을 알게 된 정여창은, 뛰어난 문장가들이 많은 섬이란 뜻으로 거문도巨文島로 개칭하도록 하여 거문도가 되었다는 일화가 전해온다.

삼도의 이름이 거문도로 바뀌게 되자 본래 거문도라는 이름을 갖고 있었던 지금의 소거문도는 섬의 이름을 빼앗기고 소거문도라는 이름이 되고 말았다. 거문도란 이름은 이미 조선초기부터 지금의 소거문도를 부르는 이름으로 전해오던 이름이었는데 거문도 사건을 겪으면서 삼도라고 부르던 다른 섬으로 명칭이 바뀌었던 것이다.

한반도의 남해안과 제주도 사이 중간에 위치한 거문도는 뛰어난 풍경과 함께, 고대로부터 중요한 해상교역로이면서 섬 주변이 풍족한 어장이었기 때문에 일찍부터 사람이 머물기 시작했고, 그 삶의 흔적들은 역사와 함께 전해온다. 섬 주변에는 많은 사연을 가진 동굴과 바위가 있으며, 해변마다 사람이나 겪었던 사건이 이름이 된 지명들로 가득하다. 불탄봉, 기와집몰랑, 삼백량굴, 솔순이빠진굴, 멍실여, 용냉이, 신선바위, 아차바위, 신지끼, 고두리와 오도리 영감 등 재미있는 이름이 전설과 함께 전해지고 있다.

역사의 섬으로 알려진 거문도에는 예로부터 명망 있는 학자도 많이 배출되었는데 그 중 귤은橘隱 김류가 가장 많이 알려졌다. 1814년(순조14)에 태어난 김류金瀏(1814~1884)는 과거를 보려고 한양으로 가던 도중 전라도 장성에서 노사 기정진奇正鎭(1798~1879)의 학문에 감화되어 과거를 포기하고 문하생이 되었다고 한다. 노사의 학문을 배우고 고향으로 돌아온 김류는 고향에 낙영재를 세우고 수많은 후학을 배출하였다. 김류가 남긴 「해상기문」에는 당시 세계의 열강이 앞다투며 찾아오던 거문도에서 외국인들과 나누었던 필담에 관한 일화도 전해진다. 김류의 호인 귤은橘隱은 김류가 태어나고 살았던 귤정리에 숨어 지낸다는 뜻을 담고 있다.

거문도의 주요 관광지로는 거문도등대, 녹산등대, 불탄봉, 보로봉, 수월교, 관백정, 영국군묘지 등이 있다. 이 외에도 서도의 덕촌리에 유

녹산등대길(위)과 거문도 내만

림해수욕장과 서도리에 이끼미해수욕장이 있으며, 신지끼라는 인어의 전설이 전해지고 있는 신지끼 공원 등 볼거리가 풍부하다. 거문도는 섬 일대가 다도해해상국립공원에 속해 있으며 해마다 많은 관광객이 찾고 있다.

서도의 남단과 북단에는 등대가 있는데, 남단에 있는 거문도등대는 남해안 최초의 등대로서 1905년 4월 12일 세워진 뒤 지난 100년 동안 남해안의 뱃길을 밝혀왔다. 거문도등대는 거문도를 찾는 관광객이 여행하는 필수 코스이며, 등대 절벽 끝에는 관백정이 있어 남해의 절경을 즐긴다. 여객선 선착장이 있는 거문리에서 등대까지는 걸어서 약 1시간 남짓 걸리는데, 삼호교를 거쳐 유림해수욕장을 벗어나면 길 옆 좌우바다로 물이 넘나든다는 무넘이를 지나게 되고 이어서 등대까지는 1.2㎞ 거리의 동백 숲길을 만나게 된다.

이 밖에도 전라남도 무형문화재 제1호로 지정되어 있는 「거문도 뱃노래」는 이곳 섬사람들의 삶의 흔적을 진하게 녹여서 주민들 사이에서 구전되어 전해지고 있으며, 뱃노래와 함께 전해지는 다양한 일노래와 민속 그리고 돌담 등 삶의 흔적 하나하나가 모두 거문도의 보물이다.

거문도에 이르는 방법은 여수항 여객선터미널에서 하루 1회 정기여객선이 운항되고 있으며, 운항은 2시간 20분 정도 소요된다.

고흥 녹동에서는 녹동항 여객터미널에서 하루 1회 정기 여객선이 다니며, 1시간 10분 정도 소요된다.

거문도의 인어 신지께

거문도의 가장 오래된 마을 서도리의 주변에는 뛰어난 경치를 자랑하는 명소가 많다. 주민들이 사슴을 닮았다 하여 '녹새이'라고 부르는 녹산鹿山도 그 중 한 곳인데, 산자락 끄트머리에는 새하얀 등대가 있어 더 아름답다. 1958년 1월 뱃길을 밝히기 시작한 녹새이 등대는 북위 34° 03′ 6″, 동경 127° 17′ 7″에 위치하고 있으며, 광달거리가 5㎞인 무인 등대이다. 등대 아래로 바라보이는 절벽은 오금이 저릴 만큼 아찔하다. 등대 주변의 산책길은 멋진 풍경으로 낭떠러지 길 위로 시선이 쭈뼛거리도록 여행객을 유혹한다.

녹산등대 가는 길 왼쪽에는 아늑하게 자리 잡은 만灣이 반달처럼 자리 잡고 있다. 이곳은 '이끼미'라고 부르는 해변이다. 아담한 규모의 백사장도 있어 여름에는 해수욕장으로 사용되어 '서도해수욕장'이나 '이끼미'를 한자로 표현한 '이금포해수욕장', '이끼미해수욕장' 등으로 소개되는 곳이다. 이곳에 '신지께'라는 신비한 생명체가 나타난다는 바다의 암초 '신지께 여'가 있다.

그날도 새벽 일찍 바다로 나가는 길이었어. 달이 남아서 밤이라도 밝았는데, '신지께여'있는 데서 달빛에 반사되는 뭔가를 보았지. 검게 보이는 머리를 풀어헤치고 사람피부처럼 반짝였는데 아래는 고기처럼 생겼어! 무섭기도 했지만 호기심에 가까이 다가갔는데 물속으로 들어가 버렸어!…… 그 뒤에도 멀찌감치 한 번 더 본 적이 있었지.

거문도 사람은 '신지께'를 다 알아. '신지께'를 모르면 거문도 사람이 아니지. 어려서 미역을 감다가도 '신지께'가 온다 그러면 부리나케 뭍으로 나왔지. 신지께는 물 밖으로 못 나오니까 물 밖으로 세 걸음만 나오면 못 잡는다고 얼른 세 걸음만큼 튀어나오는 거야. '신지께' 그거 물귀신이지 물귀신! 태풍이 오려고 할 때 백도 같은 데에서 일을 하고 있으면 피하라고 돌을 던지고 그랬다 하데.

이 마을에서 오랫동안 살다 여수시 주삼동으로 주소를 옮긴 김동진 할아버지가 젊은 시절 신지께를 보았다고 동네 소문이 나서 필자가 그를 만나 들어보았던 경험담이다.

거문도 태생인 아버지가 25~6세 때인 1939~40년에 삼치 마기리(줄낚기)를 하기 위해 매일 축시丑時(새벽 1~3시)에 네 사람이 노를 젓는 배로 주로 서도 녹사이 부근으로 나갔다. 나갈 때마다 같은 곳에서 하얀 물체를 보았다. 그 전부터 어른들로부터 '신지께'라는 말을 자주 들어왔던 터라, 그게 필시 신지께려니 하며 주의깊게 쳐다보았는데 그 형상은 조금 먼 곳에서 보면 물개와 같은 형상이나 가까운 곳에서 보면 머리카락을 풀어헤치고 팔과 가슴이 여실한 여인이 틀림없었다. 하체는 고기 모양이었지만 상체는 사람 모양을 한 인어였던 것이다. 달빛 아래 비친 인어의 모습은 말로 형언할 수 없을 만큼 아름다웠다.

남해안의 절해고도 거문도에는 오래 전부터 입에서 입으로 전해오는 '신지께'라는 인어의 이야기가 전해온다. 아니 누구도 인어라고 부

녹산에 있는 등대와 신지께상(위), 신지께가 자주 나타난다는 이끼미 해변

르지 않고 '신지께'라고 불렀는데 그 이야기를 듣고 보니 반인반어인 인어의 이야기이다. 검은 머리를 풀어헤친 젊은 여인의 나상을 한 상체에 고기의 모양을 하고 있는 하체의 모습이라니 어린 시절 들어보았던 안데르센의 인어 이야기가 아닌가?

이밖에도 나이가 많은 주민들은 무래질을 하면서 신지께의 형상을 자주 보았다고 하였는데 주로 달이 있던 새벽녘에 신지께 여에서 마주친 적이 많았다고 한다. 어떤 이는 신지께를 귀신이라고도 하고, 또 어떤 유식한 노인은 물개가 달빛에 반사되면서 착시현상으로 그렇게 보았을 것이란 과학적인 분석을 곁들여 설명하기도 하였다.

서도리에서 신지께라고 부르는 걸 덕촌에서는 '흔지께'라고 부르는데 신지께나 흔지께는 그 형상이 하얗게 생겼다고 한다. 여름철 미역을 감던 어린이들에게는 물귀신처럼 무서움을 주는 존재였지만 큰바람이 불적에는 보이지 않는 곳에서 돌을 던지거나 휘파람소리를 내주어 바람을 피하게 하는 이로운 귀신이요 거문도의 수호신이었던 것이다.

신지께는 거문도, 동도, 서도 세 섬으로 둘러싸인 내해에서는 나타난 적이 없고, 녹새이 같은 섬 밖에서만 출현했다고 한다. 때로는 거문도 죽촌마을 넙데이 해안의 절벽 위에도 나타났다고 하며, 백도의 해안가에도 형상은 보이지 않게 자주 출현했다고 한다. 해상에 나타난 신지께는 배를 좇아오고, 절벽 위에서는 바다로 나가는 사람들에게 돌멩이를 던져 훼방을 놓았다고 한다. 만약, 이를 무시하고 바다에 나갔다가는 반드시 큰바람을 만나거나 해를 입었다. 신지께가 나타난 이후에는 틀림없이 풍랑이 일거나 폭풍우가 몰아쳤던 것이다.

최근 서도리의 녹새이(녹산) 언덕 위에는 인어공원이란 이름으로 신지께의 조형물을 설치하였다. 인어는 사람을 닮은 고기라는 뜻인데 신지께가 서운해 하지 않을까?

기와집 몰랑과 신선바위

석름귀운石廩歸雲

하늘에 닿은 절벽에는 날마다 구름인데

자세히 보니 그림도 같고 비단도 같구나.

아마도 선녀가 높은 대청 위에서

안개 빛 치마 곱게 입고 아스라이 돌아가나 보다.

거문도 서도 남쪽에 있는 '기와집 몰랑'을 노래한 글은 김유 선생의 삼호팔경 중 석름귀운의 대목이다. 거문도 등대가 있는 수월산과 더불어 거문도 최고의 경관을 자랑하는 '기와집 몰랑'은 산마루의 모양이 기와집 지붕 모양을 옮겨놓은 듯 빼닮아서 옛부터 부르는 지명이다.

거문도 해수욕장으로 많이 알려진 유리미(유림) 해변으로부터 오르는 기와집 몰랑을 오르는 산행은 거문도 관광에서는 빼놓을 수 없는 필수 코스다. 동백나무와 사철나무로 이루어진 푸른 숲의 터널을 잠시 오르다 보면 하늘이 열리고 천지가 열리는 기분을 만끽하며 사방이 트여진 기와집 몰랑의 정상에 오른다.

신선바위(위 왼쪽), 신선바위 가는 능선길(위 오른쪽), 기와집 몰랑

산마루의 형상만 기와지붕을 닮은 게 아니다. 층층이 오르는 돌계단도 여기저기 쌓아놓은 돌탑도 기와를 닮은 돌들로 이루어져 있어 하늘의 기와집이 수천 년이 지나면서 이루어낸 고대유물의 답사지 같다. 지붕의 정상에 다다르면 남쪽 바다로 내려다보이는 깎아지른 바위 절벽의 아찔함에 현기증이 느껴진다. 짙푸른 바다와 하얀 파도의 멋진 어울림을 카메라에 담기까지는 한참 숨을 골라야 하고 그제야 서서히 주변 경관이 눈에 들어온다.

푸른 숲과 조화를 이룬 바위 조각이 만물상을 이루는 절벽 사이로 높이 솟은 커다란 바위가 예사롭지 않게 서 있는데 이를 가리키는 표지판에 신선바위라 적혀 있다. 정상에는 바둑판도 새겨져 있어 하늘의 신선이 매일같이 내려와 아름다운 경관과 풍류를 즐겼다하여 이름도 신선바위라고 한다. 바위를 오르기 위해 가까이 가보면 신선의 배려인지 바위에 오르기 좋을 만큼 손잡이가 되어 주는 나무들이 바위 사이로 자라고 있어 쉽게 신선의 놀이터였다는 바위 정상에도 오를 수 있다. 하늘이 깨끗한 날이면 멀리 한라산의 경관도 한눈에 들어온다.

기와집 몰랑을 지나고 나면 거문도의 소재지인 거문리와 삼호대교가 바라보이는 보로봉 정상에 다다른다. 동학군으로부터 일제강점기까지 군인들이 주둔했다는 곳으로 거문도를 드나드는 선박들을 방어하기 좋은 위치에 있어 일본군이 포대를 배치했던 곳으로 알려진다.

멀리 동쪽 바다로 점점이 떠 있는 오리섬과, 안노루섬, 밖노루섬 소삼부도 등의 섬들이 만들어내는 경관이 아름다운 곳이다. 보로봉에서 남쪽으로 이어지는 하행 길은 거문도 등대로 향하는 무네미 목으로 이어진다.

거문리와 삼호대교로 이어진 덕촌리는 돌산군 시절까지도 덕흥리로 불렸던 마을이다. 덕촌리 지역의 옛 이름은 억새가 많아서 샛텀불 또는 쌔기미로 불렸는데 억새인 쌔를 금속인 쇠로 해석하여 금곡金谷이라 하였고, 덕흥리는 산등성이에서 길게 내려온 청룡등에서 유래한 등리마을을 음차音借한 이름이다.

2019년 12월 현재 면적은 3.64㎢이며, 161가구에 남 152명에 여 122명으로 모두 274명의 주민이 거주하고 있다. 거문도 지역 세 섬 중에 가장 큰 섬인 서도의 남쪽에 있는 마을이다. 덕촌리 동쪽은 약 100m의 바다를 사이에 두고 거문리와 인접해 있으며, 덕촌리 북쪽 지역에 거문초등학교 덕촌분교와 거문중학교가 있다.

덕촌리 주변에는 기와집 몰랑, 신선바위와 함께 한번 그물질에 삼백량의 고기를 잡았다는 삼백량굴, 흔들바위, 선바위 등 빼어난 관광 명소가 즐비하다. 2011년 9월에는 거문도 관광호텔이 유림해수욕장에 들어섰다.

거문도의 옛 이름중 하나인 고초도孤草島는 거문리의 고도孤島(古島)와 덕촌의 옛 이름인 쌔기미의 초草에서 유래한 이름으로 보이며 서도를 쌔섬(草島)으로 기록한 일본인의 기록도 전해온다. 과거 덕촌리 주변에는 작은 마을이 여러 군데 있었으나 1976년 거문도 간첩사건이 일어나고 나서, 주민 안전에 취약성이 있다고 하여 무넹이(水越), 신추(白草), 지풍개(深浦)로 불렀던 작은 마을의 주민을 덕촌과 변촌으로 이주시켜 큰 마을만 남게 되었다.

거문도 등대

거룩하고 아름다운 사랑을 실천하는 애달픈 등대지기의 노랫말이 떠오르는 아름다운 등대섬. 대양을 바라보는 뛰어난 경관과 수십 미터의 아찔한 절벽이 조화를 이루고 있는 서도 덕촌리의 최남단에는 거문도 등대가 있다. 등대로 가는 길은, 쾌속선이 닿는 거문리항을 출발하여 아치모양의 삼호교를 지나고 남쪽으로 유림해수욕장으로 이어진다. 해수욕장 남동쪽 끝나는 곳에는 등대가 있는 수월산으로 연결되는 바위지대로 이루어진 바다 길목 '무너미 목'이 있다. '무너미'는 좌우로 펼쳐진 바다에 큰 파도가 치면 바닷물이 넘나들기 때문에 물이 넘는 목이란 뜻의 물넘이가 변한 말이다.

등대가 있는 산의 이름 수월산水越山도 무너미의 의미에서 유래되었다. 다리를 건너고 해수욕장을 지나서 무너미 목까지 도달하기에만 1시간 남짓 걸리기 때문에 거동이 불편한 사람들은 무너미 목까지 이어주는 나룻배를 타고 찾기도 한다.

무너미 목에서 남쪽 바다를 바라보면 거대한 돌기둥이 서 있는데 남자 성기를 닮은 모양 때문에 점잖게 붓을 닮아 문필봉이요 우람하게 서 있다 하여 선바위, 남자성기 이름 그대로 X바위 등으로 불려진

거문도 등대(위)와 거문도 등대길 원경

다. 멀리 서도 마을에서도 우뚝 서 있는 이 바위의 기운을 받아 아들을 많이 낳는다고 예로부터 전해진다.

무너미 목을 지나서 만나는 등대 가는 길은 동백나무 숲으로 이루어져 긴 터널을 형성한다. 자갈길, 흙길, 잔디밭길로 삼등분된 산책로가 아름답게 이어져 있고 울창한 동백나무 숲과 갖가지 야생화들이 어우러져 뛰어난 경치를 뽐낸다. 등대로 이어지는 길은 좁은 오솔길이다. 한발만 잘못 딛어도 수백 길 낭떠러지 바닷물로 떨어질 것 같은 바위 절벽이 오른쪽으로 등대에 다다를 때까지 이어진다. 벼랑으로 이어지는 길은 오금이 저리도록 아찔하면서도 신비스럽고 아름답다.

1905년 4월 12일에 세워진 거문도 등대는 동양 최대이자 국내 최초의 등대이다. 등대는 인근 해상을 항해하는 선박의 위치와 항로 결정, 위험물과 장애물에 대한 경고는 물론, 좁은 수로 또는 항로의 한계 등을 알려주고 육지의 원근, 소재, 위험 장소를 알리거나 입항 선박에게 항구 위치를 알려 주는 항로 표지의 일종이다. 남해안은 많은 어선이 고기잡이를 하기 위해서 왕래하는데, 날씨가 흐린 날이나 야간에 뱃길의 어려움을 해소하기 위해 중요어장인 거문도에 거문도등대를 설치하게 되었던 것이다.

등대의 규모는 33m의 백색 육각형 철근콘크리트 구조물로 되어 있으며, 등탑의 높이가 6.4m이며 흰색 원통형으로, 벽돌과 콘크리트가 혼합된 구조물이다. 1929년 3월 23일 55,000촉광의 빛을 발하였으며, 1934년 4월 6일 등질을 섬백광으로 바꾸어 강섬광 91,000촉광, 약섬광 55,000촉광의 빛을 발하도록 하였다.

1945년 8월 15일 광복과 더불어 업무를 중단하였다가, 1947년 2월 1일 석유 백열등으로 등대 업무를 다시 시작했고, 1951년 4월 8일 섬백광을 매 15초 마다 1섬광씩 발하기 시작했다.

거문도등대에 설치되어 있는 광파 표지 기종은 3등 대형(120V-100V)으로서 등질은 섬백광이며 15초에 1섬광씩 빛을 발한다. 등대에 접근하는 배가 등대 빛을 감지하기 시작하는 거리인 광달거리는 지리적으로 24마일(44km), 광학적으로 38마일(70km), 명목적으로 23마일(42km)에 달한다고 한다. 음파 표지는 공기 압축기, 즉 에어사이렌으로서 취명 주기는 매 50초에 1회 취명(취명 5초, 정명 45초)하며 음달 거리는 6마일(11km)이다.

2006년 8월에는 거문도등대 종합정비공사로 시설물을 새롭게 신축하였다. 새로 신축한 등탑 최상층부에는 기존 등탑에 설치되어 있었던 회전식 3등 대형 등명기를 옮겨 설치함으로써 선박 안전 항해에 기여하고 있다.

등탑에는 거문도와 백도의 전경을 한눈에 볼 수 있는 전망대가 설치되어 있으며, 등대 절벽 끝에는 관광객들이 바다 경치를 마음껏 즐길 수 있도록 관백정이란 이름의 정자를 설치하였다. 종합정비공사 이후에는 등대 체험이 가능하도록 펜션형의 숙소를 개방하였다. 관광객들에게 제공되는 원룸 형식의 숙소에는 식기류, 조리 기구, 싱크대, 침구류 등이 구비되어 있으며, 등대를 관리하는 사람은 소장 1명, 직원 2명 등 총 3명이다.

천상의 섬 백도

거문도 동쪽으로 28km 지점에는 아름다운 섬 백도가 있다. 망망대해의 바다 위로 솟아있는 기암괴석으로 이루어진 섬을 만나기 위해선 배를 타야만 한다. 거문도항을 출발하여 한 시간 남짓 시원한 해풍을 즐기다 보면 갑자기 바다 가운데에 천상의 정원이 배를 막고 서 있다. 유람선이 가까워질수록 여기저기서 상상을 넘어서는 절경에 탄성이 터져 나온다.

백두대간의 아름다운 바위들이 모여서 금강산이 되었듯이 남해바다의 아름다운 바위들은 모두 이곳에 모여 백도가 되었던가?

태초에 옥황상제의 아들이 상제의 노여움을 사서 인간 세상으로 귀양을 오게 되었다. 그러나 자숙하고 있어야 할 상제의 아들은 남해용왕의 딸을 보고 반하여 서로 사랑하게 되었고, 바다에서 풍류를 즐기며 세월 가는 줄을 몰랐다. 옥황상제는 시간이 흐른 후 아들이 자신의 죄를 깊이 뉘우쳤을 것이라 생각하니 몹시 보고 싶어져 신하를 보내 아들을 데려 오도록 했다. 인간 세상으로 만 내려가면 감감무소식이라 하나 둘, 내려 보낸 신하가 100여 명이나 되어도 소식이 없어 알아보니 그들마저 용왕의 시녀들과 사랑에 빠져 돌아오지 않게 되었다는 것을 알게 되었다. 너무 화가 난 옥황상제는 이들을 모두 돌로 만들어 크고 작은 섬이 되어버렸다.

백도라는 이름은 멀리서 바라보면 섬이 온통 하얗게 보인다고 해서 붙여졌다는 설과, 섬의 수가 100개에서 하나가 모자란 99개이기 때문에 '일백 백百'자에서 '하나 일一'자를 빼 '백도白島'로 했다는 두 가지 설이 전해온다. 하지만 실제로는 39개의 섬으로 이루어진 무인군도이다.

백도는 여름 관광지의 대표적인 명소로 원추리·나리·찔레 등 20여 종의 야생화가 섬을 아름답게 뒤덮고 있다. 또한, 풍란·석곡·쇠뜨기·땅채송화·눈향나무·후박나무·동백나무 등 아열대 식물들이 즐비하며, 연평균 수온이 16.3℃로 큰붉은산호·꽃산호·해면 등 해양 생물이 서식하고 있어 그야말로 생태계의 보고라 할 수 있다. 학술조사보고서 기록을 보면 식물은 총 70과 160속 188종 36변종 2품종의 226종

백도해상

류가 확인되었고, 219종의 해조류가 서식하는 것이 밝혀졌다. 곤충은 총44과 83종에 천연기념물 제15호인 흑비둘기를 비롯하여, 팔색조·가마우지·휘파람새 등 29종의 조류가 서식하는데 이 가운데 매, 새매, 황조롱이, 흑비둘기는 천연기념물로 지정되어 있다.

지형 및 지질 발달과 다양한 구성 암석의 풍화, 해식, 절리 등으로 형성된 경관의 아름다움은 백도를 다도해 해상국립공원의 지정과 함께 국가지정 문화재 명승 7호로 지정하였다.

백도 주변의 바다는 우리나라 남해 황금 어장의 중심 지역으로, 근해에서는 갈치·삼치 등의 어류와 미역·김 등이 채취된다. 오랫동안 거문도 주민들의 생활의 터전이었지만 1987년부터 환경보호와 생태보전을 위해 문화재청에서 해안 200m 이내 접근금지를 고시하여 섬에는 오를 수 없다.

최고봉은 130m의 등대섬으로 1938년 만들어진 등대가 있어 주변 항로를 밝히고 있으며, 병풍섬, 곰보섬, 여자섬, 거북섬, 쌍둥이 바위 등이 상백도에 있고, 문섬, 개섬, 성섬, 궁섬, 서방바위, 두건여, 보물섬, 감투섬, 낙타섬, 꼬리섬 등이 하백도에 있다. 각 섬의 이름은 다양한 모양과 사연으로 인해 이름 지어져 섬 이름만으로도 백도의 여행은 즐겁다.

거문도의 인어로 알려진 신지께의 전설에도 백도의 이야기가 전해온다. 백도에서 해산물을 채취하나 큰 풍랑이 일거나 태풍이 밀려오면, 신지께가 돌을 던지거나 특유의 휘파람을 불어서 주민들이 빨리 집으로 돌아갈 수 있도록 알려주었다. 신지께를 거문도의 수호신과 같이 여긴 이유이다. 거문도에서 백도까지는 70리의 바닷길로 가까운 거리가 아니다. 마을에서 돛단배를 타고 이 섬으로 고기잡이하러 왔다가 석양의 황금 노을을 받으며 돌아오는 돛단배의 무리가 만들어

녹산등대
이포해수욕장
인어해양공원
이끼미해수욕장
오도감묘소
서도리
서도여객선선착장
서도리선착장
음달산
용냉이
거문도뱃노래길
변촌
서도
N
W
E
S

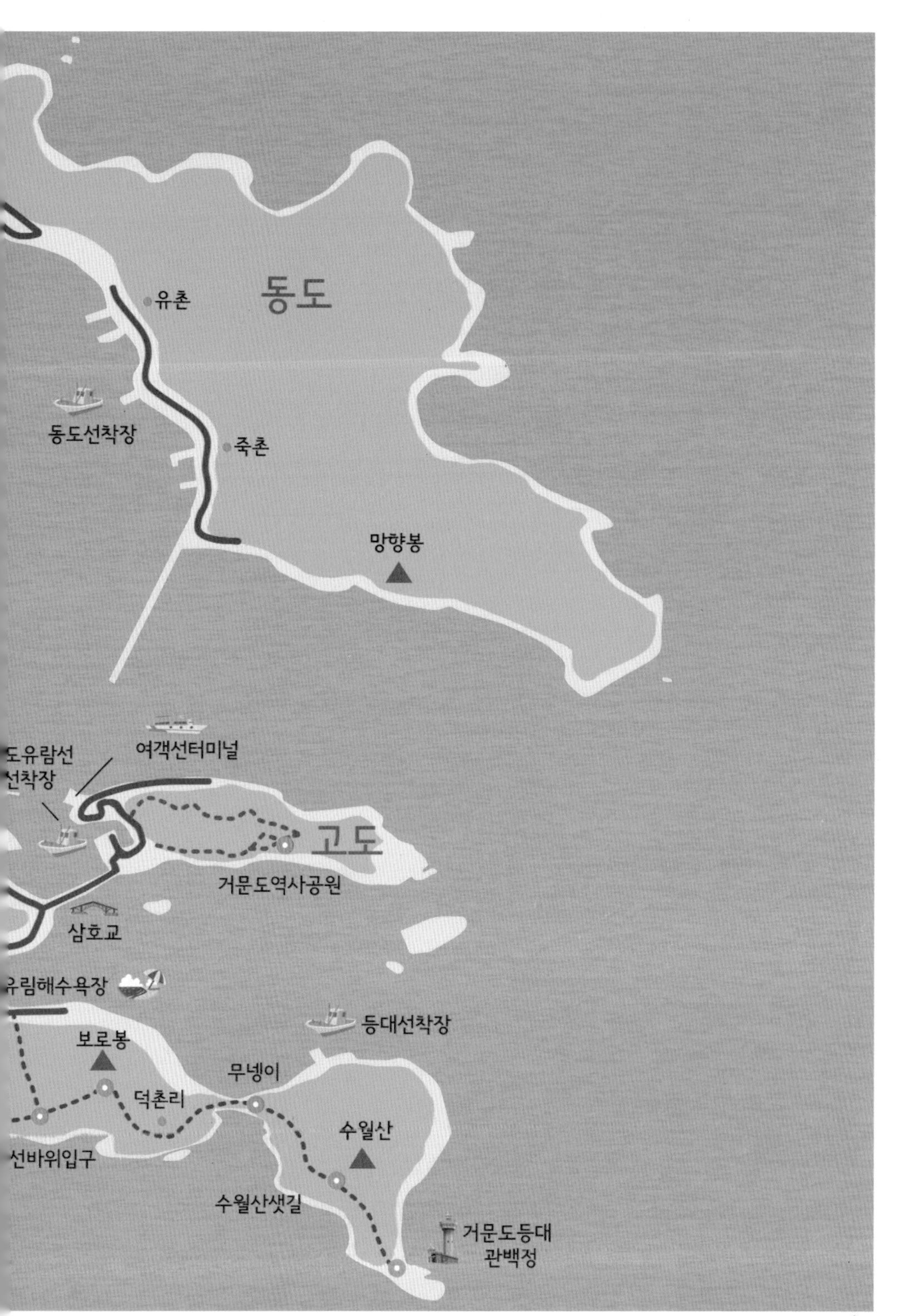

동도
유촌
동도선착장
죽촌
망향봉
도유람선
선착장
여객선터미널
고도
거문도역사공원
삼호교
림해수욕장
등대선착장
보로봉
무넹이
덕촌리
수월산
선바위입구
수월산샛길
거문도등대
관백정

백도

내는 한 폭의 아름다운 그림을 귤은선생도 백도귀범白島歸帆이란 이름으로 노래했다.

백도귀범

먼 섬에서 빛을 받으며 돌아오는 그 모습은
달리는 용마 같고 날아가는 새 같구나.
망천輞川이 그리워서 시 한 수 지었는데
아득한 돛단배는 보기 드문 장관일세!

*망천: 당나라 시인 왕유가 지내던 장안성 동남쪽의 남전산과 요산사이의 강으로, 왕유는 이곳에 별장을 사들이고 유유자적했는데 배적과 사귀며 주고받은 20수의 시를 모은 망천집을 남겼다.

해안

조화리 포구

떠오르는 햇살로 하루가 시작되는 동쪽을 바라보는 포구는 언제나 역동적이다. 광양만의 아기자기한 섬들과 어울리던 율촌 조화리의 포구도 그렇다. 아침햇살과 함께 바빠지던 어부의 모습은 사라졌지만 율촌산단이 조성되어 활기 넘치는 아침은 여전하다.

자연의 은혜로 바다에서 채취하던 해산물과, 농사와 생활에 쓰임새가 많았던 대나무, 그리고 양파가 잘 자라는 곳이라 하여 삼천량 마을이란 이름으로 주변에서 부러워 했던 조화리 득실마을은, 지난 한 세기가 지나는 동안 숱한 애환과 질곡의 근현대사가 아름다운 경관 속에 숨어 있다.

조선시대 말까지도 조화리 인근에는 순천부에 소금을 대던 가장 큰 염전인 사항(모래목)염전이 있었다. 득실得實이란 마을 이름도, 사항염전에서부터 마을까지 긴 둑이 있어 둑이 있는 마을이란 뜻으로 '둑실'이라 부른데서 유래하였다.

1894년 개화의 신물결에 영향을 받으며 들불처럼 일어났던 동학농민운동은 여수지역도 예외가 아니었다. 순천을 중심으로 하였던 영호대도호소의 대접주 김인배는 좌수영성을 공격하기로 하여 3만이나

조화리 늑실마을 포구

되는 농민군을 이끌고 좌수영성을 공격하였지만, 갑자기 추워진 날씨와 예기치 못했던 신무기로 무장한 일본 함대의 지원으로 패퇴하고 말았다. 관군 토벌대는 이 전투에서 붙잡힌 동학군포로 90여 명을 모래목 공터에서 타살하였다.

모래목은, 1869년의 광양민란에서도 민란이 진압되는 과정에서 좌수영군에게 잡혀온 40여 명이 효수된 자리였다. 광양 사람이 여수 사람과는 혼인을 하지 않겠다는 이야기는 이 사건 때문에 만들어졌다.

1897년 여수군이 신설되고 이어진 1910년의 일제강점기 초기부터 율촌면의 면소재지와 파출소는 포구가 있어 교통이 편리했던 득실마을에 들어섰다. 마을에 넉넉한 환경에 한학을 공부한 한학자가 많았던 영향도 있었다. 평온이 깨진 것은 1927년 철도가 건설되기 시작하면서다. 일제가 전남동부지역에서 침탈한 산물을 일본으로 가져가기 위해 여수와 시모노세키 항을 연결하면서 광주에서 순천을 거쳐 여수까지 철도를 건설하였는데 율촌역을 어디에 세울지 지역민의 유치열기로 갈등이 치열했던 것이다.

율촌역의 유치에 면소재지가 있던 득실마을과 지리적 여건이 좋았던 여흥마을이 경합을 하였다. 여흥마을은 1905년 장천교회가 들어서면서 신학문에 눈을 뜬 사람이 많았고, 전통적으로 율촌 제일 마을이란 자존심으로 구학문을 공부한 한학자가 많았던 득실은 여러 가지 면에서 비교되는 점이 많았다.

수많은 논란을 거쳐 율촌역은 여흥마을에 세워지게 되었다. 일본에서 율촌까지 배로 실려온 객차는 역사 인근 공지에서 조립되어 철로에 올려졌다. 1930년 철도의 개통과 함께 파출소가 여흥으로 옮겨지고 1935년에는 면사무소도 득실마을에서 현재의 자리로 옮겨지게 되었다. 면소재지를 빼앗긴 득실마을 주민의 심기는 편하지 않았다.

여수의 동학군포로가 타살당한 모래목(위), 문화재청 등록문화재 301호인 율촌역

해소되지 않은 마을 간의 갈등은 결국 큰 상처를 남겼다. 1945년 해방의 기쁨을 채 누리기도 전, 이념의 갈등이 한창일 때 여순사건의 발발은 두 마을의 청년들에게 깊은 상처를 남겼다. 미움이 남아 있던 두 마을 청년들은 여순사건이 일어나고 진압되는 과정에서 좌우편으로 나뉘어 목숨까지 잃어야 하는 아픔을 주었고 이는 한국전쟁까지도 이어졌다.

최근 율촌역은 여수세계박람회와 고속전철의 개통으로 호산마을과 조화마을사이에 세워진 신역으로 이전하였다. 현대인의 변한 세태는 철도 역사의 이전에 별 관심도 없어진 것으로 알 수 있다.

낡고 오래된 율촌역사는 문화재청 등록문화재 제301호가 되었다. 1930년대 초기에 세워져 사설 철도 회사의 역사로 희소성을 갖고 있어 철도사와 건축사의 중요한 건물로 등록문화재로 지정되었다. 왼쪽으로 대합실 중앙부에 역무실이 있고 이어서 부속실인 숙직실과 창고가 돌출되어 'ㄴ'자형 평면을 이루고 있다. 작은 건물임에도 대합실과 사무실 그리고 숙직실이 각기 다른 높이로 되어 있어 기능에 충실하게 구성된 역사임을 보여주며 전체 모양과 주요 목구조가 대부분 원형을 유지하고 있다.

옛날 조화리의 포구 앞으로는 송도와 장도, 대늑도, 소늑도를 눈앞에 두고 멀리 광양만의 서정적인 아름다운 풍경이 펼쳐졌다. 지금은 여수산단의 야경과 광양제철소와 컨테이너 부두 그리고 최근 들어선 이순신대교의 위용으로 힘차고 역동적인 모습으로 변하고 있지만, 오랜 세월 이어진 광양만의 마지막 아름다운 풍경은 아직 조화리 포구에 남아 있다.

낙조가 아름다운 두렝이 해변

두렝이 해변을 따라 길게 이어진 도로는 언제 찾아도 붐비지 않아 좋다. 그 때가 저녁놀이 물드는 석양 무렵이라면 더 환상적이다.

포구의 아름다운 풍경을 마음에 새겨준 곽재구 시인은 『포구기행』에서 "~ 인생이 아름다운 것은 우리들 삶의 골목골목에 예정도 없이 찾아오는 외로움이 있기 때문이라고 믿는 사람이다. 외로울 때가 좋은 것이다. 물론 외로움이 찾아올 때 그것을 충분히 견뎌내며 사랑할 수 있는 사람은 드물다. 다들 아파하고 방황한다. 이 점 사랑이 찾아올 때와는 확연히 다르다"면서 "외로울 때가 사랑이 찾아올 때보다 귀한 시간이다"라고 하였는데, 마음이 무거울 때 두렝이 해변을 거닐어 보면 삶의 외로움을 이겨내고 생의 우아함으로 연결시켜 줄 위안을 얻을 수 있다.

두렝이란 향토색 짙은 지명에도 포근함이 함께하는 뜻이 담겨있다. 두렝이란 우리말은 둘러싸인 곳이란 말이며 볏짚으로 만들어진 옛 비옷 도롱이와 한복 두루마기의 사투리도 두렝이라고 부르는 곳이 있다. 두 가지 모두 몸을 둘러서 덮는 형식이며 옷을 입은 것처럼 산으로 둘러싸인 이 지역의 아늑한 풍경에서 유래함을 알 수 있다.

두렝이 해변의 낙조

그러나 마을 주민들은 두렝이란 말을 옆 마을 봉황새 머리란 뜻의 두봉마을에 비해 봉의 꼬리란 뜻으로 이해를 하여 매우 싫어했다고 한다. 그래서 생겨난 이름이 두언頭堰마을이다. 연화천에서 흘러내린 강물이 강 하구에 사구를 만들어 길게 둑처럼 쌓여져 있었기 때문에 둑이 있는 마을이란 뜻으로 지어진 이름이다.

두렝이의 건너편은 순천만과 작은 솔섬이 있는 '눈(누운)데미'라는 이름은 가진 와온마을이다. 두렝이와 마주보며 갈대와 갯벌과 함께 멀리 서쪽으로는 낮게 내려앉은 하늘을 함께 공유한다. 이 마을도 포구의 아름다움으로 인해 수많은 여행자와 사진작가들의 발길이 이어진다. 두렝이와 와온마을은 지금은 순천시와 여수시로 행정구역이 나뉘어 있지만 조선시대까지도 용두면이라 하여 여수에 속한 지역이었다.

고려의 마지막 현령이었던 오흔인은 이성계의 역성혁명에 불복하고 고려왕조에 대한 지조를 지켰는데 이 때문에 여수현이 폐지되고 순천부에 속하게 되었다. 이후 여수현을 복현시켜 달라는 지역민의 줄기찬 복현운동은 1696년(숙종22)과 1725년(영조1) 각각 1년 남짓 여수도호부가 설치되어 순천부로부터 독립되었으나 순천부 조세의 절반을 차지하는 여수의 독립을 반대하는 순천부의 방해로 무산되었다.

잠깐의 복현이었지만 이때의 행정구역은 용두면을 포함한 여수, 율촌, 삼일, 소라, 용두 5개면으로 도호부를 설치한다는 기록이 전해 온다. 이후 1897년 여수현 복현 때 용두면은 순천부에 남게 되어 일제강점을 지나고서 순천시로 굳어지게 되었다. 이웃마을이 시 경계가 바뀌면서 더 멀어지게 된 것인데 이 후 용두면은 순천의 해창과 합쳐서 해룡면으로 그 명칭이 바뀌게 되었다. 여수로서는 많은 것을 잃었던 것이다.

잘 닦여진 포장도로가 들어서기 전만 해도 산록과 이어진 바위와 해변의 자갈들이 더욱 운치 있는 아름다움을 주었던, 아는 사람만 찾던 숨겨진 여수의 땅 두렝이! 지금은 예쁜 카페도 들어서고 여유를 즐기려는 전원주택도 세워지고 있다. 휴식이 필요한 도시인에게는 산과 하늘과 바다가 어우러진 포근한 아름다움만으로 여유로움을 충전하고 갈 수 있는 곳이다.

예전에도 두렝이 해변에는 많은 사람들이 찾던 시기가 있었다. 따뜻한 봄볕이 내리쬐기 시작하면 해변가 자연이 만들어주는 해수탕에 메주덩이 만한 돌을 장작불을 지펴 뜨겁게 한 다음 그 속에다 넣어서 물을 따뜻하게 한 다음 목욕을 하였다. 청결이 목적이 아니라 개운치 않은 몸을 치료하는 목적이 더 컸다. 바닷가의 자연 연못이 흔하지 않았기에 해수탕은 특별한 곳이었다.

얼마 지나지 않아 두렝이 해변 길은 산 너머 소뎅이와 연결된다고 한다. 호젓하고 여유로워 더 아름다운 이곳이 번잡하게 되면 지금과는 또 다른 분위기가 되겠지만, 치유를 원하는 더 많은 사람들과 함

두렝이의 다른 이름 두언마을의 언堰의 흔적

께 하는 것도 나쁘지만은 않을 것이다.

파도와 싸우면서 열심히 일했던 배까지도 휴식을 취하는 쉼터, 두렝이. 잠시 머리를 식히고 풀리지 않는 일이 있다면 당장 두렝이 해변으로 달려가 크게 심호흡 한번 해보시길 권한다. 인증 샷도 한 장쯤 남기시고…….

해넘이 길이 있는 복촌해변

여수와 순천을 잇는 서부로에는 잠시 쉬었다 가고 싶은 카페들이 많이 들어서 있다. 멋진 집들도 좋지만 여자만이 바라다 보이는 아름다운 주변 풍경이 지나는 사람을 더 유혹하여 발길을 잡는다. 최근 시작된 도로명 주소도 여수시 소라면 사곡리 일대의 해변 풍경으로 여수시 해넘이 길이다.

현대인들은 삶이 윤택해질수록 활기찬 내일을 위해 휴식에 큰 비중을 두는데, 도시와 가까운 거리에 이렇게 아름다운 쉼터를 곳곳에 두고 있는 여수 지역은 분명 크게 복받은 땅이다. 옛 선인들도 그렇게 생각했던지 마을 앞 포구의 이름도 복포福浦이다. 주변의 복촌마을과 마을 앞바다를 일컫는 복호福湖의 이름도 그렇다.

마을 앞바다 중간에 여자도를 두고서, 멀리 고흥의 동강 남양에서 점암 영남까지의 산자락들이 그림처럼 이어지면서 물들이는 낙조의 아름다움은 화가가 바뀐 듯이 매일매일 새로운 그림을 그려낸다.

복촌마을 행정구역상 이름이 사곡이다. 사기를 굽는 곳이란 뜻의 사구실이란 마을 이름을 조선시대에는 사기마을(沙器閭)이라 하다가 여수군 신설시 사곡으로 고쳐 오늘에 이르게 되었다. 사곡리 일대는

장척마을 해변

마을 이름처럼 여러 곳의 그릇을 굽던 가마터가 전해져 오는데 특히 사곡 마을 가마등과 '불정지꼬랑'이라는 땅이름이 전하는 곳에 양질의 분청사기 파편들이 남아 있어 옛 가마터임을 쉽게 짐작할 수 있다. 바다 건너 고흥의 운대리가 유명한 분청사기 가마가 많아서였던지 형식은 고흥자기를 닮은 것이 특징이다.

사곡리의 도자기는 분청사기뿐만 아니라 그 이전의 청자에서 조선시대 백자까지 이어진다. 중앙 조정까지 공급하는 관요는 아니어서 강진이나 부안처럼 번성하진 않았지만, 주변 지역민에게 꼭 필요한 그릇을 제공해주는 곳으로 오랫동안 그 명맥이 이어지던 흔적이 마을 곳곳에 남아 있다. 호수같이 아름다운 여자만의 뱃길이 고흥이나 여수에서도 도자기를 만들고 사람이 살게 하여 옛이야기를 전해 주고 있는 것이다.

복촌의 아름다운 풍경은 오랜 전통의 마을 경로당에도 이야기로 전해온다. 언제부터 시작되었는지 모를 당산제가 정월보름과 칠월칠석에 열리다 지금은 대보름날 열리고 있다. 당제와 함께하던 당굿은 이 마을의 자랑거리였으나 최근 상쇠의 작고로 대를 잇지 못하고 있다. 경로당 가운데에 작은 현판이 하나 걸려 있는데 복호제팔경福湖齊八景이다.

구한말까지도 주변 지역에서 유명한 서당이었고 얼마 전까지도 이 서당에서 글을 배웠던 주민들이 집을 지켰다. 한때는 관해루觀海樓라는 누각도 마을에 있어 복호福湖를 바라보며 휴식을 주었다. 이 일대가 세계적인 문화마을로 바뀌고 있는 것은 갑자기 생긴 일이 아니다. 오랜 세월 많은 사람이 꾼 꿈이 이루어진 일이다.

한자로 기록된 내용을 보면 병산초적屛山樵笛, 여호귀범汝湖歸帆, 기산낙조碁山落照, 영해숙무瀛海宿霧, 촉석제월矗石齊月, 진목청풍眞木淸風, 서현

반월西縣半月, 북린삼산北隣三山으로 되어 있는데 이는 마을에서 바라다 보이는 풍경이 어떠 했는지 말해준다.

병산초적은 마을 뒷산인 병풍산의 나무꾼의 피리소리가 들리는 풍경이다.
여호귀범은 여자만에서 돌아오는 돛단배가 보이는 풍경이다.
기산낙조는 마을 앞 바돌개 앞산에서 보는 낙조이다.
영해숙무는 마을 앞 바다의 잠든 듯이 보이는 새벽안개이다.
촉석제월은 마을 서북쪽에 있는 촉석루에서 바라다 본 달이다.
진목청풍은 복짓개 섬 앞 진목마을에서 불어오는 시원한 바람이며
서현반월은 서쪽으로 이어지는(서쪽 하늘에 걸린 반달) 반월마을의 풍경이다.
북린삼산은 북쪽으로 이웃한 삼산마을 쪽의 산세이다.

삶의 여유로움이 있는 달천포구

달천마을이 보이는 육판재 언덕에 올라서면 낮게 내려앉은 하늘이 멀리 고흥반도의 산자락에 걸려 있다. 올망졸망 눈앞에 보이는 작은 섬 어디라도 늘어지게 쉬어갈 만한 곳이 여기저기 펼쳐지고 여행자는 한참 시선을 잃고 경적이 울릴 때까지 서 있기 일쑤이다.

이 언덕에만 올라도 달천포구의 아름다운 경관을 볼 수 있다. 바다란 도화지에다 마음 놓고 휘둘러 그린 듯한 해안선, 크고 작고 가깝고 멀게 어디로도 떠다닐 것 같은 작은 섬들. 한낮의 밝은 빛을 모두 태워 버릴 것 같은 서쪽 하늘로 내려앉는 노을과 아쉬움이 남아 만들어진 별무리까지. 어느 시인은 이곳의 낙조를 '세상의 빛을 거두고 장렬히 사라진다'고 묘사했다.

달천포구 주변은 2000년대 초반 여자만의 갯벌과 바다 자원을 활용하는 세계박람회 후보지로 예정되어 홍역을 치르기도 했었다.

아름다움을 보는 시선은 시대를 달리하지 않았던지 조선시대 정치가인 송강 정철의 둘째 형인 청사 정소 선생도 아버지가 을사사화와 관련되어 유배를 당하자, 이곳 달천도에 숨어 밭을 일구어 마늘을 심고 낚시를 하며 세상을 등지고 살았지만 정치가 어지러워진 시절에

빈전포구의 꼬막채취(위)와 당저포구

은둔한 동진 장한의 순갱로회蒓羹鱸膾 고사에 빗대어 벼슬길보다 더 즐겁게 여겼다. 정소 선생의 행적은 강남악부에 종산포라는 한시에 잘 나타나 있는데 다음과 같다.

종산포種蒜圃(마늘 심은 밭)

마늘 심은 밭

그 밭은 소라포에 있다네

포구에는 물고기가 있으니

이름은 오징어라네

긴 다리와 단 물도 밭 주변에서 얻고

밭에 마늘 심어 긴 줄기를 뽑았네

마늘 밑에 물고기가 걸리니 잡기가 쉬워

물고기에 마늘이니 먹는 것도 넉넉하네

돈을 주고 사지 않아도 날마다 풍족하니

어느 정승과 이 즐거움을 바꾸리

세간에서는 아무도 모른다네

이 깊은 즐거움을

장한은 순챗국과 농어회 맛을 잊을 수 없어 고향으로 돌아갔는데, 달천포구에도 고향의 입맛, 잊을 수 없는 참꼬막과 전어가 있다. 가을이 무르익으면 살 오른 전어회가 가장 맛있을 때이다. 조정래 선생의 소설 『태백산맥』의 성공으로 벌교가 꼬막의 주산지로 소개되고 있지만 같은 여자만 바다를 공유하고 있는 달천포구의 참꼬막이 오히려 진짜다. 이야말로 벌교포구보다 더 맑은 청정지역에서 생산되는 우리나라 최고등급의 꼬막이다.

꼬막은 껍데기가 전체적으로 알처럼 둥그스름한 형태이고, 부채꼴

모양의 방사륵이 펴져 있다. 방사륵 위에는 과립 모양의 결절이 있는 것이 특징이며 방사륵의 개수로 꼬막을 구분하는데 17~18개인 것이 참꼬막, 32개인 것이 새꼬막, 40여 개인 것이 피꼬막이다.

가을이 끝나는 때부터 봄철까지가 맛이 좋아 우리나라와 중국 일본에서 많이 먹는다. 특히 중국 절강성의 제2의 도시인 온주부근의 낙청갯벌은 최대의 주산지로 알려져 있으며, 정약전은 『자산어보』에서 절강성 지역의 감전이라고 부르는 논에서 양식을 한다고 기록하고 있는데, 그 지역에서도 오래 전부터 귀한 대접을 받고 있는 특산품이다.

환경의 소중함을 인식하게 되면서 달천포구는 갯벌을 살펴보려는 생태관광객의 발길도 끊이지 않는 지역이 되었다. 최근엔 달천 근처 갯벌 대부분을 갯벌 관리 경험이 풍부한 달천마을 주민들이 관리하고 있어 썰물이 되어 갯벌이 드러나면 여기저기서 뻘 배를 타고 꼬막을 채취하는 진풍경을 볼 수 있다.

마을 공동으로 꼬막을 잡는 날이 되면 꼬막을 잡는 사람만큼 많은 사진작가들이 몰려들어 꼬막잡이를 담기에 바쁘다. 멋진 자연경관에 갯벌과 일하는 사람이 어우러져 보이는 아름다운 영상이 보는 이를 매료시켜 멀리 서울에서부터 천릿길을 마다하지 않고 달려오기도 한다. 최근에 생겨난 달천포구의 또 다른 모습이다. 주민의 동의를 구하고 그들이 피해를 보지 않도록 여행자의 예절을 지키는 여행자들로 붐비기를 기대한다.

여수만과 신덕해변

우리나라 해상관광의 1번지라 할 수 있는 한려수도의 시작점인 여수에서 남해도에 이르는 바다의 이름은 여수만이다. 광양만과 가막만도 여수만에 포함된 작은 만으로 경상남도와 전라남도의 경계를 이루고 있으며, 이곳은 여수국가산단과 광양만공업지대가 자리잡고 있는 우리나라의 대표적인 임해공업단지다.

신덕마을은 여수만의 한가운데에 인접하여 동쪽 남해도를 바라보는 해안절경이 아름다운 마을이다. 소치와 덕대, 석현, 섭도의 4개의 작은 마을들이 모여 1908년에 그 이름이 처음 생겨났다. 일제강점기 행정구역 개편이 이루어지면서 여러 마을을 통합하여 명명한 표지명을 가장 큰 마을 덕대마을에 신자新字를 붙여 신덕新德으로 하였던 것이다.

덕대란 땅이름은 전국 여러 지역에서 많이 만날 수 있다. 여수시의 덕충동의 옛 이름도 덕대인데 낮은 야산이나 언덕으로 이루어진 지형을 이르며 이 마을에서는 '덕대골'이 변한 '떡더골'로 불렀다. 마을 주변의 지형이 바다와 인접한 마을답게 언덕이 많아서 '떡더골'이나 '몬당개', '달뜨리 몬당'과 같이 언덕과 뜻이 비슷한 이름이 많다. 이는 평지

신덕해변

가 적은 여수지역의 해변마을의 특징이다.

마을 동남쪽에는 고운모래와 갯바위가 어우러진 신덕해수욕장이 자리하고 있다. 여름이면 가족 단위의 피서객이 많이 찾으며 갯바위 낚시를 함께 즐길 수 있는 아름다운 해수욕장이다.

신덕으로 이어지는 도로의 가장 안쪽에 자리 잡은 마을인 소치 마을은 그 뜻이 작은 고개를 뜻하는 소치小峙인데 본래의 이름은 '소티내'라고 부르던 곳으로 소치는 '소티내'를 음차한 마을 이름이다. 소치의 본래 이름인 '소티내' 또는 '소트내'로 부르는 옛 이름의 뜻을 정확히 알기는 어렵지만 마을을 감싸고 있는 부암산과 계곡이 가마솥처럼 생긴 지형에서 왔다는 마을 주민의 이야기는 되새길 만하다.

신덕마을 뒷산에는 시집오던 새색시가 쉬어가던 흔적이라는 '각씨잘'이란 큰 바위에 말발자국과 동구리궤짝을 놓았던 흔적이라고 하는 형상들이 이야기와 함께 전해져 온다.

각씨잘 북편의 '조바구'라는 남근석도 건너편 남해 여인들이 음풍을 몰고 와 넘어뜨려 2기중 1기만 남았다는 재미있는 전설과 함께 우뚝 서서 전해온다.

'좁은골'이라고 불렀던 섭도마을은 한구미 마을과 함께 옮겨졌다. 국가의 정책으로 만들어진 석유비축기지가 들어서게 되어 터를 옮겨야 했기 때문이다. 주민의 아름다운 추억을 간직한 망향비가 바다와 어우러져 애처롭다.

신덕동 일대의 아름다운 해변로의 이름을 '망양로望洋路'라 하였다. 한려수도의 짙푸른 바다색과 어우러진 해안이 빼어났기 때문에 붙여진 도로명이다.

2010년 정부는 지지부진하던 전남 여수와 경남 남해를 잇는 (가칭) 한려대교 건설을 위한 기본계획수립 용역을 10억 원의 예산을 들여

소치포구(위)와 석유비축기지 건설로 이주한 항구미의 고향비

진행했으나 여전히 경제성이 낮아 추진에 난색을 표하고 있다. 한려대교는 여수시 낙포동과 남해군 서면을 연결하는 해상교량(길이 4.2km, 4차로)과 접속도로 19.8km를 함께 건설하는 사업으로, 지난 2001년과 2006년에도 두 차례 예비타당성 조사를 실시했으나 경제성이 낮다는 이유로 기본계획수립이 미뤄졌던 것이다.

한려대교가 완공이 되면 현행 1시간 30분 가량 소요되던 두 지역 간 이동 시간이 10분 내로 단축되고, 여수-남해-사천-거가대교를 통하면 부산까지도 2시간 이내에 도달할 수 있게 된다.

남해의 문 용문포와 고진

호수를 담은 바다. 가막만은 바다이지만 사면이 육지와 섬으로 둘러싸여서 커다란 호수로 보인다. 호수에는 점점이 섬들도 뿌려놓아 눈이 즐겁다. 호수 가운데 나무가 너무 울창하여 까맣게 보이는 섬이 있어서 그 섬의 이름이 까막섬이 되었다. 바다의 이름은 까막섬에서 유래하여 한자로 적으면서 가막만加幕灣이란 이름을 얻었다. 용주리 고진마을 뒷산은 땅재라고 부른다. 뒷산 마루에 당집이 있고 낮은 언덕이라 산이라 하지 않고 당집이 있는 재(고개)라는 의미로 땅재라 부르는 것이다.

땅재 언덕 위에 올라 가막만을 바라보라! 호수를 품고 있는 여수 사람의 넉넉함이 바라보인다. 이 바다와 함께 살아왔던 사람들의 이야기가 들려온다. 아름다움을 눈으로 즐기는 호사가 절로 뇌리에 남는다. 가막만의 다양한 모습 중 한 곳인 땅재의 언덕에는 이 땅에 살아온 사람들의 흔적과 이야기가 많다.

용주리 일대는 조선시대 중요한 해상방어의 요충지인 돌산만호진이 있어 지금의 마을 이름에서도 옛 역사의 흔적을 발견할 수 있다. 돌산만호진은 조선초기의 태종실록에서 처음 등장하는 것으로 보아서 조선 초나 고려 말부터 왜구의 침입을 막기 위하여 설치된 것으로 보인다. 돌산포 만호진이 설치되기 전 돌산포와 가까운 용문포에 전라도 도만호의 군선이 있었던 사실이 확인된다. 지금의 돌산포 만호진터와 한 마을인 용주리 입구에는 영터가 전해온다.

영터는 이곳에 조선시대 전라좌도만호의 영이 있었기 때문에 생긴 이름이다. 영터를 한자로 영기營基라 하는데 지금은 연기蓮基가 되어 연꽃 터라는 의미가 되었다. 지금도 마을 주민들은 이곳 낮은 산정을 두고 '영터 몰랑'이라 칭하고, 이곳에서 어린 시절은 보냈던 주민은 옛 기와도 많이 보였다고 전한다.

신라시대 세워졌다는 용문암 암자가 있던 영터 앞 포구는 용문포 또는 용진개란 이름으로 전해온다. 재미있는 것은 지금은 둑을 막아 바다가 아닌데도 용문포를 사이로 두고 연기마을과 성주동 마을에서는 서로가 '물 건네'라는 이름으로 부르고 있어 마을 사이에 바다가 있었다는 사실을 짐작하게 한다.

조선왕조실록인 세종실록 세종 7년 2월 25일 을축 4번째 기록에는 '좌도左道의 내례內禮와 돌산突山은 서로의 거리가 멀지 않아서 양포의 병선이 모여서 머무르기가 불편하고, 순천부順天府 장성포長省浦에 현재 머무르고 있는 돌산 만호突山萬戶의 병선 4척은 용문포龍門浦에 이박시키고, 그 용문포에 현재 머무르고 있는 도만호都萬戶의 병선은 좌도左道의 중앙인 여도呂島에 이박시켜, 도만호가 순환하면서 방어하는 것이 편리하겠습니다'라고 되어 있다.

고려공민왕 시절 전라도만호 유탁이 장성포에서 왜군을 물리쳤다. 조선초기 전라도만호가 언제부터 용문포에 있었던지 분명하진 않지만 태종 임금부터 세종임금에 이르기까지 용문포에는 전라좌도도만호가 군선을 두고 남해를 지켰던 것이다. 진례만호, 돌산포만호와 함께 용문포는 전라도만호가 지키던 중요한 수군의 도만호영이었다는 사실을 모르는 사람이 많다. 용문포 이후 가까운 곳에 돌산포 만호진이 설치되었고 다시 방답첨사진으로 옮겨가면서 용문포의 존재는 잊혔던 것이다. 창무마을의 이름의 유래가 되었던 용문포 입구 '창마쟁이'는 전라좌도만호가 이곳에 머무를 때 병사들이 입구를 창으로 막고 서 있었던 일에서 유래되었다.

돌산도가 아닌데도 이 지역을 '돌산포'라 부르는 것은 옛날 이곳이 돌산도로 가는 포구였기 때문이다. 서해의 항구도시 당진唐津이 당나라로 가는 포구에서 유래되었듯이 돌산포는 돌산으로 가는 포구에서 유래가 되어 돌산포라고 부르는 포구였던 것이다.

한편 이 무렵의 수군은 항상 바다에 떠있다 보니 고생이 많고 해풍에 병장기도 쉽게 녹슬어 손실이 많았다. 이로 인해 수군진마다 성을 쌓고 수군도 육지에서 쉬게 해 주어야 한다는 여론이 일어 돌산포 만호진도 이 시기에 성을 쌓아서 진의 위용을 갖추었다. 이때가 성종 16년으로 성은 5년에 걸쳐 완성되어 성종 21년 서기 1490년 6월에 성이 완성되었다는 기록이 실록에 전해온다.

돌산포 만호진성의 규모는, 『성종실록』에 전해진다. 남향에 둘레가 1,313척, 높이가 13척이며, 성 안에 우물 3개가 있다고 기록되어 있고, 「고돌산진진지급사례古突山鎭鎭誌及事例」(1611)에 성첩의 둘레가 포척으로 787보, 여첩이 760좌, 좌총혈이 695처, 천정泉井 5처, 민호가 성안에 82호, 성 밖에 62호, 동헌 4칸 등 총 53칸 11동의 건물이 있었다고 기록하고 있다. 조선시대 1보가 6척인 점을 가만하면 약 100여 년을 간격으로 성의 둘레에 큰 차이가 보인다. 성의 흔적을 따라 최신 위성지도를 연결해보면 1.3km 정도로 1611년 기록과 비슷한 규모이다.

성을 쌓을 때 인근 수군진의 도움을 받았던지 일제강점기에도 홍양

(지금의 고흥)이나 장흥의 지역과 사람의 이름을 적어놓은 성돌을 심심찮게 발견하였다고 한다. 이렇게 성을 쌓고 나니 성 안쪽과 성 바깥쪽으로 사는 곳이 나눠지게 되어 마을 이름도 '성안'과 '성밖'이라는 이름이 생겨나게 되고 500년이 지난 지금도 '성안'과 '성밖'이라는 이름을 사용하고 있다.

조선 중기 남해안을 침입하는 왜구의 노략질이 심해지자 국력을 키워왔던 조정은 공도정책을 버리고 해안의 방비를 튼튼히 하기 위한 수군진의 전진배치를 단행하였다.

이 조치로 돌산포만호진도 이진하게 되어 고진이 되었다. 고진이라는 이름은 중종17년인 1522년에 남해안의 수군진들을 보강하면서 얻은 이름이다.

조선 조정은 지금의 돌산읍 군내리에 방답첨사진을 새로이 설치하고 돌산만호진의 군선을 거의 옮겨가게 된 것이다. 그리고 돌산포만호진은 권관을 두어서 지키는 작은 진으로 바뀌게 되었다. 이렇게 되자 옛날 돌산진이 있던 곳이란 뜻으로 고돌산진古突山陣이라는 이름이 사용되게 되었다. 고진이라는 이름은 고돌산진을 줄여서 부르던 이름으로 세월이 지나면서 마을이름으로 굳어지게 되었다. 고진마을의 이름은 성 안과 성 밖을 구분하여 '성안'마을을 고내마을로 '성밖'마을은 고외마을로 구분하고 있다.

지금도 고진마을 주변에는 돌산만호진 시절에 쌓았던 성이 일부 남아있으며 마을 앞 굴강이 있던 지역도 주차장으로 변하기는 하였지만 그 규모를 짐작할 수 있어서 문화유적을 답사하는 여행객들이 자주 찾는다. 마을 입구에는 돌벅수가 세워져 있으며 여수지역에서만 나타나는 독특한 명문인 남정중南正中과 화정려火正黎의 이름을 가슴에 품고 있다.

고돌산진성이 있는 용주리 고내마을과 수박등(위)과 왼쪽마을이 고돌산진이 있던 고신마을

고진마을 일대에는 1970년대 말까지도 수많은 백로가 살면서 그림 같은 광경을 보여주었으나 환경오염이 심해지고 갯벌이 줄어들면서 자취를 감추었다가, 10여 년 전부터 남동쪽에 있는 대섬에 다시 찾아와 둥지를 틀고 있다. 고진마을을 지나 동쪽 해안으로 나아가면 마을의 지형이 여우의 머리 모양을 닮았다하여 우리지방의 여우의 사투리인 여수머리로 부르는 호두마을이 있다.

마을 앞 방파제와 갯바위 낚시를 할 수 있어 낚시 애호가들이 자주 찾는 마을로 멸치잡이 성수기인 7월에서 12월에는 마을이 더욱 활기차다. 마을 곳곳에 멸치 건조장을 갖춘 어민들로부터 남해안 청정해역의 최고 품질의 멸치를 직거래할 수 있으며, 동쪽 해안에서 가막만을 바라보는 해안선의 경치도 장관이다.

비단결 바다 나진포구

"비단같은 포구", 나진羅陣포구의 한자이름에 담겨있는 뜻이다. 호수같은 가막만의 포구들은 물결이 잔잔하여 비단결같이 부드럽게 일렁인다. 한자 라羅는 비단이라는 뜻도 있어 옛사람들은 나진이란 뜻을 비단결 같은 물빛에서 유래한다고 전해주었다.

조선시대 곡화목장 감목관의 지배아래 있었던 화양면 지역은 조라포면에 속해 있었다. 1897년 여수현의 복현으로 화양면이 생겨난 뒤에 처음엔 화동리에 면소재지를 두었다. 그러나 조선시대 감목관의 횡포가 얼마나 심했던지 일제강점기 일제에 의해서 새로운 행정체제로 면사무소가 들어서게 되자 관청을 멀리하고 싶었던 화동리 마을의 주민들이 적극 반대하여 면소재지가 지금의 나진마을에 들어서게 되었다고 알려진다.

조선시대 나진마을의 이름은 '나지개'로 불렸다. 마을 앞 포구의 바닥이 낮아 수심이 깊지 않았기에 '낮은 개'란 말이 변한 말로 한자로 적으면서 처음에는 '나지포羅之浦'로 적다가 일제시대 행정구역을 개편할 때 '나진羅陣'이란 한자로 바꿔 기록했다. 나진의 동쪽 바다 건너편인 돌산도의 평사마을 입구에도 '낮진개'로 부르는 수심이 낮은 포구

1960년대 초 나진포구(위)와 나진포구

가 있어 지형을 비교하면 쉽게 의미를 알 수 있다.

조선시대 나지포는 장터로 유명했다. 곡화 목장의 목자들을 위해 물때를 맞추어 보름마다 열렸던 지금의 화양농공단지 부근의 장터는 밀물 때가 아니면 접근이 불편하여 나지포장으로 옮겨왔다. 초기의 보름장은 차츰 사람이 많아지면서 오일장으로 변하였고 일제강점기 면사무소가 들어서자 마을은 더욱 번성하기 시작해서 지금의 규모가 되어 화양면의 중심지로 변하였다.

조선초기의 실록에 백야곶으로 기록되었던 화양면 지역은 반도형의 지형 때문에 반농반어의 산업형태로 생업을 이어가지만 농업에 종사하는 사람이 더 많다. 고기를 잡는 어업은 오염 등 환경의 변화로 어획고가 급감하여 종사자가 많지 않으나 굴과 바지락, 피꼬막, 새조개 등 양식업이 어촌계 단위로 이루어지며 주민소득에 큰 기여를 하고 있다.

10개의 법정 리 안에는 31개의 행정 리가 있어 마을마다 일어났던 이야기는 면소재지인 나진으로 모였다가 각 마을로 또 다시 퍼져나간다. 여수 시가지와 10분도 안 되는 거리지만 만나는 사람의 이야기와 걸음걸이만 보아도 옛 시골 인심이 그대로 살아 있는 훈훈한 마을 분위기를 엿볼 수 있다.

이런 분위기 탓인지 최근에는 몇 집 안되는 음식점마다 맛집으로 소문이 나서 어떤 집은 줄을 서서 기다리는 진풍경이 벌어진다. 이러한 현상은 최근 블로그나 페이스북과 같은 SNS가 주도한 것이다. 포구의 멋진 풍경이 주는 분위기에다 넉넉한 시골 인심과 맛을 기대치 않고 찾아온 손님을 사로잡았고 그들이 인터넷과 모바일로 소문을 퍼트린 까닭이다. 열무냉면, 낙지볶음, 중화요리와 시골밥상으로 차린 백반 등이 성업이다.

가막만으로부터 깊게 들어온 나진 포구는 낮은 수심 때문에 밀물 때를 기다려야 하기에 항상 느긋하고 여유를 갖고 접근해야 하는 불편함이 있어 항구로서 발전하기에는 한계가 있었다. 그러나 오동도에 있었던 항로표지기지창이 나진으로 옮겨온 후에는 남해안 지역을 항해하는 선박의 안전한 항해와 무인등대의 관리를 책임지는 기지항구가 되었다. 연중 여수지역의 소형 선박의 조종면허시험도 이곳에서 치른다.

비단결 해변의 만灣 중앙에는 대섬이라는 섬이 있다. 12,298m^2 면적으로 해마다 3~4월이면 쇠백로. 중대백로, 왜가리 등 1,000여 마리의 철새들이 날아와 서식하는데 유효 번식 면적이 6,000m^2에 달하는 거대한 철새도래지가 되었다. 백로는 3~4월에 도래하여 대섬에서 번식을 하고 9월 말이면 월동을 위해 동남아시아 지역으로 떠난다. 이들은 곰솔이나 아카시아나무 등에 둥지를 트는데, 대섬은 나진만의 바다 가운데 있는 섬이라 접근이 어렵고 가까운 관기들 부근에 먹이가 풍부하여 철새의 집단 서식지로 최적의 조건이라 할 수 있다.

나진마을 남동쪽으로 해안선을 따라서 돌아보면 가막만의 아름다운 풍경과 어우러진 멋진 해변이 끝없이 이어진다. 들쑥날쑥하면서 연결되는 각양각색의 해안선에는 사람이 살아온 만큼의 역사에 숱한 전설도 함께 전해온다. 여러 곳의 해변 이름은 주변의 형상이나 특징 때문에 이름 지어진 곳이 많은데 찬샘(우물)이 있는 참샘기미, 고기잡는 어구인 발통 모양의 해변 발통기미, 배가 닿는 선창이 있는 선창기미, 가장골이 있는 가장기미, 조개가 많이 잡혀서 조개(등)기미 등의 이름이 전해온다. 이런 해안 지명들은 기미라는 우리말을 한자로는 쇠 금金으로 표기하다 보니 금이 날것이라는 전설이 되기도 한다.

소장마을의 남동쪽에 있는 해안가 마을인 굴구지 마을은 마을이 해안으로 깊이 들어온 후미진 곳으로 굴窟 모양으로 생겼다 하여 굴구지라고 한다. 시원스럽게 펼쳐진 가막만과 충무공의 전설을 간직한 장재도가 아름다운 작은 포구의 마을이다. 마을 가까이에 있는 도독골이라는 골짜기에는 임진왜란과 진린 제독의 전설이 전해온다. 임진왜란으로 왜적이 쳐들어오자 대나무를 가득 실은 배를 태워 대나무가 불타면서 나는 폭발음으로 왜적을 물리쳤다는 전설의 무대이다.

해안선을 따라서 용머리 모양으로 뻗어나간 '망끝'도 임진왜란 시 망을 보던 요망소가 있어 왜적의 침입을 알렸던 까닭에 망을 보던 끝이란 의미이다. 십수 년 전까지도 멸치잡이를 하던 멸치 막이 있던 마을로 마을 가까이에 용이 승천한 전설이 있는 용굴이 전해오며 이 용굴에서 불을 피우면 굴 앞쪽 바다에 있는 장재도라는 섬에서 연기가 피어올라 해상굴로 연결이 되었다고 전해온다.

신화가 있는 이상향 이목포구

이목포구에 들어서면 멀리 고흥반도를 바라보며 넓게 펼쳐진 여자만의 바다가 가슴을 확 트이게 한다. 이목이라는 이름도 이렇게 크고 넓은 포구의 생김새에서 유래했다. 흔히 배나무가 많은 포구로 오해하기 쉬운 배낭기미는 배나무+구미라는 뜻으로 이목구미梨木九味라고 한자로 표기하였는데 이는 '크고 밝다'는 의미의 ᄇᆞᆰ기미란 고어가 ᄇᆞᆰ기미 〉 뱃기미 〉 배기미 〉 배나무기미 〉 배낭기미로 변해 왔다고 보기 때문이다. 과일 '배'가 크고 밝은 특성에서 이름 지어진 데서 온 해석이다.

화양반도의 남서쪽 끝자락에 위치한 이목포구 입구에는 크지 않은 골짜기를 정원마냥 아름답게 쌓아올린 다랑논이 눈길을 끈다. 바닥이 평평해야 농사를 지을 수 있는 논의 특성상 한 뼘의 땅이라도 더 만들려고 했던 농부의 애환이 절절히 서려 있는 다랭이 논은 그저 바라만 보는 죄스러움이 있지만, 지날 때마다 보이는 카메라를 잡은 손들을 보면 사람들이 이곳을 얼마나 멋진 곳으로 여기는지 알 수 있다.

이목포구를 감싸 안은 이영산 중턱에는 '백마골'이라는 골짜기가 전해져 온다. 이 골짜기에는 아기장수의 전설이 전해진다.

이목포구

옛날 이 마을에 기골이 장대한 사내아이가 태어났는데 살펴보니 아이의 겨드랑이에 날개를 달고 태어났다. 범상치 않은 일이라 아기의 부모는 마을 촌장과 의논하였다. 촌장은 시골의 미천한 지역에서에서 날개를 단 어린 영웅이 태어났으니 관에서 알게 되면 죽이려 들 것이라 하였다. 가난하고 미천한 지역에서 자라나서 영웅이 되기 위해서는 역모를 꾸밀 수밖에 없을 것이라는 이유였다. 결국 마을에서는 아이의 날개를 자르기로 하였다. 마을 주민들이 아이의 날개를 자르자 뒷산 골짜기에서 하얀 연기가 피어오르더니 날개 달린 백마가 구슬피 울면서 하늘로 날아 가버렸다. 백마가 날아간 골짜기에는 하얗게 물든 바위만 남아서 지금도 백마골의 전설을 전해준다.

농어촌 인구의 감소로 이목포구에 있었던 이목초등학교도 폐교가 되었다. 학교가 있어 서우개, 연말, 신기, 구미, 전동, 자치내, 뻘기미, 가정리 등 주변마을의 중심이었던 학교는 예전에 비해 을씨년스러운 분위기로 변했다. 학교가 있던 시절의 왁자함이 사라지고 포구는 적막함에 휩싸였다. 석양이면 붉은 노을에 처연함이 더해진다.

작은 동산이 솟아 있는 신기마을 뒤편에 '오시박골'이라는 골짜기가 있다. 골짜기 주변으로 검붉게 변한 흙들이 모여 있는 '불뜬자리'라는 곳이 전해오는데 일제초기 일제가 지기를 끊어버리기 위해 불을 피워 뜸을 뜨듯이 불을 떴다는 곳이다. 풍수지리를 곁들인 이러한 믿음은 오랫동안 사람들을 피해의식에 사로잡히게 만든다. 좋은 인물이 태어난다는 예언이 있었다면 어디 불을 뜬다고 그 예언이 없어지겠는가? 그랬다면 애초 예언도 없었을 게 아닌가? 일제가 전국 곳곳에 쇠말뚝을 박고 불을 떠도, 우리 땅의 자생력과 이곳에 사는 사람들의 성숙함으로 더 큰 인물은 계속 태어나고 있으니 이런 의식에 사로잡힌 믿음은 고쳐야 할 시기라 생각된다.

이목포구의 북쪽으로 1km 지점에는 '서우개'라는 특이한 이름을 가

이목마을 비구의 다랭이 논

진 포구가 자리한다. 20여 호의 작은 마을로 아기자기한 해변과 어우러져 너른 이목포구의 분위기와는 또 다른 멋과 아름다움이 있다. 다정다감한 주민들과 어울리려면 이목포구에 주차하고 10여 분 남짓 걸으면 되는 거리이다. 마을 이름인 서우개는 본래 '시우개'에서 유래하는 이름이다. 시우는 작은 돌고래의 일종으로 예전 이 마을 주변에서 시우가 많이 잡혀 붙여진 이름이다. 거문도 서도에도 같은 뜻을 가진 '시우바'가 있고 소거문도의 마을 동쪽 해변도 '시우개'란 이름으로 부른다.

이목리 부근의 해안선은 들고 남이 심한 리아스식 해안으로 재미있는 이름과 함께 다양한 볼거리를 제공한다. 복잡한 해안선에는 구미나 기미로 끝나는 지명이 많은데 이는 한자 만灣으로 표현되는 지형으로 해안선이 안으로 들어간 곳을 가리킨다.

구미라는 이름을 가진 마을은 이영산에서 흘러내린 마을 앞 하천이 소 여물통 모양의 구시(구유)처럼 생겨서 구시기미라고 부르던 것을 한자로 고쳐 적어 구미마을이 되었다. 갯벌이 발달한 벌가 마을도 우리말 '뻘기미'에서 유래한 마을 이름이다. 썰물이 되면 마을 앞섬까지 갯벌로 변하여 뻘이 많은 지역이 되기 때문이다.

곡화목장의 이야기에서 소개하였듯이 충무공의 『난중일기』에도 이 목구미에 들려 잠시 휴식을 취하는 기록이 나타난다. 그때의 이목구미도 진달래가 활짝 피어 몹시 아름다웠나 보다.

동동과 소호동

아름다운 경치를 보고, 맛있는 향토 음식을 먹고, 재미있는 오락을 즐긴 다음 안락한 잠자리에 들 수 있는 오감 만족의 여행시대다. 소호동은 이 모든 요소를 잘 갖춘 여행지이며 여수의 현주소를 보여준다.

옛날에는 소호동 지역 일대를 장생포라 하였는데, 고려 공민왕 원년에 왜구가 침입하였다. 이때 전라도만호였던 유탁 장군이 군사를 이끌고 나타나자 왜구가 혼비백산하여 도망쳤다. 이를 기념하여 군사들이 기뻐하며 노래를 지어 불렀는데 '동동'이라 하였다. 장생포대첩과 관련된 내용은 『고려사』나 『고려사절요』를 비롯해 『증보문헌비고』 등에서도 소상히 기록하고 있고 동동이 지어진 배경도 설명을 하고 있다.

조선시대 장생포는 순천부의 선소(군선을 정박시켜둔 선착장)로 지정되어 있어 군선을 만들거나 항상 출동이 가능토록 대비하여 두었다. 선소 지역은 이를 위한 시설이 남아있는 유적지로 굴강과 풀뭇간, 세검정 건물이 남아 있다. 일부 역사학자들은 임진왜란 시에 이곳 순천부 선소에서도 거북선을 만들어 출전하였다 주장한다.

조선 후기 기록된 「강남악부」에는 장생곡이라는 이름으로 장생포의 역사를 노래하였다.

소호동과 바다(위)와 소호동 해변

장생포에 오랑캐 옷 입은 왜적들, 유장군이 갑옷을 입고 있으니 아무도 못오네.
일만 대군 왜적이 패하여 돌아가고, 우리 군사들은 승리 노래를 부르며 돌아오네.
그대는 보지 못했는가? 우리나라가 지금 안정된 것을.
전에는 시중 유장군이 있었고, 후에는 충무공이 있었기 때문이라네.

소호동은 이 지역에 있었던 소제마을과 항호마을 이름에서 한 글자씩 취해서 이름을 만들었다. 여수산단의 건설로 입주 기업의 사택이 지어지면서 아름다운 풍광이 더욱 알려지게 되었으며 아파트와 상가가 조성되면서 현재의 시가지로 형성되었다. 소호동의 풍경은 호수와 같은 가막만의 비단결 바다에다 넓게 확트인 전망을 층층이 계단으로 오르면서 손에 쥘 듯 펼쳐지는 바다를 볼 수 있다는 데 있다.

중심지에는 소호 요트장이 있어 500여 척의 요트와 5천여 명이 활용 가능한 시설규모로 한국 요트의 산실이라 할 수 있으며, 초보 단계의 요트의 부흥과 발전에 기여하였다. 요트장은 대지면적 13,413㎡, 건축면적 1,121㎡로 지상 3층의 1,261㎡ 규모의 클럽하우스를 갖추고 있다. 2020년 지금은 웅천에 있는 새 클럽하우스로 이전하였다.

여수를 찾는 관광객이 가장 선호한다는 고급 횟집이 즐비한 곳도 소호동 상가 일대이다. 계절마다 최고의 맛을 내는 다양한 생선들을 다른 지역에서는 엄두내지 못할 저렴한 가격으로 맛볼 수 있는 도시가 여수다. 남해안의 정중앙에 위치하여 다도해의 섬의 수만큼 다양한 생선을 싱싱한 상태로 공급받을 수 있기 때문이다. 여기에다 전국 최고의 맛으로 알려진 여수의 다양한 음식을 곁들인 식탁은 환상의 맛으로 소문났다.

여수의 횟집에서는 회를 주문하면 시식거리가 너무 화려해 주 메뉴를 제대로 먹지 못했다고 투정하는 일이 흔히 입김에 오르내린다.

여행자가 관광지를 잘 보고 맛있는 음식을 배불리 먹고 나면 찾는 곳이 놀 수 있는 유흥시설이다. 소호동과 가까운 곳에는 많은 유흥시설이 있어 성업 중이며 멋진 밤바다의 풍경을 볼 수 있는 카페도 많다.

마지막으로 편안하게 휴식할 수 있는 시설로 세계박람회 개최 시에 들어선 호텔과 리조트가 있으며 최신형 펜션과 민박, 찜질방에 전국 최고의 시설로 알려진 모텔 거리가 있어 여수 여행의 대미를 장식한다.

검은모래의 만성리 해수욕장

젊은이들의 사랑과 꿈을 노래한 「여수 밤바다」란 노래가 인기다. 노래와 함께 여수 밤바다를 만들었던 배경이 되었다는 만성리해수욕장을 찾는 발길도 많아졌다고 한다.

여수와 한산도 간의 해상항로를 일컫는 한려수도는 꿈과 낭만의 뱃길로 알려져 왔다. 일제강점기인 1934년 조선 합병 25주년을 기념하여 오사카 마이니찌 신문사가 조선팔경을 선정하는 우편조사를 응모하였는데 8번째로 한려수도가 선정되었다. 지금처럼 교통이나 생활환경이 여유롭지 않던 시절에 남녘 바닷길로의 여행은 누구나 한번쯤 품어보는 꿈이었다.

1930년 남해안의 중심인 여수에 철도가 연결되면서 흑사청송이 어우러진 만성리의 아름다운 풍경은 바다를 동경하던 뭍사람에게는 신비경으로 다가왔다. 여수에 도착하기 전 잠깐 차창으로 비치는 해변의 아름다운 모습에 누구든 반하기 마련이다. 여름이면 만성리 해변을 찾는 여행자가 늘어나기 시작했다.

이런 여행객의 방문으로 1939년 7월 만성리는 해수욕장으로 개장되었다. 철도와 연결되는 편리한 교통과 함께 검은 모래의 신비감이 더

검은모래의 만성리 해변

해져 금세 전국적으로 유명세를 타는 주목받는 해수욕장이 되었다.

검은 모래는 경상계慶常系의 퇴적암 지층이 부서져 만들어진 모래로 흑회색이어서 태양 볕을 받으면 원적외선을 더 많이 방출하기 때문에 모래찜질 시에 온열 효과가 더 크다고 알려져 있다. 혈액순환과 땀의 분비를 많이 해야 하는 사람들에게는 치료효과가 있는 곳으로 소문이 났다.

천성산 기슭에 자리잡은 만흥동은 상촌, 중촌, 평촌의 3개의 자연마을로 이루어진다. 옛 이름을 '만앵이'라고 하였는데 옛 기록에 이곳 천성산 골짜기에 '만홍사'라는 절이 있었던 기록이 있어 만홍사에서 유래된 기록인지 '만앵'이라던 마을 이름에서 만홍사로 표기한 것인지 확실치 않다.

만흥동의 다른 이름 만성리는 일제강점기 시절 사용하던 마을 이름이다. 1914년 행정구역을 개편할 때 만흥리란 이름이 발음하기 어렵다 하여 천성산의 성 자를 따서 만성리라고 하였던 것이다. 1953년 만흥리란 본래의 이름으로 다시 고쳐서 60여 년이 지났지만 지금도 만성리란 이름으로 더 많이 알려져 있다.

편백숲이 좋은 천성산을 오르는 등산로에는 옛 만홍사터가 있고, 만홍사터 아래에는 옛날에 종이를 만들었다는 지소紙所터가 있다. 향, 소, 부곡이 있던 시절에 종이를 만들었던 지소가 있었다는 이야기다. 전설에는 만홍사 절에 있던 스님들이 품질이 좋은 한지를 만들었다는 이야기도 전해진다. 만홍사지 언저리에는 전남 최초의 서양화가였던 김홍식의 아틀리에가 숲속의 폐가가 되어 여러 일화와 함께 뒷사람에게 말을 건다.

만성리 남쪽 해변과 여수 신항을 이어주는 마래터널은 여수와 광주를 이어주는 전라선 철도공사로 1928년에 착공되어 1930년에 완공

마래터널(위)
여순사건 위령비(가운데)
여순사건 집단학살지 형제묘(아래)

되었다. 일본인 회사의 감독 아래 주로 중국인 노동자들이 일하면서 완공을 보았다. 지금처럼 터널 공사용 기계가 발달하지 못해 다이너마이트와 곡괭이로 굴착하는 위험한 일로 터널공사에는 수많은 노동자의 희생이 뒤따랐다고 한다. 이국땅에서 애환과 함께 묻혀 갔던 영혼의 소리가 들릴 듯한 터널은 엑스포역의 신설로 지금은 여수의 새로운 유물로 남아 역사박물관으로 남기자는 목소리가 높아지고 있다.

기차굴과 함께 자동차와 사람이 드나들던 상하 두 개의 터널인 마래터널의 북쪽 도로변에는 여순사건 위령비가 초라하게 서있다. 진실화해위원회는 군인과 경찰에 의한 불법적인 학살임을 인정하여 국가의 사과 등 여러 가지를 권고하였지만, 제주 4·3이나 거창, 산청 등의 민간인 학살 사건을 추념하는 기념물에 비해 너무나 초라한 위령비가 이곳에 서 있다.

위령비가 이곳에 세워진 것은 지척에 형제묘라고 하는 고분과도 같은 대형 분묘가 전해오기 때문이다. 1948년 여순사건 당시 봉기를 했던 군인들은 모두 떠나가고 탈환된 여수에는 진압군으로 들어온 군경에 의해 수많은 민간인들이 재판도 없이 희생되었다. 그 과정에서 형제묘라는 곳에서는 125명을 총살하고 불태운 곳을 흙으로만 덮어 놓아, 그들은 원하든 그렇지 않든 죽어서 형제가 되었기 때문이다.

방죽이 막아머린 큰 개 죽포

시원한 송림을 배경으로 고운모래와 푸른바다를 안고 있는 방죽포 해수욕장은 뛰어난 경치와 함께 해수욕장 주변이 사철 갯바위 낚시터로 유명한 곳이다. 이곳은 돌산대교가 연결되기 전인 1960~80년대에도 여객선을 이용하여 이곳을 찾아와 텐트를 치고 야영을 하며 더위를 피하던 여수지역의 유명한 피서지다. 하지만 이곳 방죽포의 모래밭과 송림이 조선시대나 아니면 그 이전부터 인공으로 조성된 방죽이라는데 인공의 흔적이 눈에 띄지 않는 자연스러움과 큰 규모가 놀랍다.

향일암이 있는 임포와 돌산읍 청사가 있는 군내리, 그리고 여수시내 방향으로 나눠지는 삼거리에 위치한 죽포리는 소라면의 대포, 삼일의 낙포와 함께 여수의 삼포로 불려오던 큰 항구가 있던 마을이었다. 방죽포에 방죽이 만들어지기 전까지는 마을 앞 조산까지 바닷물이 들어왔다고 전해 온다.

마을 앞 조산도 흥미로운 전설이 전해져 오는데 죽포마을에 방죽을 쌓고 돌아오던 일꾼들이 매일 짚신에 흙을 털어서 쌓아진 산이라고 전해 온다. 조산이란 만들어진 산이란 의미로 죽포의 조산은 전방후원前方後圓 고분과 흡사해 정확히 조사를 해보자는 의견이 많은

죽포마을 일대

곳이다.

죽포리의 지명이 변해 온 과정에는 마을의 역사가 흥미롭게 숨어 있다. 죽포리의 본래 이름은 큰 포구란 뜻으로 불렀던 '댓[大]개'였으나 이를 한자로 기록하면서 대를 '죽竹'으로 표현하여 '죽포竹浦'가 되었다.

1789년의 『호구총수』에서는 죽포여竹浦閭라고 기록하고 있으며 이후 방죽포에 방죽을 보강하고 이 일대를 논과 밭으로 만들면서, 바닷가 포구란 뜻의 한자 '포浦'를 밭이란 뜻을 가진 '포圃'자로 고쳐 적어 지금은 '죽포리竹圃里'로 표기하고 있다.

돌산도의 역사를 살펴보면 삼국시대 돌산현과 여산현이란 이름으로 여수와는 다른 행정구역으로 나누어져 고려시대까지 이어져 왔다. 이 시기에 죽포마을이 가장 중심이 되는 치소였을 것으로 보이는 유적이 주변에 많다.

죽포리에는 동쪽의 두문포마을, 남쪽의 방죽·봉림마을과 죽포마을이 행정리를 이루고 있다. 돌산의 중심에 위치한 마을답게 흥미로운 역사가 유적과 전설에 묻혀 전해 온다.

죽포리를 둘러싸고 있는 산정에는 성이 3곳이 있다. 본산성·과녁산성·수죽산성으로 부르고 있는 이 성들은 정확한 조사가 이루어지지 않아 축성 연대나 축조 목적에 대해서는 제대로 알려지지 않았다. 같은 시기에 만들어져 왜구를 방어하는 공동 방어의 역할을 했던 정도로 알려지고 있다.

두문포마을은 '두뭇개'로 부르던 곳으로, 산으로 둘러싸여 있는 마을 앞 포구의 모양이 둥글게 생긴 '둠'형에서 유래된 이름이다. '두뭇개'를 한자로 표기한 『호구총수』에는 '두모포斗毛浦'로 기록하고 있고, 이후 기록에서는 '두무포杜武浦'·'두문포杜門浦'로 기록하고 있다. 마을 앞산에

두문포의 불무섬(왼쪽)과 고분으로 알려진 죽포마을 조산

과녁을 설치하여 활을 쏘았다는 '과녁성'터가 전해진다.

죽포의 봉림마을은 조선시대까지도 '역기동驛基洞'으로 불리던 곳으로, '역터골'이 본래 지명이다. 전설로는 고려시대 이 마을에 역참이 있어 '역터골'이라 전해온다. 마을 주변으로 덮개돌의 규모가 큰 50여 기의 고인돌이 산재해, 마을 일대가 고대로부터 많은 사람이 살던 큰 마을이었을 것으로 짐작된다.

갓의 주 생산지도 죽포마을 일대이다. 북쪽의 죽포마을, 남쪽의 봉림마을, 동쪽의 두문포마을과 서기 덕곡 승월로 이루어진 서쪽의 서덕리는 돌산에서 갓 재배를 많이 하는 지역이다. 마을마다 갓 영농조합이 구성되어 있고, 죽포마을에는 농협에서 운영하는 여수에서 가장 규모가 큰 갓김치 공장이 있다. 갓은 독특한 향과 톡 쏘는 매운 맛이 있으며, 섬유질이 적고 잎과 줄기에 잔털이 적은데, 성인병과 허약체질 개선 등에 효과가 있다고 알려진 건강식품이다.

여수 굴의 주산지 금천

평사와 금천 사이, 호수와 같은 바다 가막만의 동쪽 해변을 따라 길게 늘어선 평사로는 아름다운 해넘이와 함께 바다의 우유라는 굴구이가 유명한 명소이다.

굴의 주산지로 유명한 마을인 금천金川은 모래가 많은 해변이어서 '모래틈', 만灣으로 이루어져 '곱은개'로 부르던 지역이다. 해변에 자리하여 배를 만드는 일이 많아 천왕산이나 마을 뒷산인 노우산에서 목재를 소를 이용하여 끌어왔다. 이 때문에 산에서 내려오는 길가가 깊이 파여서 개천이 되었는데, 이를 소가 만든 개천이란 뜻으로 우천牛川이라 불렀다는 이야기가 전해온다. 옛 노인들은 금천은 '쇠내'라고 불렀다. 우천은 '쇠내'를 소내(牛川)로 이해한 말이고 금천은 '쐬내(金川)'로 이해한 말이다.

금천이란 이름 때문에 이곳에서 사금이 채취되었기 때문에 금천金川으로 부르게 되었다는 유래도 전해온다. 마을에 처음 이씨李氏가 터를 잡아서 '이기李基통' 또는 '이가동李家洞'으로 불렀던 시절도 있었다고 한다.

금천마을 북서쪽에 해변에 위치한 항대項大마을은 우리말 땅이름 '목대'를 한자로 표기한 이름이다. 1970년대부터 이어진 굴 양식업으로

금천 해변(위)과 항대마을의 굴양식체묘장

금천마을과 더불어 전국 최고의 어민소득을 올리는 마을이 되면서 굴 생산으로 쌓여진 부산물이 그림 같은 주변 경관을 많이 사라지게 해 아쉬움이 크다.

조선초기의 실록에 기록된 돌산의 기록 중 '동변 대질포大叱浦(댓개: 지금의 죽포)로부터 서변 소우천小牛川까지는 20리이고'라는 대목의 소우천은 작은 우천이란 뜻으로 지금의 항대마을을 이른다. 여수시 소호동 항도마을도 비슷한 지형으로, '목섬'이라는 옛 땅이름이 한자로 고쳐져서 항도項島가 된 경우다. 항대마을을 보면 시가지로 변한 항도마을의 옛 지형도 상상해 볼 수 있다.

굴은 동서양을 막론하고 세계인에게 사랑받는 식품으로 장에서의 흡수율이 높고 소화가 잘돼 어린이나 노약자에게 부담을 주지 않으며 환자의 체력 회복에도 좋은 '겨울 비타민'이라고도 부르는 완전식품이다. 특히 청정해역 여수 가막만에서 생산되는 굴 속에는 멜라닌 색소를 분해하는 성분과 비타민 A가 풍부해 살결을 희고 곱게 한다고 한다. 굴에 함유된 아연은 남성호르몬(테스토스테론)의 활성을 강화시켜 '사랑의 묘약'이라고도 불린다.

또한 타우린을 다량 함유하고 있어 동맥경화, 협심증, 심근경색을 유발하는 콜레스테롤을 감소시키고 심장병의 부정맥이나 혈압을 정상화시키며 피로 회복, 시력 회복에도 효과적이다. 여수에서는 가막만, 장수만, 돌산 동안에서 연간 3만여 톤 가량 생산돼 300억 원의 수입을 올리는 여수굴은 청정 해역에서 친환경적으로 양식돼 타 지역보다 씨알이 굵고 입안에서 씹히는 깊은 맛과 향이 월등하다.

금천마을 뒤쪽의 노우산을 지나면 북서쪽으로 돌산봉수대가 있는 봉화산이 있으며 남쪽으로는 천왕산이 자리잡고 있다. 금천과 봉화산 자락의 산중턱에는 섬인 돌산도에서 바다가 보이지 않는 마을인 봉양

여수지역 굴구이 상차림

마을이 자리하고 있다.

봉양마을 북쪽 해발 381m의 봉화산에는 서울의 남산을 종점으로 하는 우리나라 봉수 제5거의 기점에 해당하는 돌산도 봉수터가 전해온다. 돌산도 봉수의 직봉 코스는 돌산도 봉화산→ 백야곶→ 고흥 팔영산→ 장흥 천관산→ 진도 여귀산으로 이어져 서해안을 따라 올라간 다음 서울 목멱산(남산)으로 통하였다.

이 직봉을 근간으로 두 개의 간봉이 있었는데 그 하나는 돌산 방답진에서 전라좌수영으로 통하는 간봉으로서 직접 여수 종고산 정상에 있는 북봉연대로 통하는 것이고, 다른 하나는 방답에서 순천부로 통하는 것으로, 돌산도 봉화산→ 진례산→ 광양 봉화산→ 순천 성황산으로 통하였다. 돌산도 봉수는 남해안 일대에 있던 봉수 가운데 규모가 가장 큰 곳으로 변방 국경의 긴급한 상황을 중앙 또는 변경의 기지에 알리는 군사상 목적으로 설치된 통신 수단이었으며, 적이 침입했을 때 현지에서 직접 전투를 담당한 군사적 고지이기도 했다.

비단으로 수놓은 바다, 작금

돌산도의 가장 남쪽에 자리한 금성리는 작금과 성두마을로 이루어진다. 옥녀의 전설이 많은 돌산도에서 작금마을은 옥녀가 비단을 짠 곳이어서 작금作錦이란 이름을 얻었다고 전해진다.

본래는 마을 앞 해변에 자갈이 많아 자갈기미라는 땅이름이 줄어든 작기미가 마을 이름이다. 남쪽 대양의 큰 파도가 직접 닿는 해안은 자연의 손길로 억만년의 세월에 깎이고 다듬어져 아름다운 경치가 으뜸인 곳이다.

마을 앞바다와 횡간도, 화태도, 나발도, 두라도, 금오도를 사이에 두고 갯바위와 해안 곳곳이 유명 낚시터라, 전국 각지에서 많은 사람들이 바다낚시를 즐기기 위해 마을을 찾는다. 또 절벽이 많고 수심이 깊은 해안은 옛날부터 해삼과 전복 등 해산물이 풍부하여 육지에서 보기 드문 해녀들의 작업이 지금도 이루어지고 있다.

매년 12월에서 1월 사이에는 마을 앞 남쪽바다에 세워진 작금등대 주변으로 많은 사람들이 모여든다. 고급 DSLR카메라의 보급이 늘면서 아름다움을 담으려는 사진가들에게 빨간색의 등대와 어우러진 아름다운 '작금등대일출'은 피하기 어려운 유혹이다.

삭금능대 일출

아름다운 작금마을 소개에 빼놓을 수 없는 소중한 사람이 있다. 일제 강점기 최연소 항일지사로 알려지는 주재년 열사의 이야기가 전해지기 때문이다. 주재년은 1929년 전라남도 여수시 돌산읍 작금마을에서 출생하였다. 1943년 돌산초등학교를 졸업한 뒤 14세 때 조선 독립의 실현이 가까워지고 있다는 말을 수시로 하고 다니면서 마을 담장 밑 큰 돌 4개에 '일본과 조선은 다른 나라(朝鮮日本別國), 일본은 패망한다(日本鹿島 敗亡), 조선만세朝鮮萬歲, 조선의 빛(朝鮮之光)'이라고 새겼다.

이로 인해 경찰에 검거되었고, 징역 8월에 집행 유예 4년을 선고 받고 4개월 동안 복역하였다. 그러나 복역 도중 심한 고문으로 인한 후유증으로 1944년 순국하였다. 주재년의 행적은 이야기로만 전해오다 2006년 3월 건국훈장 애족장 포상대상자로 확정되어 2006년 8월 15일 제61주년 광복절 경축식장에서 유족이 훈장을 받았다

돌산읍의 남쪽 마지막 마을인 성두城頭마을은 '성머리'로 부르던 곳으로 조선시대에 말을 가둬 키우던 돌산도목장의 목장성이 시작되는 지역에서 유래한다. 성두에서 신기마을까지 이어지는 이 성은 성의 길이가 길어 만리성으로도 불렀다.

목장성은 돌산의 남단 돌산읍 금성리 성두마을 입구에서 신복리 '검단이' 사이를 돌로 쌓아 만들었다. 이 성은 돌산도와 화양면 사이 바다인 가막만을 지나 화양면까지 이어졌다는 전설이 전해오는데 이는 소호동 해안부터 오천동 해안까지 곡화목장 분계성이 있기 때문이다. 만리성이란 이름도 이런 전설과 함께 생겨났던 모양이다.

돌산목장에 대한 기록은 『승평지』나 『호남읍지순천부읍지』에 기록되어 있는데, 말의 수가 116필, 목자 12명, 감목관 1명이 있었다고 한다. 번창기에는 말의 수가 1,302필까지 늘어났고, 목자 역시 363명이나 되었다는 기록도 있다.

자연학습장 성두마을 타포니대(왼쪽), 성두해변 전망

성두마을은 북쪽은 금오산과 접하고 남쪽은 바다와 접한다. 마을에 들어서면, 수천 년 파도가 만들어낸 발달한 해안침식지형을 만나게 되는데 타포니라고 부르는데 이는 지리답사를 위해 찾아오는 많은 이들의 경탄을 나아낸다.

타포니는 풍화혈風化穴라고도 하는데 세계적으로도 보기 힘든 자연현상이다.

이야포 이야기

기러기를 닮았다는 섬 안도의 남쪽 갯가에는 '이야포'라 부르는 곳이 있다. 반달모양의 만으로 이루어진 해변은 동서 길이가 900미터에 남북의 길이는 1200여 미터에 달하는 크기로 1980년대 까지도 만灣안에서 멸치잡이를 하는 멸치막이 있어서 항상 사람들로 붐볐다.

해변의 나이만큼 바닷물에 깎이고 다듬어진 몽돌과 둥근 자갈이 지천으로 깔려있는 북쪽의 해변과 함께 소나무와 어우러진 비렁과 넓은 바위들이 알맞게 조화를 이룬 이야포는 아름다운 섬 안도의 최고의 풍경이라 할 만하다. 아름다운 미인에게 사연이 많다고 했던가? 이야포의 뛰어난 절경에는 슬픈 사연이 전해지고 있어 듣는 이들을 안타깝게 하고 있다.

이야기 하나

강원도 춘천 출신으로 1970년대 중반 미국으로 건너가 워싱턴 한인회장을 지내고 수필가로 활동 중인 윤학재 님에게 안도의 이야포와 잊지 못하는 소녀의 추억이 남아 있다.

1950년 8월 초 일요일 북한의 남침으로 전 국토가 아수라장이 되었

안도 이야포

으나 남쪽의 아름다운 섬 안도에는 잠시 평화가 넘칠 듯이 보였다. '이야포 만'에는 사람 소리가 넘쳤다. 여름의 더위를 피하는 벌거벗은 아이들이 헤엄을 치고, 다이빙 물놀이에 빠져 있어 왁자지껄 소리가 만을 가득 채웠다. 이야포 만 마을 앞으로는 멸치잡이를 하는 어선들이 다닥지닥지 붙어 있었고, 만의 서쪽 해변 가까이에 제법 커다란 신식 화물선이 정박해 있어 낯선 배를 지켜보는 마을 사람들이 시선이 모아져 있었다.

이때, 별안간 하늘에서 굉음이 나며 호주기라고 부르던 비행기가 나타나 바닷가에 정박 중이던 화물선과 사람들을 향해서 기총소사가 시작되었다. 1개 편대 4대의 비행기가 오가며 영화의 한 장면처럼 사람과 배를 향해서 총탄을 퍼 붓자 바다에서 놀던 사람과 배의 사람들이 피를 흘리며 쓰러졌다. 이야포는 피바다가 되었다. 부상자들은 안도의 주민들이 달려들어 치료를 도왔다. 치료라는 것은 총알이 스치고 간 상처에 된장을 바르고 싸매는 것이 전부였다. 부친을 잃고 한동안 허둥대던 사람들은 상황 안정이 되면서 섬을 떠나갔다.

배는 부산으로 피난 중이던 사람들이 좀 더 안전한 곳으로 피항할 목적으로 거제를 거치고 남해의 욕지도를 거쳐 안도 이야포에 머무르는 중이었으며 제주도가 최종목적지였다.

당시 열세 살의 소년 윤학재는 500여 명의 사람들이 배에 타고 있었으며 300여 명이 희생이 되었다고 수십 년이 지난 뒤에서야 그의 수필집에 기록으로 남겼다. 남겨진 사람 중에 부모를 모두 잃은 열 한두 살의 비슷한 또래의 쌍둥이 소녀가 있었다. 부모를 잃은 동병상련의 아픔에 서로 위로가 되어 친하게 지내던 아름다운 소녀와 헤어지던 날 선창가에 나와서 흔들어 주던 손수건의 기억을 오래 간직하고 있던 마음을 글에 담았다.

1998년 부산에 살고 있던 이춘송님의 제보로 이야포 사건은 다시 조명을 받았다. 당시 11살의 소년의 기억에 희생된 희생자는 120여 명으로 여수판 노근리 사건인 안도 이야포 미군 폭격사건의 진상은 지금도 미궁에 빠져있다

이야기 둘

안도에서 나고 자란 김용식(가명)님은 오랫동안 외항선을 타던 뱃사람이다. 20대에 사랑했던 사람을 찾으려고 길을 나섰던 열정이 배를 타게 했고 세월이 지나갔다. 뒤늦게 가족을 만들고 평범한 삶을 살았지만 순수했던 시절에 마음을 전하지 못하고 다시 만나지 못한 사람이 그립다.

안도의 청년시절 자녀가 없었던 먼 친척 집에 한 살 나이가 많은 영자 누나가 수양딸로 들어왔다. 육이오 때 피난 왔다가 서울 인현동 교회의 장로였던 아버지와 어머니를 모두 잃고 고아가 되었던 영자 누나는 쌍둥이로 얼굴도 예쁘고 성격도 좋아 만나는 사람마다 좋아하는 매력 있는 아가씨였다. 부모를 잃고 오갈 데가 없어 피난민은 모두가 떠나버린 안도에 남았는데, 인심 좋은 부자였던 도갓집에서 거두어 주었다. 세월이 지나자 쌍둥이 중에 한사람을 수양딸로 삼고 싶어하던 친척 노부부에게 영자 누나가 오게 된 것이다.

어린 시절부터 서울에서 내려온 예쁜 쌍둥이 자매에 호기심이 있었던 터라 친척집의 수양딸이 된 후로는 하루를 멀다하고 쫓아다니면서 언제 부턴가 마음속에는 연정이 자라기 시작했다. 용기를 내어서 사랑을 고백해야겠다고 기회를 엿보았지만 여린 마음은 더 이상 표현을 하지 못하고 영자 누나 수변만 맴돌았다.

시간이 흘러 1963년 봄날 어느 날 소문으로 쌍둥이 자매의 소식을

알게 된 친척들이 찾아와 19살 성숙한 처녀로 자란 쌍둥이 자매를 데리고 떠났다.

갑자기 떠나버린 연인을 찾아 육지로 나섰지만 소문으로 떠도는 누나의 흔적은 항상 한걸음 더 멀리 있었다. 이야기를 들려주던 칠순 노인의 눈가에는 함께 지내던 안도시절 사랑하던 사람의 영상이 맺혀있었다.

이대원이 지킨 바다 손죽열도

손죽도의 마을 중앙에는 충열사라는 현판이 걸린 사당을 볼 수 있다. 22세의 젊은 나이에 홍양 녹도의 만호(종4품)로 부임해 와, 1587년(선조20) 손죽도 앞바다에 침입한 왜구와 전투에 목숨을 잃은 이대원 장군을 모시는 사당이다.

이대원 장군 사후에 한동안 손죽도는 손대섬(손대도)으로 많이 불리었다. 이대원 장군을 잃은 섬이란 뜻으로 한자를 바꿔서 손대도損大島라 여겼기 때문이다.

'동창이 밝았느냐 노고지리 우지진다'로 시작되는 시조를 지은 조선 후기의 분신 남구만은 이장군의 신도비명에, "임진왜란에 호남 지방이 유독 완전하여 다시 나라를 일으키는 근본이 되었으니, 이는 공이 먼저 왜적에게 몸을 맡겨서 사람들의 마음을 장려하고 분발시킨 효험이 아니라 하지는 못할 것이다"고 하여 왜란 극복의 원동력이 되었던 전라좌수군의 전력이 이대원의 장렬한 죽음에서 비롯되었다고 보았다.

1587년 1월 말경 일본 규수 북서쪽 나가사키현의 오도五島와 평호도平戶島 출신들이 탄 왜선 두어 척이 홍양 녹도진(현재 고흥군 녹동) 앞바

손죽도에 있는 이대원 장군상(위)와 손죽도 마을의 이대원 사당

다를 침범했다. 보통 때 같으면 동남풍이 부는 4월 이후에 왜선이 들어오는데, 이번에는 예상을 깨고 일찍 침범하여, 녹도 만호 이대원이 경황이 없어 주장에게 보고하지도 않은 채 혼자서 출동하여 그들을 쳐서 수급을 베었다. 그러자 전라좌수사 심암沈巖은 전공을 독차지했다고 이대원을 시기하여 두 사람 사이가 벌어지게 되었다. 그리고 수일이 지난 2월 1일, 전열을 정비한 왜선 18척(선조실록)이 전라도 흥양 손죽도(현 여수시 삼산면 손죽리 손죽도)를 침범하여 점령했다.

이대원은 심암의 명에 의해 피로에 지친 군사 100여 명을 이끌고 출병했다. 이때 이대원은 "지금 해도 저물었고 또 군사들도 적어 덮어놓고 출전하는 것은 무모할 따름이니, 군사를 더 많이 모으고 선단을 크게 지어가지고 내일 아침 날이 밝은 다음에 효과 있게 치고 나가는 것이 옳을 줄 압니다"라고 심암에게 진언했으나, 심수사는 도리어 협박까지 하면서 즉각 출전하라고 명령을 내렸다. 그러자 이대원은, "그러면 사또께서 곧 뒤미처 응원군을 거느리고 와 주시기를 바랍니다"라고 말하고 출전했다.

전투는 손죽도 해상에서 조총을 쏘아대는 적과 3일간 전투를 펼쳤으나, 심암은 쳐다만 보고 구원병을 보내지 않았다. 중과부적과 화력 열세 상태에서 모든 군사를 잃어비리고 배조차 남김없이 다 깨지고 말았다. 이대원은 이길 수 없음을 알고 칼을 들어 자기 손가락을 잘랐다. 그리고 속저고리를 벗어서 거기다 손가락의 피로 최후의 절명시 한 장을 써서 집안 하인에게 주며, "이것을 가지고 고향에 돌아가 장례하라"고 말했다.

진중에 해 지문데 바다 건너와

슬프다 외로운 군사 끝나는 인생

나라와 어버이께 은혜 못 갚아
원한이 구름에 엉켜 풀리지 않네

결국 이대원은 적에게 붙잡혀 항복을 강요받았으나 끝내 굴복하지 않자, 왜구들은 배의 돛대에 묶어 놓고 사정없이 때리고 갈고리로 찍었다. 그러나 이대원은 죽을 때까지 꾸짖는 소리가 입에서 끊이지 않았다. 마침내 손죽도 뭍으로 끌려나와 수하 병사들과 함께 살해당하여 22세의 청년 장군은 목숨을 잃었다. 당시 손죽도 사람들은 이대원 시신을 가묘를 써서 매장했다고 한다. 집안사람들은 유언을 받들어 혈서로 쓴 옷을 가져다가 양성현(지금의 평택) 대덕산 아래에 장례했다. 묘지 가까이에는 소식을 전했던 말이 쉬지 않고 달려서 소식을 전하고 그 자리에 죽었다고 하여 충마총忠馬塚을 만들어져 전해온다.

고흥 연해안 사람들은 심암의 태도에 분개하고 이대원의 죽음을 애도하여 가련한 노래를 지어 불렀다. 송강 정철의 큰아들 정기명鄭起溟(1558~1589)은 「녹도가鹿島歌」를 지어 그의 죽음을 애도했고, 은봉 안방준安邦俊은 15살이던 이때에 이 소식을 듣고 「이대원전」을 지었다. 민심은 조정으로 전달되어 전라좌수사 심암은 패전의 책임을 물어 압송되어 효수되었다.

산

여수지맥의 시작 앵무산

여수지맥은 한반도의 허리 백두대간이 호남정맥을 타고 흘러흘러 백운산에 이르고, 이어서 순천의 계족산을 지나 남쪽으로 흘러 앵무산으로부터 시작된다. 이어 청대의 국사봉, 가장리의 수암산, 소라 봉두의 황새봉으로 이어지다 무선산에 다다른다. 무선산 남쪽으로는 안심산, 비봉산, 안양산, 봉화산을 지나 백야곶에서 바다를 만난다. 무선산 동쪽으로 용틀임한 한 줄기 지맥은 수문산에서 북으로는 호랑산 진례산으로, 남으로는 구봉산으로 이어지면서 여수반도 모두를 감싸 안는다.

이런 여수반도의 지세는 예로부터 봉황이 창천으로 승천하려는 형국으로 백두대간의 큰 기운이 모아져 남해안의 중앙으로 흘러내리는 모양으로 읽힌다. 여수반도의 지정학적 위치는 한 민족 큰 기운의 정수가 모아지는 중심의 남쪽에 위치하여 대양으로 진출하는 곳이다. 여수사람들은 고대로부터 동아시아 해양항로의 중심에서 유감없이 국제인으로서 제 역할을 다하며 우리 국토의 수호자로서 임무도 수행했다. 오늘날 이런 역사의 에너지가 모아져 세계박람회를 비롯한 지구적 행사를 성공적으로 치루게 된 것도 지리적 위치와 이 땅에 살아왔던 사람들의 열정적인 삶의 몫이었다.

물빛 고운 여수가 시작되는 여수의 북단 율촌면 산수리 신대마을의 왕바위재에는 선사시대부터 오랜 세월 여수의 수호신으로 길손을 지켜주는 고인돌이 서 있다. 8m 62cm로 우리나라에서 가장 큰 고인돌이다. 청동기 시대 이 거대한 표식을 후대에 남겼던 조상들의 삶의 흔적만으로도 여수인의 기상이 느껴지는 곳이다.

여수 권에서 앵무산을 오르는 길은 이곳 산수리 신대마을에서 시작된다.

앵무산은 여수의 가장 북쪽에 자리하여 예로부터 신령스러운 조산으로 불려 왔다. 호남여수읍지는 앵무산의 신령스러움을 잘 전하고 있다.

~산정에 연지가 있어 비가 와도 불어나지 않고 가물어도 줄어들지 않는다. 연못가에 한발 가량의 고목이 있는데 북쪽 가지는 말라버렸고 남쪽 가지는 잎이 있다. 가문 해를 만나면 남쪽 가지에도 잎이 나지 않는다. 이 때문에 이곳에서 기우제를 지낸다.

앵무산의 이름은 본래 우리말로 '꼬꼬산'이라 하였고 이를 한자로 곡고봉穀庫峯이라 표기했다. 앵무산의 이름도 우리나라에서는 보기 힘들었던 새의 이름으로 닭이 연상되는 꼬꼬산의 이름을 미화한 것으로 보인다. 지금도 순천방향의 343m의 낮은 봉우리를 곡고봉이라 하고 395m의 정상을 앵무산으로 부르고 있다.

앵무산 정상에서 여수반도를 굽어보면 산맥이 용틀임하며 바다로 뻗어 나가는 여수의 산세가 한눈에 들어온다. 태백산맥의 중앙에 있는 유명한 사찰인 부석사 무량수전에서 남으로 바라보면 백두대간의 장엄한 산들의 서사시를 볼 수 있듯이, 앵무산에 올라 남쪽 바다로

앵무산 정상에서 바라 본 여수반도

율촌목의 전설이 전해지는 봉두리 느티나무(왼쪽)와 산수리 왕바위 고인돌

뻗쳐가는 산들을 바라보면 여수의 웅혼한 기운을 품에 안을 수 있다.

눈을 돌려 서쪽 산 아래를 바라보면 순천만의 넓은 갯벌과 연안이 한 눈에 조망되어 아름답고 시원하다. 조선 초기까지 여수현의 용두포면이던 곳으로 1897년 여수군이 설진되면서 순천으로 남게 되어 일제식 행정구역 개편이 되면서 인근의 해촌면과 합쳐서 순천의 해룡면이 되었다.

앵무산 산자락은 내 닿는 산머리마다 숱한 전설이 전해온다. 그 중에 앵무산 열두 머리 전설은, 신령스러운 앵무산이 12명의 신하를 거느리고 있어 이 산 주변에 사는 사람은 풍요를 누리고 인물도 많이 배출된다는 것이다. 열두 머리의 이름은 봉두마을은 본래 새머리, 죽현마을의 구시끝은 구시머리, 대초마을은 대초머리, 청대리 사두개(살우개)는 사두 즉 뱀머리이며, 청대의 잠두봉(뉘머리=누에머리), 취적리의 말머리, 여흥리의 배닷머리, 두봉마을은 두봉頭鳳으로 봉황머리, 황새봉은 관학산冠鶴山이라 하여 학머리, 용두포면이 있던 해창마을의 용머리, 여흥마을 위 해룡면 호두마을의 여수머리와 닭머리다. 열두 곳의 동물의 머리가 연상되는 산자락 끝마다 이름을 붙여 전설로 전해지게 된 것이다.

앵무산 동남쪽 산 아래 봉두마을에는 율촌목이라 부르는 신목이 전해온다. 1864년 태풍으로 쓰러져 고사목이 된 팽나무를 마을 목수가 떡판을 만들기 위해 베어 갔다. 그날밤 목수의 꿈에 호랑이가 나타나 호통을 쳤는데 이후 몸져 누운 뒤 일어나지 못하고 죽었다. 다음해 봄날 천둥이 치고 비가 오는 어느 날 밤에, 많은 사람들의 고성이 들리더니 나무가 일어서 다시 뿌리를 내리고 싹을 피우는 일이 일어났다. 주민들은 마을이 번창할 징조라 좋아하며 정자를 세우고 제를 지내면서 마을의 안녕과 풍년을 기원하게 되었다. 당시의 신비한 이야기는 「순천부지」를 비롯한 역사기록을 통해 많은 화제를 남기면서 오늘날까지 전해온다. 율촌목은 지금도 마을 회관 앞에 정자나무의 역할을 하면서 옛이야기를 전해주고 있다.

앵무산 샘물과 봉두마을의 신목이 살아나는 신령스러운 이야기는 여수반도의 조산으로서 신비감을 더욱 높여 준다. 일제강점기까지도 기우제를 지내던 천제단 자리에는 정자가 들어서 있다. 마르지 않던 연지나 연못가의 흉년을 알려주던 나무는 지금은 사라지고 없지만 산정에서 바라보이는 경관은 여수의 기상을 품기에 부족하지 않다.

비단을 두른 청대산 국사봉

청대산이여!
바람을 부르며 비단 띠 두르고 인간 세상에 떨어졌구나
인간 세상에 떨어진 지 몇 천 년인가?
땅이 숨기고 하늘이 감추었었네

맥산의 신성스러운 기운이 청대산이 되었고
창녕의 남은 운수가 다시 돌아 왔구나
(후략)

청대산靑帶山을 노래한 옛사람의 시가이다.

앵무산으로부터 흘러온 여수지맥은 앵무산 열두 머리로 부르는 누에머리 잠두봉과 뱀머리 사두현으로 이어져 옛사람이 청대산으로 불렀던 국사봉國士峰으로 이어진다.

국사봉은 봉화산, 옥녀봉, 영취산과 함께 전국 곳곳에 동일한 이름이 여럿 있는 산이다. 국사봉은 국가를 대표하는 스님 또는 나라의 큰 인물을 배출하거나 선비가 많은 지역에서 유래한다는 이야기가 전해진다.

100여 기 고인돌이 있는 숲속(위)과 지금은 국사봉이라 부르는 청대산

국사봉은 율촌의 청산리 청대마을에 있는 산이름이다. 옛사람이 땅이 숨기고 하늘이 감추었다는 시가로 노래했듯이, 푸른 자연으로 띠를 둘렀다는 의미를 담고 있는 청대마을은 조선중기의 기록에도 청대도촌靑垈島村이라 하여 육지 속에 숨어 있는 섬처럼 숲이 마을을 감싸고 있어 마을 이름을 청대도라고 하였다고 한다. 자연을 벗 삼아 살던 선조의 흔적을 느낄 수 있는 이름이다.

청대마을의 동쪽고개의 이름은 '문우개 재'이다. 마을 동쪽의 고개를 대문처럼 여기고 살았던지 '무능개재'로 들리는 정겨운 옛 이름을 따라 고개를 올라보면 멀리 묘도와 남해의 관음포까지 한눈에 들어오는 광양만이 장관이다.

이 고개의 정상이 옛날에는 청대산으로 불렀다는 국사봉이다. 수암산과 함께 율촌 지역을 품에 안고 있는 국사봉은 산 이름의 암시처럼 주변에 많은 인재를 배출했다는 믿음을 주어 지역민의 사랑을 듬뿍 받으며 신성시 되는 산이다. 최근에 들어서는 율촌산단과 우리나라 중화학공업의 요람이라는 여수산단, 그리고 광양의 제철소와 컨테이너항만도 모두가 한눈에 들어온다. 다만 지금은 아쉽게도 이 계절에 오르기엔 숲이 너무 우거져 정상보다는 청대에서 잿돔으로 이어지는 고갯마루에서 만족해야 한다는 점이다.

여수에서 가장 높은 고갯마루에 마을이 있어 이름을 갖게 된 '잿돔' 마을은 한자로 치동峙洞이라는 이름으로 바뀌었다. 치동과 청대마을을 이어주던 평범한 고갯길이던 이곳을 여수 순천 간 자동차전용도로를 내기 위해 지표조사를 하던 중 숲속에서 많은 바위들이 발견되고 나무를 잘라내고 살펴보니 100여 기에 이르는 고인돌군이 발견되었다. 두께가 얇고 길쭉한 모양으로 여수 고인돌 중에는 보기 드물게 높이가 210cm, 335cm에 이르는 대형 고인돌이 웅장하게 서있는 것이 특징이며, 오랜 세월 숲으로 변해 주변이 크게 훼손되지 않았다. 전망이 아름다운 주변 여건도 이 고개의 가치를 높여준다. 발굴되고 옮겨진 고인돌을 포함하여 1,500여 기나 되는 고인돌이 보고된, 여수지역에서 가장 많은 고인돌이 있는 고개다. 고인돌은 광양만이 한 눈에 바라보이는 고개마루에 집중되어 있다. 죽어서도 마을의 무사안녕을 기원하며 청대마을에 살게 될 후손들의 수호신 역할을 자임하지 않았을까?

산수리의 왕바위 고인돌과 더불어 율촌 지역에는 여수에서 가장 많은 280여 기의 고인돌이 분포되어 있다. 지역마다 특성도 다양하여 훌륭한 문화답사지가 되기에 손색이 없다. 강화도, 고창, 화순의 고인돌은 지역민의 적극적인 관심 속에 세계문화유산으로 등록되어 보호받고 있으며 지역 문화관광의 훌륭한 자원이 되고 있다. 그러나 세계박람회의 개최와 함께 지역의 역사문화관광의 모든 자원들이 아쉬운 시기에 수천 년간 이어온 이 지역 사람들의 이야기가 담긴 값진 문화유산이 잡목 속에 방치되어 있어 안타깝다.

이미 오랜 옛날부터 푸른 자연을 벗 삼아 살아왔던 조상의 숨결이 살아 있는 청대산 고개를 찾으면 신령스러운 기운과 함께 멀리 광양만이 전해주는 국가의 웅비하는 미래도 함께 느낄 수 있을 것이다.

어머니의 산 수암산

가장리 문화마을에서 산길을 따라 어머니의 품과 같은 수암산에 오르니 자귀나무 예쁜 꽃이 절정이다. 호국의 성지인 여수반도는 어느 지역을 가더라도 전쟁을 이겨낸 선조들의 무용담이 없는 곳이 없다.

조선시대 말까지도 한반도의 최전방이었던 이 지역에는 대부분 일본이나 왜구의 노략질에 대항했던 이야기가 많다. 율촌의 중심에 솟아 지역의 대들보 역할을 했던 수암산은 율촌 지역 대부분의 마을을 굽어보면서 전란 때마다 승리로 지켜낸 조상의 이야기가 전해진다. 수암산 정상의 투구봉은 생긴 형태부터가 옛 군인들의 머리에 썼던 투구모양을 닮아 유래된 이름이다. 투구봉을 중심으로 남겨진 작은 산성의 흔적은 높은 산위에 작은 성을 쌓았는데, 최후의 결전을 벌였던 이 지역 선조들의 처절한 저항정신을 일깨운다.

산성은 「조선고적도보」에 죽암산성竹岩山城으로 기록하고 있는데 죽암竹岩은 우리말로 대바위로 훈독되어 우리말 '큰 바위'가 변한 이름이 아닐까 추정해 본다. 죽암산성은, 돌로 쌓은 테뫼식 산성으로 길이는 약 250m이고, 남아 있는 성벽의 높이는 약 1.5m, 폭 2m 정도이다.

중산마을에는 투구봉 전설이 전해진다. 임진왜란이 일어나 왜군이

수암산 정상에서 바라본 서쪽 가장들

수암산 투구바(왼쪽), 수암산 북서쪽 계곡 태봉굴(오른쪽)

이 마을을 지나다 투구봉을 보니, 산봉우리 바위모양이 투구를 닮아 저렇게 큰 투구를 쓰는 장수가 있다면 필히 큰 거인으로 힘이 장사일 것이라고 생각을 하였단다. 왜군들이 전력을 투구봉에다 쏟아 부어 힘을 소모하고 나니 산속 동굴에 숨어 있던 아군의 반격으로 크게 패해서 달아났다는 이야기다.

중산마을과 가까운 연화마을에는 송장고개라는 고개가 전해온다. 이 고개의 이름에도 임진왜란의 이야기가 함께 한다. 마을을 전란으로부터 구해줬던 장군이 전쟁을 위해 북쪽으로 떠나자 장군을 이별했던 고개라고 하여 송장送將고개라고 하였단다. 이렇듯 수암산 주변에 이 지역을 지켜주고 사람들의 삶을 지켜줬던 산 이야기가 많이 전해오고 있다. 수암산 정상에 서면 사방이 넓게 트여 있어 화랑들이 높은 산에 올라 키웠다는 호연지기의 기상을 경험해 볼 수 있다. 동쪽의 광양만 바다와 서쪽의 여자만 바다가 한눈에 들어오고 산을 끼고 있는 율촌의 마을들을 볼 수 있다.

수암산으로부터 가장리 저수지로 이어지는 북쪽 계곡의 중턱에는 태봉굴이라는 동굴이 있다. 이 동굴에도 많은 전설이 전해 온다. 임진왜란 시 수적 열세에 있던 이 지역의 의병들은 왜군이 쳐들어오자 이 계곡으로 도망을 치면서 왜군을 유인한 뒤 풀과 나무로 숨겨졌던 태봉굴에서 뛰쳐나와 왜군의 허리를 쳐서 대승을 거두었다는 전설이 마을마다 전해온다. 실제 동굴을 살펴보니 자연동굴이 있던 곳에 인공으로 크기와 깊이를 더하고 굴 안쪽에는 계곡을 감시했을 감시창까지 설치하였다.

적의 대군을 만난 소수의 의병들이 가슴 졸이며 왜적을 기다렸을 생각에 당시의 상황을 상상해 보면 숙연함이 앞선다.

수암산을 한 바퀴 둘러서 형성된 계곡은 여러 갈래로 나눠지는데 여러 곳이 '사그점 골'이라는 이름을 가졌다. 수암산을 이루고 있는 토질이 도자기를 굽기에 알맞은 토질이어서 산 아래 능선마다 많은 가마가 자리를 잡고 필요한 자기를 만들었기 때문이다.

여자만 바다로부터 이어지는 해상교통로가 가까이 있고 수암산에서 얻어지는 화력 좋은 땔감, 계곡에서 얻어지는 풍부한 수량의 물과 도자기를 만들기에 적합한 흙이 있어 수암산 주변은 오랜 세월 여수 도자기의 중심이었던 것이다.

지금도 도자기 터의 흔적은 수암산과 가까운 가마봉 중턱과 연화마을, 가장리 저수지 일대와 취적마을 뒷골 등 수암산을 감싸며 곳곳에 흩어져 있고 멀리 심산, 분통골, 사곡으로 이어진다. 사곡이나 삼산마을에서는 조선초기의 분청사기가 많은데 비해 수암산 주변에는 조선후기의 백자기가 주류를 이루고 있다.

우리나라 도자기 역사에서 여수 도자기의 역사는 많이 알려지지 않았지만 1980년대 이후에 알려지기 시작하여 10군데 이상의 도자기 터가 발견되었고 많은 연구자들이 관심을 갖게 되었다.

여수의 진산 진례산과 영취산

산과 바다가 어우러진 여수반도 곳곳엔 천혜의 아름다운 자연경관과 함께 전국으로 유명해진 등산로가 많다. 우리나라 남쪽바다의 정수를 만끽하는 금오도의 일주산행, 섬 처녀의 전설과 함께 짜릿한 산행 뒤 전복회와 막걸리가 일품인 개도 산행, 웅비하는 여수산단과 광양만의 역동성에 진달래와 단풍이 아름다운 진례·영취산행이 그렇다.

이 중에 영취산과 진례산으로 이어지는 코스는 이 산이 품고 있는 흥국사와 도솔암의 단청의 빛깔과 같은 다양한 모습을 보여주고 있어 산행을 즐기는 등산객의 눈이 즐겁게 한다.

진례산은 여수반도에서 가장 높은 높이 510m의 산이다. 예로부터 영산靈山으로 조선시대에는 순천부의 성황산이었다. 상암동 당내마을에는 성황신을 모신 당집이 있어 매년 봄과 가을에 유생을 보내 성황제를 모셨다는 기록이 승평지에 전해온다.

성황신은 서낭신의 본딧말로 예부터 고을마다 그 지역과 관계가 있는 명신이나 영웅을 기리는 지역이 많다. 여수의 성황신은 후백제 견훤의 휘하에서 활약했던 김총으로, 김총이 죽어서 성황산신이 되었다

봉우재와 진례봉(위) 진달래가 만발한 영취산(사진 김정완)

는 기록 역시 승평지에 전한다. 죽음 앞에서도 절의를 지켰던 영웅을 기리는 것은 호국의 고장으로 여수 사람 기질의 한 단면을 보여준다.

문헌에 따르면 김총은 진례산 아래 적량에 치소를 차려 남해안에 출몰하던 왜적을 소탕하고 선정을 베풀어 평양군에 봉해졌다고 한다. 상주 가은현에서 태어났으며 여수 등 서남해 방위의 공을 세워 비장裨將이 되었고, 무진주 등을 정벌하고 후백제를 건국한 견훤을 섬겨 관직이 인가별감에 이르렀다고 기록한다. 김총은 순천 김씨의 시조이기도 한데 이는·조선시대 여수가 순천부에 속해 있어서 여수김씨라 할 성씨가 순천김씨가 되었던 것이다.

광양만 바다로 나가서 적량마을 뒤편으로 바라보면 우뚝 솟은 진례산의 모습은 위풍당당하다. 진례산 아래 적량마을 뒤로는 노적가리 모양의 산이 보이는데 이 산의 이름이 누레등이다. '누레'는 노적가리의 옛말로 적량마을의 옛 이름이다.

매년 봄이면 온 산을 붉게 물들이는 영취산의 진달래를 보려는 상춘객으로 산이 뒤덮인다. 여수산단이 들어서면서 산성화가 심해진 토양이 소나무를 밀어내고 그 자리에 진달래만 남았다. 한때는 부정적인 시각도 있었지만 남녘 봄의 진달래꽃의 아름다움은 한해를 시작하는 축제를 열고, 전 국민에게 여수와 영취산을 알렸다.

흥국사 대웅전과 이어지는 뒷산 산자락은 영취산으로 이어진다. 부처님이 법화경을 설법하였다는 산이다. 영취산은 인도 마가다국 옛 도읍 동북쪽 14~15리에 독수리 봉우리 또는 독수리의 눈과 같이 신령이 서려있는 산을 말한다.

영취산(436.8m)의 유명세는 진례산도 영취산으로 알려지게 하여 지역민까지도 진례산을 영취산으로 부른다. 2003년 5월엔 잘못된 국립지리원 지도표기까지 수정하고 대대적인 홍보도 하였지만 한 번 바뀐 기억과 습관 때문에 아직도 진례산을 영취산으로 부르는 사람이 많다. 여수의 진산으로서 가장 높은 곳에서 여수를 굽어보고 지켜주고 있는 진례산의 이름을 제대로 불렀으면 한다.

이른 봄 남녘의 봄소식을 분홍빛 진달래의 아름다운 향연으로 시작하고, 오색 단풍의 가을까지 여수의 아름다움을 독특한 그림으로 그려 보여주는 진례산으로 독자 여러분을 초대한다.

남해안 전망대 봉화산

화양레저타운 건설은 장수만과 화양봉화산이 감싸 안은 장수리와 안포리 일대에 골프장과 해양관광복합 단지로 조성될 계획이었지만 골프장만 완공되고 아직 관광복합단지의 건설은 미뤄지고 있다. 이 중심에 있는 화양 봉화산에 오르는 길은 여러 갈래이다. 장등, 장척, 세포, 원포, 산전마을 등지에서 오를 수 있는데, 가장 오래된 길은 화양고등학교가 있는 화동리 마을로부터 산전마을을 경유하는 길이다.

산전마을은 예부터 산중턱의 분지 위에 너른 풀밭이 많아 여러 마을의 소들이 풀을 뜯는 목가적 풍경이 펼쳐지던 곳이며 곡화목장 시절에도 많은 말들이 뛰어놀던 초원이었다. 일제강점기가 끝나고 면단위 체육대회가 열렸던 장소도 초원과 이어진 이영산의 너른 평전이었다.

여수반도 전체와 여수에 속해 있는 대부분의 섬들이 조망되는 봉화산 정상은 지리적인 요건 때문에 조선시대에는, 왜적의 침입시 불과 연기를 신호로 국가의 재난을 알리는 봉수대가 설치되어 중앙정부에 전달하는 통신시설이었다. 봉화산의 이름을 갖게 된 것도 봉화불을 피워서 생긴 이름이다.

화양봉화산 동남쪽(백야도와 남면 방향)

조선시대에는 이렇게 불과 연기를 신호로 적의 침입을 알리는 봉수대가 전국에 5개의 코스로 설치되어 있었으며 화양봉화산은 5번째 봉수로의 첫 번째인 돌산 봉수대의 신호를 받아 전달하는 두 번째 봉수대였고, 다음은 고흥 팔영산으로 이어져 남서해안을 지나 서울 남산으로 이어지는 연결로를 갖고 있었다.

산전마을 입구에 있던 봉오마을은 조선시대 봉수대에 근무하던 봉수군들이 많이 살았다. 이 때문에 마을을 봉동이라고 부른데서 마을 이름이 유래하였다. 돌산읍의 봉수마을과 소라면 사곡리에 있는 망동이라는 작은 마을도 비슷한 유래로 생긴 이름이다. 망동이란 망을 보던 마을이란 뜻이다.

봉화산 정상에서 바라보는 여수 전경은 리아스식 해안의 멋을 유감없이 보여준다. 멀리 북동쪽으로 여수의 구시가지가 보이고 돌산대교와 새로 건설된 돌산2대교의 모양과 기둥 일부가 확인된다. 뿐만 아니라 세계박람회장의 명물 빅오와 여수의 소리를 들려준다는 파이프오르간도 볼 수 있다. 동쪽으로는 돌산도와 가막만이 아름답게 어우러지고 남동쪽으로는 남면의 섬들이, 남쪽 아래에는 장수만과 화정면의 섬들이 다양한 모습으로 펼쳐져 있다. 봉화산 자락에 건설된 화양골프장은 바다와 어우러진 뛰어난 자연경관으로 산 정상에서 바라보는 풍경만으로도 감탄사가 절로 나온다.

바다로 금방 나아갈 듯한 기차같이 이어진 남동쪽의 삼섬과 한반도 공룡의 전설과 흔적을 가진 남쪽 사도는 봉화산에서 바라보이는 경치의 골간이다. 청명한 날에는 멀리 거문도와 손죽도, 초도군도도 볼 수가 있어 여수의 여러 가지 모습을 볼 수 있는 전망대라 할 수 있다. 봉화산의 남쪽 산 아래는 장등해수욕장이 자리하고 있다.

장등해변은 수심이 얕고 경사가 완만하며 조수간만의 차가 적은 여

화양봉화산 봉수대

름철 물놀이하기에 좋은 해수욕장이다. 해변에서 바라보는 풍경과 함께 주변에서 기르거나 잡히는 신선한 해산물 요리가 일품이며 겨울철에는 바다의 단백질로 알려진 굴구이의 본고장이다.

망마산과 예울마루

여수 시청이 자리한 구 여천은 일컫는 명칭이 많아 여수를 찾는 관광객들이 매우 혼란스러워한다. 먼저 장년세대는 쌍봉이라고 하는데 쌍봉면 시절의 소재지 이름으로 일제강점기인 1914년에 시작되어 1976년 여천출장소 시기까지 사용되었다. 다음은 여천이라는 이름이다. 1976년 여천출장소부터 여천시로 승격된 1986년을 거쳐 3여가 통합된 1998년까지 사용되었다. 이후 세대에게는 현재 거주하는 동명으로 쌍봉동이나 시전동, 안산동 등으로 부르고 있다. 이름만큼이나 많은 변화를 겪었기 때문인데 고려시대에는 장성포로 조선시대에는 순천부 선소로 불렸다.

이곳 시가지에서 바라보이는 남쪽으로는 망마산이 자리잡고 있다. 구 여천시 일대를 안고 있는 망마산은 주민들이 매일 이 산을 바라보면서 산다고 할 만큼 지역의 안산으로 사랑받고 있다. 망마 산정에는 팔각정과 함께 커다란 고목이 한 그루 있다. 남녘 고을에 걸맞은 동백나무로 수령이 500년 남짓이다.

임진왜란이 일어나기 전에 충무공께서 기마병의 군사훈련장이던 망마산 정상에 말채를 심으면서 "이 말채가 죽으면 나의 영혼이 죽었다

장도와 예술마루가 있는 망미산(위), 문화예술 공연장 예울마루

고 알라"하였다는 전설을 간직하고 있다.

이는 임진왜란 즈음 해안 지역의 바다가 넓게 바라보이는 산정마다 보초를 세우고 불이나 연기를 피워 신호를 보냈던 요망소를 설치 운영하였는데, 그 산을 망을 보는 산이라 하여 망뫼라 하였다. 망마산의 이름은 망뫼가 변한 이름일 수 있지만, 한자로 기록된 망마산望馬山과 이어지는 전설은 군마를 훈련시키고 기마병이 훈련하던 장소로 지역민의 뇌리에 남아 있다.

망마산은 높이 142미터의 낮은 산이다. 남쪽으로 펼쳐지는 가막만 바다가 한 눈에 들어오는 위치이다. 넓은 바다호수 가막만을 바라보는 것만으로 가슴이 뻥 뚫리며 눈이 밝아진다. 요즘 유행하는 말로 안구정화다.

망마산에는 여수시의 랜드마크로서 지역의 자랑거리인 문화예술공원(예울마루)이다. 'GS칼텍스 예울마루'는 지역민의 오랜 염원을 담아 지역과 함께 했던 기업 GS칼텍스가 사회공헌사업으로 세운 복합문화예술 공간이다. 지난 2007년 10월 '예울마루'조성을 위한 협약을 체결하면서 첫발을 내디뎠다. 이후 여수시 시전동 망마산과 장도 일원에 약 70만㎡ 부지를 확보하고 프랑스 국립도서관, 러시아 마린스키극장 등을 설계한 세계적인 건축가 도미니크 페로에게 의뢰하여 2009년 11월 기공식을 가졌다. 그는 친환경 건축가답게 예울마루를 망마산 정상의 전망대에서 시작하여 공연장과 전시장이 산과 바다와 어우러진 하나의 큰 산책로로 계획했다.

'예울마루'는 시민 대상 공모전을 통해 선정된 이름으로 '문화예술의 너울(파도)이 가득 넘치고 전통 주택의 마루처럼 편안하게 휴식할 수 있는 공간'이란 뜻을 지녔다.

2012년까지 1단계 사업으로 핵심 시설인 1,000여 석 규모의 대공연장을 비롯한 전시관, 홍보관, 전망대 등이 완공되어 대도시에서나 볼 수 있던 오페라부터 소공연까지 다양한 공연을 관람할 수 있게 되었다. 시민들은 수준 높은 공연장 건립으로 여수시의 문화예술의 품격이 달라졌다고 이야기한다. 2020년에는 2단계 사업으로 장도 일대 3만여 평의 부지 위에 상설전시관과 다도해 정원 등이 조성되었고, 예술인들의 창작스튜디오와 아뜰리에도 문을 열었다. 장도공원 개관 이후엔 저녁 산책을 즐기는 인파가 늘고 시민들의 생활 풍속을 바꿔 놓을 만큼 사랑을 받고 있다.

호랑산과 둔덕재

매년 사월엔 여수가 진달래 천국이 된다. 바다 건너 남녘의 봄을 조금이라도 빨리 전해 줘야 하는 남쪽 바다 첫 동네의 사명이라도 있는 듯 봄꽃이 피어난다.

둔덕재나 둔덕 삼거리로 많이 알려진 용수마을 뒤에는 해발 410m의 호랑산이 있다. 산정상에는 신라시대 화랑들이 수련했다는 전설이 전해오는 화랑산성이 남아 있다. 이곳에서 북으로 영취산과 진례산으로 이어지는 등산로는 봄이면 전국의 상춘객이 바다를 이뤄 진달래와 진짜 바다와 하나가 된다.

산성은 대부분 파괴되어 돌무더기로 변했지만 절벽으로 이루어진 바위산을 이용하여 성벽을 축조하고 성을 쌓았을 당시를 생각하면 옛 사람들이 애쓴 흔적이 와닿는다. 산성 주변엔 백여 명이 들어가는 큰 동굴이 있다고 알려지는데 지금은 입구를 잃어버려서 알 수 없다.

성벽의 총 둘레는 약 454m이고, 성벽 가운데 서쪽 성벽의 일부가 가장 잘 남아 있는데 외벽의 높이는 약 1.6m이며, 노출된 뒷채움석 높이는 1.8m이다. 내벽의 높이는 약 1.4m, 성곽의 너비는 5m이다. 무너져 있는 성벽의 너비는 약 30m에 달한다. 이 유적에서 수습된 기

호랑산성이 있는 호랑산(위)와 용수마을 들길

와는 등문양에 따라 크게 선문, 격자문, 무문, 복합문으로 나누어지는데, 호랑산성에서는 선문이 가장 많다. 토기류는 모두 경질토기편으로 통일신라시대 특징을 지니고 있다.

호랑산 아래를 둔덕재라고 부른다. 조선시대 좌수영의 둔전이 이 일대에 자리잡아 둔전이 있던 고개에서 유래되었다고 한다. 또 하나의 명칭은 왕십리라고 하였다. 조선시대 좌수영으로부터 십리 거리에 있어 지어진 이름이었는데, 지금은 그 이름을 아는 이를 찾아보기 힘들다.

호랑산으로부터 발원한 수원은 용수마을을 거쳐 남산동 여수 구항 지역으로 흘러간다. 이 하천이 연등천이다. 용수마을부터 시작된 연등천은 미평, 광림, 서강동을 거쳐 남산동을 지나 바다에 다다른다. 용수마을 주변은 지형적인 탓인지 유난히 고인돌이 많다. 산성과 고인돌만 보아도 이 마을이 얼마나 오래되었는지 짐작이 된다.

전통 있는 마을답게 용수마을에는 용수농악이라는 민속놀이가 전승되고 있다. 용수농악은 정월 초 집집마다 돌면서 마당밟기굿을 치고 마을에 필요한 경비를 마련하던 걸립의 전통을 이은 민속놀이다. 정월 초에 날을 잡아 저녁이 되면 용수마을 앞마당에서 인사굿, 오채질굿, 오방진굿, 새끼풀이, 허허(호호)굿, 고사리꺾기굿, 미지기, 연풍대, 구정놀이, 허튼굿, 인사굿으로 이어지는 판굿을 펼치는데 동네 사람 모두 참여하는 대동제 형식이다.

굿에는 길굿, 문굿, 회노리굿, 인사굿, 샘굿, 정지굿, 뒤안굿, 먹거리굿, 마당밟기 삼채굿, 벅구놀림굿, 오방진굿, 풍년굿이 있으며 호남좌·우도 가락이 합쳐져 활기차고 동작이 빠르다. 복색이 화려하고, 1인 2역 가장놀이, 6벅구놀이(일명 법고놀이 또는 소고놀이), 박진감 있는 유산굿 등이 특별하다.

둔덕재 근처로 여수와 순천을 잇는 국도 17호선인 여수로가 지나며, 서쪽은 봉계동과 접하고 동쪽은 상암동, 남쪽은 미평동과 경계다. 1990년대 들어서면서 대규모 아파트 단지가 조성되어 도시가 확장되었다. 만흥동과 신기동, 상암동, 봉계동 등으로 연결되는 사통팔달의 교통의 요지이다. 세계박람회의 개최를 위해 건설된 묘도 광양으로 연결되는 이순신대교도 이곳을 지난다.

고락산과 미평

과수원 언덕 아래에는 맑은 시내가 흐르고 바윗돌 징검다리를 건너면 넓은 들이 펼쳐지며, 봄꽃이 만발하고 종달이 두견새도 아름답게 노래하던 아름다운 마을이다. 목가적인 고향 마을의 향수가 묻어나는 미평이다.

1930년에 기찻길이 들어서면서 미평의 너른 들녘은 남북으로 갈라지고 이후 수십 년을 주목받지 못하는 지역이 되고 말았다. 1990년대 들어서면서 대학교가 들어서고 아파트 단지가 세워지면서 새로운 주거공간으로 환영받던 이곳은 최근 철로가 옮겨가면서 새로운 변화가 일어날 것으로 보인다.

미평의 본래의 이름은 밑들 '또는 '큰 밑들'이다. 산 아래에 있는 마을이란 뜻으로 '밑들의 우리말 음을 빌려서 '밑'을 아름다울 미美로 들을 평평할 평坪으로 고쳐 미평이 되었다. '밑들' 미평에는 석교石橋, 양지陽地, 소정小亭, 평지平地, 신죽新竹, 죽림竹林이라는 마을들이 있었지만 지금은 거의 잊히고 미평동의 이름만 불리고 있다.

양지마을은 볕이 잘 드는 양지쪽에 마을이 자리잡아 양지라는 이름으로 불렸다. 마을 앞길은 진터거리 중산 아래의 비탈을 빗골이라

고락산에서 바라본 미평

하였다. 신죽마을은 새롭게 터를 잡은 여수대학교가 들어선 일대로 신대밭골 또는 순대밭골이라 하였는데, 키가 작은 시누대가 많아서 이런 이름을 가졌다.

죽림마을은 미평과 만흥동을 잇는 고개 전에 있는 마을로 대밭골이라하여 죽전 또는 죽림으로 표기하였던 마을 이름이다. 마을 주변으로 고인돌이 많았던 마을이다. 마을 북쪽 복성골에는 작은 마을이 있었으나 1920년대에 여수시가에 물을 공급하는 수원지가 되었고 주민들은 죽림마을 일대로 이주를 하였다.

평지 마을은 미평동 중앙에 자리 잡은 마을로 마을 이름처럼 평평한 곳에 마을이 자리하여 평지 마을이라 하였다. 이 일대를 번데기. 버든들이라고도 하였는데 평평한 들이 길게 벋어 있어서 이렇게 불렀다. 마을에 반택이라는 땅이름이 전해지면서 반씨와 택씨가 살아서 이런 이름이 전해진다고 하는데 '반택이'란 땅이름도 번데기가 변한 말이다. 고인돌 왕국 여수답게 이 마을에도 여러 기의 고인돌이 남아 있다.

소정마을은 지금의 미평 삼거리 부근에 있던 마을로 작은 정자가 있어서 소정이라고 하였다고 전해오는데, 이는 한자의 뜻을 풀이하여 지어진 이야기다. 본래 '산자락이 가늘게 끝을 이룬 곳'이란 뜻의 '소징이'란 우리말을 소정小亭이란 한자로 고쳐 적은 것이다.

문수동에 있는 소미마을의 옛 이름은 작은 밑들이다. 큰 밑들 미평에 대응되는 이름으로 이 지역의 벌판이 미평美坪에 비해 작은 들이었기 때문에 지어진 이름이었다. 그러니까 소미란 마을 이름은 소미평小美坪을 줄인 마을 이름인 것이다.

마을에 사충단 터와 삼황묘가 있었으며 마을 뒤에는 백제시대의 산성인 고락산성이 자리하고 있다. 사충단 터는 한말의 충신이었던 조병

고락산성 문지(왼쪽)와 미평 평지마을 고인돌

세, 송병선, 민영환, 최익현등을 모시던 사당이며, 삼황묘는 태조와 고종, 순종을 모신 사당인데 아파트 단지가 되어 지금은 충민사 부근으로 옮겨졌다.

고락산성은 해발 333미터인 고락산 정상과 아래 봉우리에 600년을 전후한 백제시대에 쌓은 고리모양의 테뫼식 산성으로 오랫동안 충무공과 관련된 임란 당시의 유적으로 알려져 왔으나, 최근 발굴을 통하여 그 실체가 서서히 드러나고 있다.

산성은 봉우리에 둘레 100미터의 부속성이 자리하고 낮은 봉우리에 둘레 354미터의 본성이 자리한 복합성으로 이러한 형태는 우리나라에서는 보기 드문 예로 알려졌으며, 발굴된 유물은 글씨가 새겨진 기와를 비롯하여 토기와 철기류, 석환, 우물 등이다.

고락산의 이름은 북을 치며 즐겁게 논다는 의미로 산 아래 골짜기 이름인 동동골에서 유래된 이름으로 추정한다. 오래 전부터 산정에 100여 명이 들어가는 큰 동굴이 있다고 전해오지만 아직 발견되지 않고 있다.

전라좌수영성과 종고산

종고산은 신령스러운 산이다. 임진란 이전 이 산이 사흘 밤낮을 웅웅거리며 울었다. 괴이하게 여긴 백성들이 충무공 이순신 장군에게 알렸는데 얼마 지나지 않아 임진왜란이 일어나자 산 이름을 종고산이라 했다고 전해온다. 산이 울었다는 현상을 현대의 과학으로 설명하기는 힘들지만 큰 전란이나 국가의 종요한 사건이 일어날 때마다 산이 운다는 전설은 여수 사람들의 마음속에 심어졌고, 그들은 앞으로도 중요한 국가의 중대사에는 산이 울 것이라 여길지도 모른다.

종고산의 높이는 해발 220m로 높지 않은 산이지만 동남쪽의 확트인 여수만 너머의 대양과 함께 가막만과 여수해협을 조망하기에 넉넉하다. 이런 이유로 정상에는 북봉연대라고 부르던 좌수영성의 봉화대 터가 남아 있다. 이 봉화대는 지역마다 설치된 봉화대로부터 신호를 받아 좌수사에게 알리고 또 멀리는 왕이 있던 도성까지 연락을 보내기도 하던 좌수영성의 간봉間峰이었다. 바다에서 바라보이는 종고산은 종을 닮았다. 산의 형태를 보면 이미 조선시대 이전부터 종고산으로 불렸을지 모른다. 어쩌면 전란을 겪으면서 산이 울었다는 일화와 신화적 의미가 더 깊게 남아 후세에 전해지지는 않았을까?

송고산과 여수항

조선 중기 성종 임금 16년 종고산 남쪽 산자락에 성을 쌓기 시작했다. 초대 전라좌수사였던 박양신의 건의에 따라 북쪽 종고산을 배경으로 삼고, 남동쪽의 예암산을 안산으로 하여 산줄기와 그 사이에 생긴 경사 지대 위에 평지 석성을 쌓았다. 1485년(성종16) 3월, 성보를 쌓기 시작하여 6년 7개월이 지난 1491년(성종21) 10월에야 완성되었다. 기록상 성의 둘레는 3,634척, 동서 길이 1,200척, 남북 길이 908척으로 동서가 약간 긴 모양이다.

1591년(선조24) 이순신 장군이 전라좌수사로 부임하여 서문 해자垓字를 만들었다. 1593년(선조26) 7월, 삼도수군통제사가 된 이순신에 의해 한산도로 진을 옮겼으나, 임진왜란이 끝난 일 년 후(1599), 절도사 이시언이 삼도수군을 통제하기 위해 여러 건물을 좌수영에 지었다. 1664년 절도사 이도빈이 진남관, 망해루, 결승당을 재건하였으나 1716년 진남관이 불에 타버렸고, 1718년 절도사 이제면이 다시 중건하였다. 1774년 절도사 김영수가 성을 보수한 기록이 전해온다.

일제강점기인 1930년에 이르러 시내에 길을 내면서 좌수영성은 뜯겨지기 시작했다. 부속 건물들은 개인에게 팔려 뜯기어 집을 짓는데 쓰이는 경우가 많았다. 좌수영성이 지금까지 남아 있다면 여수의 가치가 얼마나 높아지겠는가? 시가지 건설과 교통을 핑계로 우리의 문화를 말살하였던 일제의 만행이 두고두고 아쉽다. 지금도 좌수영성의 경계는 골목길로 변하여 좌수영성 모양 그대로 남아 있다. 이제 성을 복원하여 여수의 도시 가치를 더욱 높일 때가 되었다.

남쪽의 왜구를 진압하여 나라를 평안하게 한다는 의미의 진남관은 전라좌수영의 객사 건물이다.

조선 후기 전라좌수영 내에는 600여 칸으로 구성된 78동의 건물이 있었다는 기록과 전라좌수영전도가 그림으로 전해오지만 지금은 유

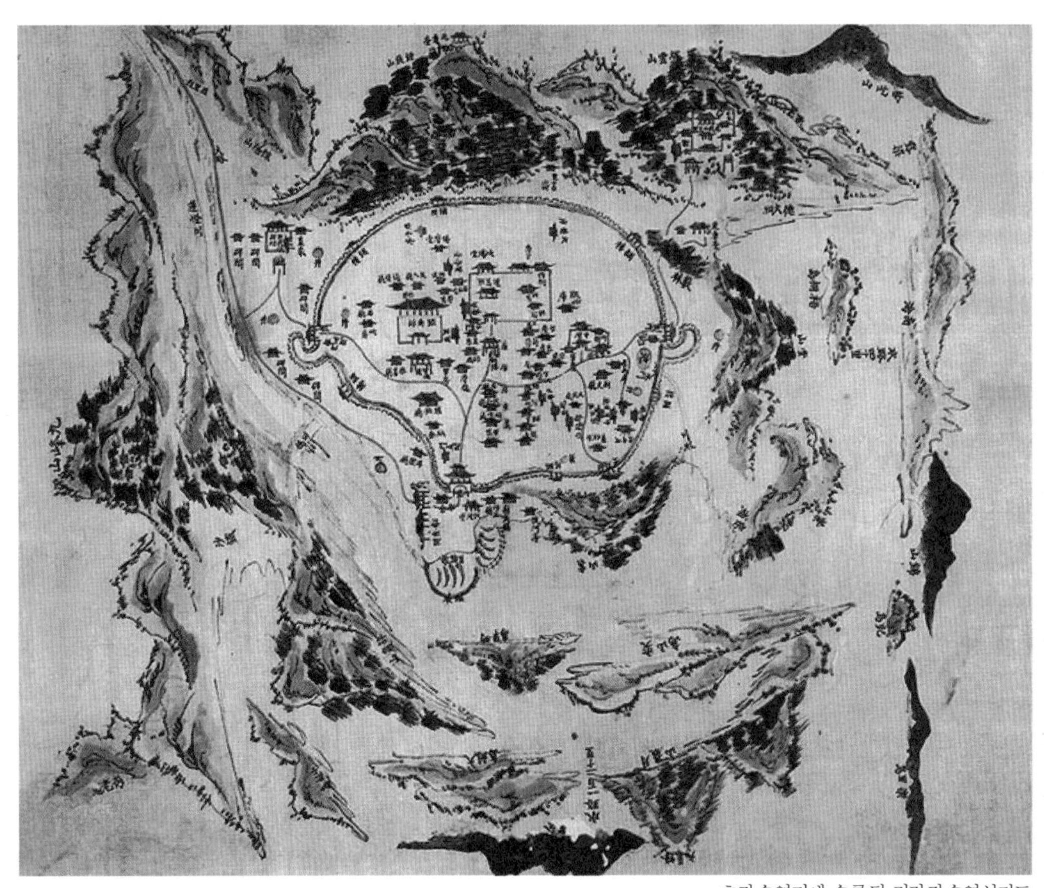

호좌수영지에 수록된 전라좌수영성지도

일하게 남아있는 건물이 진남관 밖에 없다. 정면 15칸(54.5m), 측면 5칸(14.0m), 면적 240평의 대형 건물로 우리나라의 대표적 목조 건축물이며 최대 규모의 건물이다. 길이 140m, 높이 14m에 68개의 기둥으로 구성된 건물 전체가 통칸으로 뚫려 있고, 벽도 없으며 창호도 달지 않아 간결하고 웅장하다. 진남관의 건축학적 가치는 더욱 높게 평가되어 처음에는 보물 324호로 지정되었다가 2001년 국보 304호로 승격 지정하였다.

진남관 앞뜰에는 석인상이, 뒤편에는 과거 좌수영의 식수로 사용되었을 아담한 우물이 그 형태를 잘 갖추고 있다. 석인상은 임진왜란 당시 이순신이 거북선 등 한창 전선을 만들 때 왜적들의 공세가 심해지자, 의인疑人 전술의 하나로 사람을 닮은 석상 7개를 만들어 배치했다고 전해오는 석조물이다. 본래 바닷가에 서 있었으며 7구의 석인상이 있었다고 전하지만 6구는 없어지고, 현재 1구만 진남관으로 옮겨 보존되고 있다.

봉황귀소의 터 구봉산

해발 388미터의 구봉산은 여수 시민에게 삶의 활력을 불어넣어 주는 신산이다. 여수항을 안고 있는 산 아래에는 대부분이 아파트와 주택지로 시민의 절반 가까이가 구봉산 자락에 머리를 누이고 사는 여수 사람에게 어머니와 같은 산이다. 이런 이유로 오랜 여수의 역사에는 숱한 전설을 안고 있는 산, 용과 봉황의 이야기가 전해오는 신화의 산이다.

산 위에 오르면 멀리 동쪽으로는 태평양까지 이어지는 대양이 펼쳐 있고 남으로는 돌산도와 남면의 금오, 안도, 연도로 이어지는 지맥이 용처럼 꿈틀대며 뻗어가는 장관을 보게 된다. 호수 같은 가막만도 남서쪽으로 늘어선 화양반도도 한눈에 들어와 이제는 세계 4대 미항이라 소개되는 여수의 전경을 제대로 느낄 수 있는 전망대다.

구봉산은 아홉 마리의 봉황새라는 뜻으로 이 산의 봉우리가 9개란 뜻이다.

옛날 오동도가 벽오동나무 숲으로 덮여 있을 때 하늘나라 옥황상제의 심부름을 나온 신하 9명이 봉황으로 변하여 벽오동 나무 열매를 따먹으려고 하늘에서 내려왔다. 그러나 벽오동나무 열매의 맛에 빠져

구봉산 원경

제때 하늘에 오르지 못하자, 바닷가에서 가장 하늘과 가까운 산 위에 올라 구봉산이 되었다는 전설이 전해온다.

산 위에서 북쪽을 바라보면 한없이 이어지는 여수의 산맥이 바라보인다. 산줄기를 바라보는 우리나라의 전통인 산경표식으로 볼 때도 여수의 지맥에서 구봉산은 중요한 위치에 솟아 있다.

민드래미 고개 중간에서 횡으로 지나 고락산을 이루고 더 나아가 구봉산에 이르니 이는 종고산을 감싸 안는 백호가 되어 밖으로 휘도는 넓은 바다는 순천, 여수, 광양을 구비구비 돌아 휘감는 장풍국보다는 득수국의 형국으로 구만리 장천을 나는 봉황이 비로소 쉬려고 하는 비봉귀소의 형국이 완성된다.

구봉산 정상에 서면 눈앞에 펼쳐지는 여수의 자연은 온갖 이야기를 풀어놓는다.

둔전마을을 지나 본산에 올라 추억에 젖다

돌산도가 시작되는 돌산대교 건너 북쪽 우두리부터 남쪽 끝자락의 향일암까지는 돌산종주길이란 이름의 등산로가 개설되어 있다. 산을 좋아하는 사람들의 모임인 '태극을 닮은 사람들'이란 단체에 속해 있던 여수 사람들의 노력이 모인 결과라고 한다. 여수가 시작되는 율촌의 앵무산에서 화양반도의 끝까지도 끊어진 산길을 잇고 없는 길은 만들어서 여수반도의 종주가 가능하게 만든 사람들이 이들이다.

돌산종주길의 산행안내도에는 32km의 산길을 종주하는데 11시간 정도의 시간이 소요될 것을 예고하고 있다. 산행은 돌산대교—소미산—대미산—본산—수죽산—328봉—갈미봉—봉황산—394봉—274봉—율림치—금오산—향일암—임포마을로 이어진다. 300m 급의 산들을 오르내리는 길은 산행초보에게는 만만치 않다.

좌우로 펼쳐진 짙푸른 바다의 풍경을 만끽하며 무슬목을 가운데 두고 오르고 내렸던 소미산과 대미산을 지나고 나면 이제는 아무리 힘든 산행도 이겨낼 자신감이 솟는다. 이즈음에 둔전 마을을 지나고 화도날 날짜기를 오르고 만나는 산이 해발 271m의 본산이다.

산을 오르는 길가에는 높고 견고한 석축이 예사롭지 않게 보인다.

본산에서 바라본 두문포(위)와 이순신의 일화가 전해지는 둔전 들

산성이 있던 자리이기 때문이다. 임진왜란과 관련된 전설이 전해 오지만 순천대에서 조사한 자료를 살펴보면 축성기법이 백제의 특징을 갖고 있으며 산성 안에서 발견되는 토기류는 통일신라시대의 것으로 추정하고 있다.

1970년대까지도 이 산은 둔전마을의 소년들이 산의 정상을 오가면서 소나 염소를 돌보면서 풀을 뜯기고 꼴을 베는 생활의 터전이었다. 당시 소년 시절을 보냈던 마을 장년들은 정산 근처에 기와로 지어진 쓰러져 가는 집과 시원한 샘물이 솟아나는 우물이 있어 최상의 놀이디였다고 회상한다. 1980년대 이후 급속한 도시화로 농촌에는 산 정상에 올라 놀 아이들이 사라졌다. 소나 염소의 먹이나 땔감으로 쓰기 위해 풀이나 나무를 베던 사람도 산을 찾지 않게 되자 산정의 곱던 잔디도 사라지고 무성한 잡초로 변했다.

본산성은 테뫼식 석축 산성으로 해발 260m를 전후한 지점을 따라 축조되었다. 본산성 정상에 서면 '옛 동산의 추억'을 정상 이곳저곳에 흔적을 남긴 산성 터가 되살려준다. 처음 이 산을 찾는 사람에게도 뛰어 놀던 고향 뒷산을 오랜만에 찾아와 다시 서는 회상에 젖게 한다. 눈을 돌려 바다를 바라보면 멀리 대양까지 이어진 수평선과 많은 이야기를 안고서 점점이 이어진 섬들이 산행자의 가슴을 울린다.

산으로 둘러싸인 둔전마을은 조선시대의 중요한 관방 역할이 그대로 마을 이름이 되었다. 둔전屯田은 고려, 조선시대에 궁이나 관아 군사용 주둔지 등에 딸린 관용지로, 돌산의 방답진 둔전에 마을이 이루어진 과정은 충무공의 장계에도 잘 나타나 있는데 그 내용은 다음과 같다.

피난민에게 돌산도에서 농사를 짓도록 명령해주기를 청하는 장계(請令流民入接突

본산성 성벽

山島耕種狀)

당상 눈앞에서 피난민들이 굶이 죽어가는 참상을 차마 눈 뜨고 볼 수 없습니다. 전일 풍원부원군 유성룡에게 보낸 편지로 인하여 비변사에서 내려온 공문 중에, '여러 섬 중에서 피난하여 머물며 농사지을 만한 땅이 있거든 피난민을 들여보내 살 수 있도록 하되 그 가부可否는 참작해서 시행하라' 하였기에, 신이 생각해본바 피난민들이 거접居接할 만한 곳은 돌산도突山島만한 데가 없습니다. 이 섬은 본영과 방답 사이에 있는데 겹산으로 둘러 싸여 적이 들어올 길이 사방에서 막혔으며, 지세가 넓고 편평하고 땅도 기름지므로 피난민을 타일러 차츰 들어가서 살게 하여 방금 봄갈이를 시켰습니다.

임진왜란이 일어나자 전화가 심했던 영남지역의 피난민이 비교적 피해가 적은 좌수영으로 몰려들었다. 그 중 좌수영 본영의 경내에 피난와 살던 사람만 200호가 넘었는데, 그들을 굶주리지 않도록 구제하기 위해 고심하던 끝에 목마장이던 돌산도에 이주시켜 농사를 짓도록 허가해 달라는 청을 조정에 올린 것이다.

이때가 1593년 1월 26일로 피난민도 살게 하고 군량미도 확보하는 일석이조의 계책을 올렸던 것이다. 이 후 조정은 충무공의 청을 받아들여 민간인이 돌산도에 뿌리를 내릴 수 있게 되었다.

풍경

대섬의 맑은 바람

竹島清風 | 여수팔경·1

고운물의 도시 여수가 가장 아름다운 계절은 언제일까? 남녘의 봄 소식이 뭍에 닿기 전부터 꽃을 피워온 동백과, 이임지로 떠나던 좌수사의 눈에 밟히던 고소대 언덕의 매화에 대한 전설이 전해지는 봄이 아닐까?

자연과 벗 삼아 생활하던 선인들의 멋은 지역마다 아름다운 경승을 자랑하는 팔경八景으로 알 수 있다. 중국 호남성의 동정호 부근 소수瀟水와 상수湘水가 만나는 일대를 경승이 뛰어나 소상팔경이라 한 것을 본받아 삼아 여수에도 옛 좌수영 시절부터 전해오는 팔경이 전해진다. 옛 전라좌수영 일대에 한정되어 오늘날의 여수를 대표하기에는 모자란 느낌이 있다.

그 첫 번째는 죽도청풍이다. 대섬에서 불어오는 맑고 시원한 바람을 말하는데 눈으로 보는 경치와 몸으로 느끼는 바람이다. 이른바 감각과 감성을 총동원하여 빠져보는 오감만족 감상법이다.

죽도청풍竹島清風의 대섬은 흔히 오동도로 알려져 있다. 유명한 오동도는 동백과 함께 조선수군이 임진왜란에서 화살대로 이용했다는 시누대가 많은 대나무 섬이며, 여수사람에겐 젊은 시절 한두 번쯤 오동

돌산공원에서 바라본 장군도(위)와 오동도에서 바라본 여수

도 시누대 밭에서 숨어 나누던 연인과의 추억이 함께할지도 모른다.

죽도는 대섬을 한자로 표기한 이름이다. 하지만 대나무가 많은 섬으로 생각하기 쉽지만 마디마디가 이어져 있는 대나무의 생김새처럼 육지에 가까이 있어 대섬이다. '배를 선착장에 대다'의 쓰임처럼 육지 가까이 대어진 섬이란 뜻으로, 육지 가까이에 있는 많은 섬의 이름이 대섬이다.

그래서 장군도의 옛 이름도 대섬이며 오동도의 이름도 대섬, 화양면의 나진 앞의 섬, 돌산의 평사리 앞의 섬도 대섬이란 이름으로 전해온다. 대섬에 대나무가 없는 것은 없어진 것이 아니라 대나무 섬에서 유래하지 않았기 때문이다. 지도를 펼쳐 보면 전국에 유난히 대섬이 많은 비밀이 보인다.

옛 좌수영 시절의 죽도는 오동도보다는 지금의 장군도를 일컫는 이름이어서 여수팔경을 소개하는 문헌 중에는 장군도로 해설하는 소갯말도 많다. 옛 좌수영성의 앞 바다에 위치하고 있어 수군들의 사랑을 받았을 장군도에는 이량 장군이 쌓은 수중석성을 비롯해 장군성비와 같은 문화유적이 있고 산책로 등이 조성되어 있어 시민의 사랑을 받는다.

오동도는 1935년부터 3년에 걸쳐 만들어진 길이 768m, 너비 7m의 방파제가 만들어진 후 오동도가 시민에게 사랑받는 섬으로 탈바꿈을 하였다. 이때부터 장군도는 여수의 아이콘으로 등장한 오동도에게 서서히 죽도의 이름을 넘기게 되었다.

오동도에는 그 이름에 얽힌 전설이 전해온다. 고려 공민왕 시절 오동도에는 오동나무가 많았다고 한다. 이 섬에 오동나무가 많아 인근에 살던 봉황이 오동나무 열매인 머구를 먹기 위해 자주 깃들자 멀리 도성까지 소문이 났다. 이를 전해들은 왕의 사부 신돈은 풍수지리에

능통했는데 전라도의 전全자가 집안에 왕王자가 새겨져 있어 혹시 이곳에서 왕이 나지 않을까 두려움이 생겼다. 신돈은 이를 막기 위해 오동도의 오동나무를 모두 베어버렸다.

동백꽃에 얽힌 전설은 목을 자르고 떨어진 동백의 꽃잎처럼 슬픈 사연이다.

> ~오동도에는 아리따운 한 여인과 어부가 살았드래.
> 어느날 도적 떼에 쫓기던 여인은 낭벼랑 창파에 몸을 던졌드래.
> 바다에서 돌아온 지아비 소리소리 슬피 울며
> 오동도 기슭에 무덤을 지었드래. 북풍한설 내려치는 그해 겨울부터
> 하얀 눈이 쌓인 무덤가에는 여인의 붉은 순정 동백꽃으로 피어나고
> 그 푸른 정절 시누대로 돋았드래.
> -박보운 님의 시 「오동도 전설」에서-

오동도에는 1996년부터 관광객에게 편의를 제공하기 위해 동백열차를 운행하기 시작했고, 1998년에 오동도 관광식물원이 문을 열었으며, 2002년에는 오동도를 걷고 싶게 만든 맨발공원이 조성되었다. 오동도는 한려해상국립공원의 일부를 이루며, 섬 전체가 난대림 특히, 신이대(시누대)·동백나무 등이 무성하고, 남동 해안은 높은 해식애로 둘린 아름다운 경승지다. 2005년 관광 식물원 자리에 식물원을 철거하고 음악분수대가 만들어져 관광객의 사랑을 받고 있다.

고소대 위에 걸린 달

姑蘇霽月 | 여수팔경·2

봄은 아직 저만치 있는데 추위에도 아랑곳하지 않고 꿋꿋하게 피어나는 꽃이 매화다. 그래서 예로부터 불의에 굽히지 않는 선비의 기개를 매화에 비유했다. 추위를 이겨내는 꽃으로는 동백도 빼놓을 수 없다. 매화도 동백도 모두 여수와 여수 사람을 닮은 우리에게 친숙한 꽃이다.

조선시대 전라좌수영은 별칭으로 매성梅城 또는 매영성梅營城이라 불렀다. 좌수영성 동남쪽 고소장대가 높게 솟은 언덕 위로 봄이면 매화가 지천으로 피어 전라좌수영의 봄은 은은한 매화 향기와 꽃으로 뒤덮여 좌수영성은 매화 성이 된다.

어느 봄날 직에서 물러나 이임지로 떠나던 좌수사가 있어 차마 떨어지지 않는 발길에 고개를 돌리고 또 돌아보는 까닭을 묻자, '고소대 위에 아름답게 핀 매화를 생각하니 발길이 떨어지지 않는다'고 했다는 말은 두고두고 여수의 아름다움을 전해주는 이야기다.

그런 고소대 언덕 위로 떠오르던 보름달이 걸린다. 지금은 고목으로 서 있는 충무공 대첩비각 앞의 커다란 당산나무는 100년, 200년 전에도 그 자리에 있어 떠오르는 보름달을 나뭇가지에 붙들어 놓았을

고소대 부근의 오포대

일제가 경복궁 뜰에 묻어두었던 통제이공수군대첩비

게 분명하다. 여수팔경의 고소제월은 그런 여수의 아름다운 경치를 노래하고 있다.

여수팔경이 처음 소개된 조선환여승람이나 여수향토사에서는 소대제월蘇臺霽月이라 하였으나 지금은 고소제월로 많이 소개되고 있다. 아쉽게도 지금은 좌수영성도 고소장대는 허물어지고 없지만 가까이서 충무공의 좌수영대첩비가 여행객을 반긴다.

좌수영대첩비는 광해군 7년(1615)에 충무공 이순신 장군의 부하로 있다가 전라좌수사, 황해병사를 지낸 유형柳珩이 돌을 보내 김상용金尙容이 전篆을 쓰고, 이항복이 비문을 지었으며 비문은 김현성金玄成이 새겨 좌수영성의 입구였던 지금의 연등동과 충무동사이의 고개였던 동령현에 비각을 짓고 들여 놓았다. 그런데 일제강점기 여수경찰서장이던 마쓰키(松木)가 1942년 봄 우리 민족의 정기를 말살하기 위하여 대첩 비각을 헐고 대첩비와 타루비를 반출하여 사라진 것을, 해방이 되고 1946년 경복궁 뜰에서 초대 경찰서장 김수평이 발견하여 1948년 5월 24일 지금의 고소대 부근에 비각을 복구하여 세워놓았다.

국내 비석 가운데 최대로 길이 3.6m, 폭 1.27m, 두께 27㎝에 달하는 규모로 보물 제571호로 지정되어 있다. 대첩비 옆에는 1603년에 세웠던 타루비가 함께 서 있다. 타루비란 중국 진나라의 양양襄陽 사람들이 양호를 생각하며 그 비를 바라보면서 반드시 눈물을 흘린다는 고사에서 유래된 것으로 충무공을 생각하면 눈물이 난다는 뜻이라고 기록하고 있다. 좌수영대첩비와 함께 보물 제571호로 일괄 지정되었으나, 여수 주민들이 분리하여 보물로 지정할 것을 정부에 건의하여 1998년 11월 27일 보물 제1288호로 지정되었다.

고소대가 있던 자리는 일제시대 정오를 알리던 사이렌이 설치되어 있던 망루가 있어 한동안 오포대라고 불렀다. 오포대 주변에는 여수시의 기상을 관측하던 여수기상대가 있어 지금도 여수의 기상 자료를 수집하고 관측 자료를 시민에게 제공해주고 있다.

고소동 천사벽화골목의 벽화

최근 고소대 언덕 아래 골목길에는 여수의 이야기를 벽화에 담아놓은 벽화길이 조성되었다. 1004m의 길이나 되어 천사골목이라 이름붙였다. 통영의 동피랑 마을처럼 여수를 찾는 여행객 중엔 카메라를 들고 고소동 골목을 찾는 이도 늘고 있다.

고소대를 중수하였던 옛 기록에 고소대의 아름다움을 이야기한 대목도 있다.

(~전략)

여수 땅은 호수와 산이 옷깃처럼 둘러 있어, 예로부터 정자로서 올라 볼 만한 명승지가 많은데, 고소대도 그 중의 하나이다. 바로 정자에 올라 보지 않아도 이름이 벌써 좋다. 또 한산사寒山寺라 부르는 절이 고소대의 서쪽에 떨어져 있으니 가까이서 바라보면 종소리가 은은하여 들을 만하다. 그 대臺를 '고소姑蘇'라고 이르는 것은 이 까닭이다. 내가 전에 고소대에 올라서 시험 삼아 바다를 바라보니, 산봉우리들이 은근히 연운煙雲이 아득히 아른거리는 속으로 잠겼다 나왔다 함이 보였으며 장사 배와 고기잡이배들이 종횡縱橫으로 푸른 나루, 푸른 파도 가운데 벌려 있었다. 이것이 바로 고소대의 아름다운 경치이다.

은은하게 울려퍼지는 저녁종소리

寒山暮鐘 | 여수팔경·3

옛 여수의 아름다움을 이야기하는 여수팔경 중 세 번째는 한산모종으로 구봉산 중턱에 있는 한산사에서 은은하게 들려오는 저녁종소리이다. 저물녘이면 이곳저곳 초가집 굴뚝 위로 저녁밥 짓는 연기가 모락모락 피어오르고 바닷가 마을에 멀리 산사에서 종소리가 울려 퍼지는 것이 한산모종이 그리는 여수 풍경이다.

한산사는 고려시대 후기에 보조국사 지눌이 창건하였다고 전해지는 사찰이다. 창건 연대는 정확하게 알려진 것이 없지만, 1880년의 「한산사중창서」에는 보조국사 지눌이 창건한 것으로 기록하고 있다. "구봉산은 우리나라 여러 산 가운데 가장 영험한 곳으로 수목이 울창한데 이러한 명산에 사찰이 없음을 안타까워 한 보조국사가 이에 절을 창건하였다"가 그것이다.

임진왜란 당시 수군과 의승군이 주둔하였던 호국의 현장으로 경내 동쪽 암반 사이로 흐르는 약수는 시원하고 맛이 좋기로 유명하다. 한산사에는 전해오는 동종이 있는데, 1750년(영조26) 한산사 종을 주조한 것으로 보고 있으나 명문도 없고 기록도 없어 확실하지는 않다. 범종각에 있는 큰 종은 1982년에 만들어서, 한산모종을 이야기하던 시절의 종은 이 동종이 아니다. 종의 높이는 83.5㎝, 종구는 61㎝이다.

안산사 종각(위)과 안산사 대웅전

중국 소주에는 고소성과 한산사가 있다. 아름다운 동정호가 있는 도시 소주처럼 옛 선인들도 물의 도시 여수를 아름답게 여겨 좌수영성에 고소대와 한산사의 지명을 남겼다.

소주에 있는 한산사는 남북조 시대의 남조 양나라 천감 연간(502~519), 무제 시대에 묘리보명탑원妙利普名塔院으로 창건되었는데, 당나라 시대의 풍광 사람 한산 스님이 이 땅에 자리를 잡으면서부터 한산사가 되었다고 한다. 한산 스님은 시풍현 서쪽 70리의 한암유굴寒巖幽窟이라는 곳에 살고 있었기 때문에 한산이라 불렸고 비승비속非僧非俗의 기행을 일삼았지만 불교의 현묘한 이치를 깊이 통달하여 문수보살의 현신이라 여겨졌다.

한산사에는 풍교야박楓橋夜泊이라는 중국의 국민시라 할 수 있는 유명한 시가 전해온다. 이 시는 당나라 시대 장계張繼가 그의 나이 56세에 과거시험에 응시했다가 세 번째 낙방한 직후 풍교라는 다리 근처에서 밤을 새우며 쓴 시詩인데, 한산사의 종소리가 언급된다.

月落烏啼霜滿天 달 지고 까마귀 울제 하늘에 찬 서리 가득하고

江楓漁火對愁眠 강가 풍교의 고깃배 불빛에 잠 못 이루네

姑蘇城外寒山寺 고소성 밖 한산사에서

夜半鐘聲到客船 깊은 밤 종소리 나그네의 배에 울리누나

1960~70년대 여수의 한산사에도 작은 석조건물이 있어 장계의 과거공부처럼 고시나 어려운 시험을 준비하는 사람들이 공부하고 있었고 더러는 좋은 결과를 얻어 출세를 하였다. 하지만 풍교야박의 장계처럼 처연한 마음을 맛보았던 사람도 많았을 것이다. 그러나 아직 이 도시를 노래한 시는 들려오지 않는다. 세계박람회 이후 관광객의 왁자하

구봉산에서 바라본 어항단지

고 소란스러운 여수의 모습에 한산모종 같은 고즈넉하고 감성적인 아름다운 경관을 상상이나 할 수 있을까?

아름다운 자연과 함께 도시가 지닌 역사와 시대의 소회들이 모여 여수의 깊은 멋을 풍기는 한산모종을 음미하는 것 또한 전시관이나 관광 혹은 유적지 하나를 둘러보는 것만이나 소중하지 않을까? 여수세계박람회 이후 관광객이 늘어날수록 여수의 고유한 특성은 더 사라진다는 말도 들려온다. 하지만 여수의 맛과 멋, 아름다운 경관과 많은 이야기, 지역민의 따뜻한 마음들은 여수에 대한 추억은 기억에 오랫동안 남아 다시 여행자의 발걸음을 돌리게 할 것이다.

종포 어부들의 노래소리

鐘浦漁歌 | 여수팔경·4

이른 아침부터 징과 꽹가리 소리가 요란한 날은 고깃배가 지난 밤 만선으로 돌아왔다는 것을 알리는 신호였다. 오색기를 펄럭이며 만선가를 부르는 어부의 얼굴에는 함박웃음이 피어오르고, 주민들은 배에 가득한 멸치나 고기들을 골라주고 들고 나온 광주리 가득 만선의 기쁨을 함께 나누었다.

잡은 고기를 상자에 담거나 말려서 판매용 상품으로 만들고 해진 그물을 손질하는 일로 포구는 사람들로 붐비고, 노랫소리는 끊어질 듯 이어지며 하루 종일 들려왔다.

여수팔경의 네 번째는 종포에서 어부들의 노랫소리가 들려오는 풍경이다. 아름다운 해안선과 반질반질한 몽돌로 이루어진 포구의 해변에서 부르는 노동요는 멀리 좌수영성에서도 들을 수 있었던지 팔경에 자리잡아 여수의 경치로 후대에 전해졌다.

종포는 쫑개라고 부르던 포구이다. 좌수영 수군들이 판옥선과 거북선을 정박시켰던 항구의 동쪽에 있던 작은 항구로 수군들이 있던 큰 항구는 군사 항으로서 기능하였기 때문에 어민들이 자유롭게 이용하는 항구로서 딸린 항구 또는 부속 항이라는 의미로 종포로 불렸다.

종포해변(위)과 하멜등대

종포의 다른 이름으로 새복(새벽)개라는 이름도 전해진다. 해가 뜨는 곳의 의미인 새벽을 뜻하는 새복개는 종포의 한자 이름과 관계가 있어 새복개와 훈이 비슷한 쇠북 종鐘자를 사용하고 있기 때문이다. 일제 강점기에 춘원 이광수가 지은 이충무공의 전기에도 새복개로 전해온다.

현대에 와서도 종포는 노랫소리와 인연이 많다. 여수 구항 일대의 해변을 수변공원으로 단장하면서 어민들의 어업과 관계된 항구 기능은 국동과 신월동으로 이전하고 종포는 공원으로서 기능이 더 커졌다. 이렇게 만들어진 해양공원에는 여수에서 가장 큰 대형 무대가 세워지고 여수의 대표적인 축제인 거북선 축제를 비롯 다양한 문화행사가 연중 이어지고 있다.

밤이 되면 현대식 조명이 설치되어 돌산대교와 거북선 대교가 빛나고 해변 공원 일대의 다양한 조명들이 뿜어내는 야경은 세계박람회장을 찾는 관광객에게도 인기를 얻고 있다.

종포해양공원에는 하멜등대라는 빨간 등대가 서있다. 『하멜표류기』로 유명한 네덜란드인 핸드릭 하멜이 여수 지역에 머무르다 1666년(현종7)에 네덜란드로 돌아간 것을 기념하여, 하멜등대는국제로타리클럽이 추진하는 하멜기념사업과 연계되어 2004년 12월 23일에 건립되었다.

하멜은 동인도회사의 선원으로, 일행 64명과 함께 1653년 1월 스페르베르(Sperwer)호를 타고 네덜란드를 떠나 1653년 7월 대만을 거쳐 일본 나가사키로 가던 중 폭풍우를 만나 난파되어 제주도 모슬포 해안까지 떠밀려 왔다. 36명이 살아남아 제주도 지방관의 보호를 받다가 서울로 이송되었다.

서울에서 2년을 보낸 일행은 1656년(효종7) 3월 초, 전라남도 강진군에 있는 병영으로 귀양을 와 7년 동안 병영지기 생활을 하였으며, 그 동안 11명이 한국 풍토에 적응하지 못해 사망하였고 22명이 살아남았다. 1663년(현종4) 2월, 기근이 심해 하멜을 포함한 12명은 여수 지역으로, 5명은 순천 지역으로, 나머지 5명은 남원 지역으로 보내졌다.

하멜을 포함한 12명은 전라좌수영 문지기 생활을 하면서 돈을 모으고 한 어부를 설득하여 배를 몰래 사들였다. 1666년(현종7) 9월 4일 일행 7명과 함께 하멜은 일본 나가사키로 탈출했다. 제주에 난파하여 표류한지 13년 만에 고향으로 돌아간 것이다.

하멜등대 주변에는 하멜의 고향인 네덜란드 호린험(Gorinchem) 시의 하멜 동상과 같은 규모로 알려진 무게 140kg에 높이 1.2m의 동상을 세워 하멜과 맺어진 여수의 사연을 소개하고 있다.

이바구산에서 들려오는 풀피리 소리

隸巖草笛 | 여수팔경·5

남해바다를 바라보는 전라좌수영의 남산은 이바구산으로 불렸다. 오늘날 남산동으로 부르는 이 지역은 장군도와 사이의 해변에 기암절벽이 형성되어, 바다와 어우러진 경승이 빼어나서 항상 전국의 자랑거리였다고 한다. 이 해변에 커다란 바위가 있었는데 연유를 알 수 없는 바위의 이름이 이바구였다. 이 때문에 남산을 이바구산이라 하였으며 한자로는 예암산隸巖山이라 했다.

여수팔경의 5번째는 예암산(이바구산)에서 들려오는 초동들의 풀피리 소리 들려오는 경치로 예암초적이라 표현한다. 눈을 감고 귀 기울이면 바다와 기암과 어우러진 경치에 풀피리 소리 들려오는, 낮잠이 밀려드는 여름날의 풍경이 그려지는가?

초저녁이면 들려오던 다듬이 소리나 칭얼거리는 아이를 달래는 어머니의 자장가처럼 소리와 함께 회상되는 목가적 풍경은 저마다 다를 것이다. 장년의 여수 사람들에게는 뱃전을 똑딱거리며 고기를 좇아서 고기잡이하던 소리, 멸치잡이 어선에서 그물을 털면서 부르던 뱃노래, 어선의 밧줄을 만들기 위해 여러 사람이 손으로 끈을 꼬면서 부르던 술비노래 등 소리만으로 그려지는 어촌의 풍경이 많다. 밤새 멸치잡

돌산대교와 해안선(위)과 여수구항

이를 나가 만선으로 풍악을 울리며 돌아오던 뱃소리, 멀리 일본의 시모노세키나 부산으로 떠나던 기선들의 기다란 뱃고동 소리, 고소대 오포대에서 들려오던 정오를 알리던 싸이렌 소리도 여수의 소리로 기억될 만하다. 이런 이야기들은 이 시대에 아직 살고 있는 중장년 여수 사람들에게는 아련히 기억되는 여수의 아름다운 이야기가 되지 않을까?

예암초적의 풀피리 소리가 사라진 항구에는 여수구항의 호안을 둘러서 만들어진 해양공원에서 소리가 들려온다. 여기에 세계박람회 개최로 다양한 시설과 조명은 현대인의 욕구를 또 다른 아름다움으로 채우며 눈을 즐겁게 한다. '여수밤바다'란 유행가에 어울리는 여수항의 밤 풍경은 전 국민의 머릿속에 멋진 기억으로 아로새겨지고 있다.

남산 아래 바닷가의 커다란 절벽으로 이루어졌던 이바구는 지금은 사라지고 없다. 1935년부터 진행되었던 오동도의 방파제 공사는 제방을 쌓을 큰 바위가 많이 필요하게 되자, 이동과 채석이 비교적 수월했던 해안가 바위들을 사용하기로 하고, 오동도 입구와 남산동 일대 돌산의 신추(백초)마을 입구 해안 절벽 부근에 채석장을 설치하였다.

남산동에는 방파제 축조에 필요한 대형 함괴函塊공장까지 설치되었다. 함괴는 사각형의 대형 시멘트블록으로 이 속에 돌을 채워서 방파제의 기초가 되는 구조물이다. 일주일 만에 단 한 개의 함괴가 만들어지면 대형 선박이 오동도 입구로 실어 날랐다고 한다. 한척의 기선에 함괴를 싣고 채워질 돌을 실은 30여 척의 배를 묶어 끌고 가는 광경은 장관이었다. 당시의 공사 규모가 얼마나 컸던지 뗏목에 채석된 돌과 함괴를 실어나르는 광경을 보러 멀리서까지 구경을 왔다고 전해진다.

구봉산에 오르면 여수구항의 전경이 한눈에 들어온다. 멀리 오동도에서 신월동까지 이어지는 해안선은 바다와 어우러져 멋진 경치를 보여주는데 그 중앙에 남산이 위치하고 있다. 좌수영 시절의 남산은 항구의 변경이었지만 오늘날 남산이 위치한 남산동 일대는 도시 중앙이 되었다. 여기에 한때 온천 원수가 발견되어 개발 청사진이 그려지던 시기도 있었다.

서양의 도시에는 도시 중앙마다 주로 공원이 자리잡고 있다. 풀피리 소리 들리던 남산은 구항의 중앙에 위치하여 공원으로서 훌륭한 조건을 갖추고 있다. 이런 이유로 여수시는 2018년 진입로와 주차장 등의 1단계 사업을 완료하고 정상부에 공원을 조성하는 2단계 사업을 진행 중에 있다. 가까운 미래에 남산은 여수항의 또 하나의 명소로 변신할 것이다. 이떤 모양으로 변하든지 여유와 한가로움이 묻어나던 예암초적의 멋이 담기길 기대해 본다.

봉강 언덕에서 보는 맑은 안개 피어오르는 풍경

鳳岡晴嵐 | 여수팔경·6

봉강은 구봉산 아래에 있는 언덕을 일컫는다. 이곳에서 바라보는 맑게 갠 날 아침안개는 아지랑이처럼 또는 땅의 기운처럼 피어올라 환상적인 풍경을 연출한다. 시가지의 빌딩들이 들어서기 전에는 봄과 여름 비가 갠 다음날 아침이면 쉽게 보던 풍경이다.

여수팔경의 여섯 번째는 봉강에서 안개가 피어오르는 풍경으로 봉강청람이다.

강이나 바다와 같은 물가에 사는 사람들은 일교차가 크게 나는 날 아침에 피어오르는 물안개의 멋진 광경을 자주 본다. 물 위로 피어오르는 물안개는 땅의 거대한 기운처럼 보는 이가 마음속에 품은 희망까지도 솟아나게 하는 흥분을 불러일으킨다. 봉강청람의 멋진 풍경도 그러했던가 보다.

도시화가 되지 않았던 때의 여수항의 해안선은 지금과는 많이 다른 모습이었다. 항구의 모양이 갖추어지기까지 여러 차례의 공유수면을 매립하는 과정이 있었다. 일제 강점기가 시작되면서 여수에 정착한 일본인들은 총독부의 다양한 지원과 혜택에 힘입어 공유수면을 매립하여 부족한 땅을 확보했다. 1914년 3월에 시작된 매립공사는 1916

매립전의 교동일대(병복처럼 생긴 지형으로 병목이지라 함, 1940년대/ 위)와 봉강언덕에서 바라다 본 구항시가지

년 10월에 끝이나 1차 매립공사로 5,000여 평의 땅을 확보하였다. 이때 조성된 땅은 모두 일본인들에게 분배하였다.

다음으로 1916년 여수에서 가장 많은 재산을 가지고 있던 일본인 고뢰농장주 오오츠카 지사부로(大塚治三郎)가 수산업과 농업에 진출한 일본인을 위한 상업 용지의 부족이 발생하자, 이를 충족하기 위한 매립공사에 착수하여 1920년 9월에 준공하였다. 오늘날의 충무동, 서교동, 광무동 일대의 5만여 평이나 되는 대 매립공사였다.

이후에도 일본인들은 10여 차례의 공사를 통해서 신 구항에 걸쳐 수만여 평의 땅을 매립하여 자신들의 사업을 확장시켜 나갔다. 중앙동, 종화동과 철부역사 부근의 수정동 일대, 신항과 엑스포 부지가 있는 덕충동 일대가 이때 매립되었다.

이와 같은 매립에도 불구하고 여수 시가지의 인구는 1930년 12월 19,705명에서 1939년 말에 30,938명으로 늘어나 주거 면적이 절대적으로 부족하게 되었다. 이런 이유로 여항매축조합이라는 대규모시가지 매립공사를 위한 조합이 결성되고 10만여 평에 이르는 가장 큰 규모의 매립공사를 시작했으나, 태평양전쟁을 일으켜 물자 및 자금 지원이 어려워져 소규모의 매립공사만 마친 채 해방을 맞았다.

이때 교동 일대의 지형은 매립하다 남은 모양이 병의 모가지 모양으로 남아 병모가지라는 지명이 생겨나기도 했다. 훗날 교동 일대는 어선들이 정박하면서 뱃사람들의 유흥가가 형성되었다. 이 시절 사창가의 다른 말처럼 불렀던 병모가지는 지형이 생긴 모양에서 유래되었던 이름이다.

해방을 맞이한 여수의 시가지는 일제 때 착공하고 남겨진 매립지로 도시다운 시가지 형태를 갖추지 못하고 있었다. 여기에다 1948년 10월 19일에 일어난 여순사건은 시민 모두를 폭도로 규정하고 시가지를 함포와 박격포로 공격하였던 진압 군경의 파괴로 폐허가 되고 말았다. 사건이 일단락되자 정부는 구호자금으로 당시 1억8천5백만 원이라는 거금을 내놓았는데 이 돈의 일부로 중앙시장이 만들어지고 중앙동 로터리가 개설되면서 중앙로가 개설되었다.

해방과 여순사건, 한국전쟁으로 도시정비는 꿈도 꾸지 못하다가 1956년에 이르러서야 중단된 매립공사를 재개하는 데 경쟁 입찰이 부쳐지고 공사가 시작되었다. 이후에도 부실공사 등 숱한 사연을 남기면서 1962년 교동 일대의 매립이 마무리되었고, 인구의 증가와 도시규모의 확대로 38만여 평의 국동지구의 매립도 완성되어 오늘날의 구항지역 모습이 완성되었던 것이다.

한국화에서 보는 한적한 강변의 포구와 같은 봉강청람의 옛 모습을 다시 보긴 어렵지만, 전 세계적으로 아름다운 여수항구의 지금의 모습은 이처럼 숱한 사연을 켜켜이 품고 있다.

마래산 자락에 비치는 아침햇살

馬岫朝旭 | 여수팔경·7

전라좌수영의 풍수는 종고산을 진산이라 하고 마래산을 조산으로 여겼다. 마수조욱은 수평선으로부터 마래산 자락을 비추는 아침 햇살의 아름다움을 말한다. 지역의 조산으로 경외하는 높은 산자락이 아침 햇살을 받아 빛나는 광경은 보는 것만으로 지역민에게 신령스러운 기운을 뿌렸으리라.

여수반도의 가장 북쪽에 솟은 앵무산이 종조산이라면 마래산은 중조산쯤 될 것이다. 풍수가들은 땅의 기운은 용이 용틀임하듯 산의 지맥으로 연결되어 큰 기운을 뻗치며 인간의 생활에 영향을 주는 것으로 믿었다. 여수의 지맥은 용의 기운이 뻗쳐 장군도라는 여의주를 차지하기 위해 돌산도를 이루는 용과 구봉산을 이루는 용, 경도를 이루는 세 마리의 용이 서로 다투는 교룡쟁주형이다. 여수반도 전체를 봉황의 형체로 보기도 한다.

좌수영을 연결하는 도로는 오늘날의 연등동 지역인 인구부를 돌아 동령현 고개(지금의 연등동과 충무동의 경계인 고개)를 지나 좌수영에 다다른다. 마래산 아래에는 좌수영 지역의 읍민이 숭앙하던 충무공을 모시던 사당인 충민사가 있었고, 충민사와 함께 성스럽게 여기던 석천

2012년 여수세계박람회장(2020년 모습)

사가 함께 있다. 이는 신앙의 대상으로 항상 몸을 정갈히 하고 궂은 일을 멀리하면서 섬기던 지역이었다. 마래산과 함께 이 지역 일대가 마음과 행동을 삼가는 신령스러운 터였던 것이다.

충민사는 임진왜란이 끝나자 좌수영의 교리이던 박대복이 현 충민사의 자리에 가산을 털어 2칸짜리 사당을 짓고 제향祭享을 모시던 곳이었다. 전화의 상처가 아문 선조 34년(1601) 체찰사로 내려온 이항복이 민심을 살펴본 후에 왕에게 아뢰어 통제사였던 이시언에게 명을 내려 건립한 사액사원이다.

충민사의 이름도 당시 왕인 선조가 직접 이름을 짓고 현판을 내렸다고 전한다. 이렇게 건립된 충민사는 아산의 현충사보다는 103년 전이요, 통영의 충열사 보다는 62년이나 앞서 세워진 우리나라 최초의 충무공 사당이다. 전쟁이 끝나고 나라에서 처음으로 충무공의 공을 인정하여 내린 사당이다.

충민사와 나란히 자리 잡은 사찰 석천사는 충무공의 사당인 충민사와 깊은 연관이 있다. 1600년 초 정유재란이 끝난 3년 후에 임란을 슬기롭게 승리로 이끄는 데 큰 역할을 한 바 있는 옥형 스님과 자운 스님은 충무공의 전사 후에, 공의 인격과 충절을 잊을 수 없어 충민사 사당 곁에 공의 넋을 추모하기 위해 충무공이 즐겨 마시던 석천 가까이에 단을 쌓고 3년 상을 지냈다. 석천사는 그들이 거처할 암자를 지은 데서 유래되어 지금까지 전해 내려오게 된 사찰이다.

충민사가 있던 북쪽 골짜기는 '외얏골' 또는 '얫골'이라 하였는데 이를 한자로 표기하면서는 와瓦 동으로 표기하여 기와를 구웠던 곳으로 오해하는 경우가 많았다. 얫골의 유래는 바깥쪽의 의미로 '외얏골'이라 하기도 하고, 오르기에 힘이 들어 이름 붙여졌다고도 하며, 절 아래 마을에서 탈 없는 애를 낳는 풍속에서 유래되었다는 설도 있다.

충민사 입구에서 자세히 살펴보면 낮은 사각형의 돌비석에 하마비라는 글귀가 새겨진 것을 볼 수가 있다. 하마비는 주로 궁궐이나 종묘, 문묘, 성현의 탄생지, 향교 마을 등의 입구에 세워서 말을 타고 가는 사람도 말에서 내려 경의를 표하라는 표시 석으로 본래는 충민사 입구라 할 수 있는 지금의 동초등학교 뒷길 부근에 있던 것을 덕충동 고개에 도로가 신설되면서 충민사의 입구에 옮겨지게 되었다.

충민사 가는 길에 있었던 하마비

하마비의 의미로 부르는 땅이름으로 '하마등'이라는 땅 이름이 있는데, 낯선 마을로 찾아가는 이방인이나 장가를 가는 신랑도 마을의 하마등에서는 말에서 내려 걸어가는 예를 갖추어야 했다.

좌수영의 할아버지 산으로 너른 품을 가지고 있는 마래산 아래는 여수세계박람회장이 있어 여수시의 역사상 가장 큰 세계인의 잔치가 펼쳐졌다. 이후에도 박람회장은 다양한 용도로 활용되고 있으며, 여수의 지속가능한 환경을 선도할 장소로 쓰이도록 많은 사람들이 지혜를 모으는 중이다. 수평선에서 일출이 있는 날 더 빛나 보일 마래산의 아침햇살을 다시 봐야겠다.

먼개(경도) 포구로 돌아오는 돛단배

遠浦歸帆 | 여수팔경·8

경도는 고래섬의 한자 표기이다. 여수팔경의 여덟 번째는 원포귀범으로 멀리서 경호바다로 돌아오는 고깃배들의 풍경을 이야기한다. 20세기 초 바다의 자원이 넉넉하던 시절 여수의 고깃배들은 먼 바다까지 나가지 않더라도 풍족하게 고기를 잡아 올렸다. 호수같이 잔잔한 가막만 바다만 나가도 고기가 넘쳐나 집으로 돌아오는 범선에는 항상 만선가 소리가 드높았다.

포구의 입구에 있던 지금의 장군도는 고래를 잡던 곳이란 의미로 참경대라고 불렀다. 육지동물의 먹이사슬 피라미드의 정점에 호랑이가 있듯이 바다동물의 먹이사슬에서는 고래가 있다. 포구 바로 앞에 있는 섬까지 고래를 잡을 수 있었다니 얼마나 풍요로웠겠는가?

먼 바다에서 뱃전 가득 고기를 채우고 돌아오는 어부에게나, 예암산 끝자락 당머리 포구에서 배를 기다리던 어부의 아내 혹은 가족에게나 높이 달아맨 돛배를 타고 경도 섬 허리를 돌아오던 모습은 반갑고 넉넉한 풍경이었다.

경호동은 여수시 국동 남쪽으로 500m 지점에 위치한 섬마을로 국동의 어항 단지에서 배를 타고 건널 수 있다. 여수 향토지에 '섬 전체

경도부근

가 고래모양으로 생겨서 '고래섬'이라 하였고 이를 한자로 옮겨서 경도京島라 하였다'고 전해지지만 경호동의 땅이름이 시대 별로 변해도 내용을 살펴보면 섬의 모양에서 유래되었다기보다는 섬 주변에 고래가 많이 살아서 지어진 이름으로 보인다. 1530년의 『동국여지승람』에서 경도는 고래섬인 경도鯨島로 나타나지만 1789년의 「호구총수」에선 경도京島로 표기되다 일제강점기 이후부터는 경도鏡島로 표기되고 있다.

경도京島는 서울에서 귀양 왔다는 왕비의 전설에 영향을 받았으며, 경도鏡島는 돌산군이 신설되면서 경도 주변의 바다가 거울같이 잔잔하다 하여 경호면鏡湖面이라 명명한 데서 비롯되었다.

경도를 고래가 많이 살았던 섬으로 추정하는 이유는 여수 주변에 고래가 많이 살았던 곳을 이르는 이름, '고라짐'이나 '고래기미', '시우개-시우는 고래의 일종' 등의 이름이 남면이나 삼산면, 화정면의 섬 지역 여러 곳에 전해지고 있기 때문이다. 일제강점기까지도 심심치 않게 고래를 포획하였다는 이야기가 전하고 있고, '큰 고래섬'과 '작은 고래섬', 장군도의 옛 이름인 참경내斬鯨臺란 섬의 이름도 고래를 잡은 곳이란 뜻인 것으로 보아, 경도는 고래가 많이 사는 섬에서 유래되었다고 할 수 있다.

경도의 한자 이름을 경도京島로 표기한 데는 안골마을 내동과 오복마을 사이에 있는 마을 뒷산 '성산'과 관련이 있다. 지금은 골프장으로 변해버린 성산에는 허물어진 긴 성터와 집터가 전설과 함께 전해온다.

고려 말 이름을 알 수 없는 고려의 왕비가 임금 앞에서 방귀를 뀌었다. 이를 괘씸히 여긴 왕은 왕비를 여수 경도로 귀양을 보냈는데 왕의 분노가 너무 커서 돌이킬 수 없었다. 경도로 귀양을 내려온 왕비의 배에는 왕의 유복자가 자라고 있어 다시 돌아갈 날을 기다렸지만 뜻대

여수일미인 장어요리 상차림

로 되지 않았다. 경도의 오복마을에는 여씨가 많이 살고 있으며 이들은 그 왕자의 후손들이라고 전해진다.

1960년대 아름답고 잔잔한 경호 바다가 전국으로 유명세를 떨치게 된 사건이 있었다. 경도와 가까운 가장도에서 남초등학교까지 6년 세월을 노를 저어 졸업을 시킨 어머니의 일화가 알려지면서 「모정의 뱃길」이라는 영화로 만들어지면서 여수의 장한 어머니를 알렸던 것이다. 당시 태풍 사라가 할퀴고 지나간 흉흉하고 원망스러운 바다가 훈훈하고 아름다운 바다로 바뀐 사건이었다.

지금은 경호 바다로 돌아오는 고깃배의 어창에 상어가 가득 실려 들어오는 계절이다. 맛의 고장 여수의 여름철 대표 음식인 갯장어 요리의 재료가 되는 장어는 경도 어민의 주 소득원 중 하나이다.

살짝 데친 갯장어(하모)에 함께 데친 소불(부추)로 감싸고 양파, 깻잎과 함께 된장을 곁들여 싸먹는 하모샤브샤브의 맛은 경도에서 제대로 맛볼 수 있는데, 여름철 최고의 환상적인 여수 음식이다.

여수미항 전망대 돌산공원

여수항의 경치를 가장 잘 볼 수 있는 곳은 어디일까? 많은 사람이 주저 없이 안내하는 곳이 돌산공원이다. 돌산공원은 1984년 여수시와 돌산도를 연결하는 돌산대교가 건설되자 돌산대교 준공기념탑을 건립하면서 공원이 함께 조성되기 시작해서 1988년에 완공되었다. 1999년에는 100년 후 개봉을 목표로 한 여수시 타임캡슐도 공원 정상 부근에 묻었다.

여기에서 여수 구항의 전경과 돌산대교를 한눈에 바라볼 수 있다. 이런 이유로 여수를 찾는 관광객이 많이 찾는 공원이며, 저녁이면 걷기와 산책 나온 시민들로 항상 붐빈다.

공원의 서쪽으로는 여수시 대교동과 돌산도를 연결하는 돌산대교가 위치한다. 대교의 길이는 450m이며, 폭은 11.7m, 높이는 62m이다. 여수항에 입항하는 대형 선박을 위해 양쪽 해안에 높이 62m의 교각을 설치하고, 지름 56~87㎜ 정도의 강철 케이블 28개로 교판을 묶어 무게를 지탱하게 하는 특수공법으로 시공되었다.

14,000여 명의 주민이 살고 있는 돌산도는 여수시와 아주 가까운 거리이면서도 섬이라는 지리적인 조건 때문에 주민들이 생활과 교육

돌산대교와 돌산공원

전반에 반드시 선박을 이용해야만 했다. 이런 불편을 해소하기 위하여 돌산도와 육지를 잇는 교량을 건설하기로 하고, 1980년 착공하여 1984년 12월 15일 돌산대교가 준공되었다. 2000년 10월부터는 8개의 프로그램으로 구성되어 50여 가지의 색상을 연출하는 경관 조명 시설을 설치하여 밤이면 아름다운 장관을 보여주고 있다. 돌산공원 일대에는 횟집, 지역 특산품점, 기념품점 등이 있으며, 돌산도와 가막만 주변의 해상 관광을 즐길 수 있는 유람선 선착장과 내부를 견학할 수 있는 모형 거북선도 있다.

돌산공원의 동북쪽에는 여수세계박람회 개최와 함께 완공된 거북선대교가 있다. 지난 2006년 2월 착공에 들어가 6년만인 2012년 4월 12일 정식 개통을 한 이 다리는, 국내 최초의 콘크리트 사장교로 길이 744m, 폭 20m이며 995억 원의 예산이 투입됐다. 다리 개통으로 구 도심권의 교통 혼잡 해소와 돌산 지역의 해안 관광이 더욱 활성화 될 것으로 기대하고 있다.

공원 북쪽 바닷가에 자리 잡은 진두마을은 본래 나룻꼬지라는 이름을 가진 마을로 건너편 선착장과 돌산도를 이어주는 나룻배가 닿던 곳이다. 지금도 이곳에선 돌산대교 북쪽에 위치한 장군도를 이어주는 나룻배를 이용할 수 있다.

돌산공원의 정상에는 2014년 12월부터 운행 중인 공원의 명물 케이블카가 있다. 돌산공원과 건너편 자산공원 사이를 오가는 케이블카는 바다 위를 지나게 되어 있어, 짜릿한 스릴과 함께 바다와 하늘을 온 몸으로 느낄 수 있다. 특히 강화유리로 만든 바닥이 투명한 크리스탈 캐빈은 100여 미터 아래 바다와 배 위를 지나는 지점에서 오금이 저리는 짜릿함을 선사한다. 케이블카의 길이는 돌산공원과 자산공원 사이가 1,500m이며 바다 위 구간이 650m이며 편도 13분 정도 걸

거북선대교

린다.

장군도는 해안선의 길이가 600m에 불과한 작은 섬이지만 봄이면 1,000여 그루의 벚꽃이 만발하고 낚시도 잘되는 곳으로 유명하다. 이 섬과 돌산도 간에는 조선시대인 1497년 전라좌수사 이량 장군이 쌓았다는 수중석성이 있고 목책의 흔적도 보인다. 임진왜란 때에는 수중에 갈고리를 만들어 왜적이 지나갈 적에는 갈고리를 끌어당겨 적을 물리쳤다는 이야기가 전해진다. 현재는 섬 주위를 따라 산책할 수 있는 산책로와 벤치 등이 있고, 서쪽에는 장군도 무인등대도 있어 호젓하고 조용한 산책에 제격이다.

섬의 산들이 돌이 많아 이름 지어 졌다는 돌산도에는, 섬이 8개의 큰 산이 있어 한자 八大山이란 한자를 모으면 돌(突)자가 되기 때문에 돌산도라 하였다는 또 다른 이야기도 전해진다.

오동도와 함께 여수의 렌드마크로 알려진 돌산대교의 경관도 이곳을 찾아오는 중요한 요소지만, 여수 사람의 친절과 방문객에 대한 사랑이 인정받는 '세계 4대 미항 여수'를 꿈꾸어 본다.

평사낙안

넓은 모래들에 먼 길 가는 기러기도 내려앉아 쉬는 곳, 여수 돌산의 평사리는, 소상팔경의 평사낙안과 같은 절경의 해변이 있어 '평사'라는 마을 이름을 얻었다. 여수의 십경을 이야기 할 때도 평화로움과 여유가 느껴지는 평사낙안平沙落雁의 풍경은 빠지지 않는다.

법정리 평사리는 무슬목이 있는 굴전으로부터 모장마을 까지 이어진다. 대미산이 있는 월암마을과 뼈꼬시라 하여 뼈를 바르지 않고 통째 썰어내는 생선회가 유명한 계동마을도 평사리에 속한다. 무슬목을 지나 도실삼거리에서 국도 17호선 '돌산로'가 둔전 죽포를 지나 향일암 쪽으로 이어지고 지방도인 평사로는 군내리 작금 성두로 이어진다. 이 길을 따라 도실마을과 평사마을, 모장마을이 이어지는데 평사낙안의 이름을 얻은 평사들은 이곳 도실마을 고개에서 모장까지 이어진다.

돌산읍의 중앙부에 위치한 평사리는 마을 서북쪽의 천마산과 북쪽의 대미산, 중앙의 봉화산과 금산을 끼고 작은 마을이 들어서 있다. 논보다 밭이 많은 지역이며 평사에서 대미산 방향의 산자락은 애추崖錐가 발달하여 많은 바위들이 흘러내린 것을 볼 수 있다. 마을의 해안선은 가막만 바다의 동쪽에 있어 멀리 화양반도를 바라볼 때 해질녘

평사리 모장해변

천마산과 평사리 해변

의 낙조가 특히 아름답다.

마을 북쪽에 자리 잡은 천마산은 돌산목장 시절에 마신당이 있었던지, 쇠로 만들어진 말이 있었다는 이야기가 전해오고 있다. 천마산 중턱에 붉은 돌과 바위로 이루어진 지역을 '용구 래미'라고 부르는데 재미있는 전설이 전해온다. 옛날 용구래미에 용이 살고 있다가 하늘에 오르게 되어 하늘로 오르는데, 마을 처녀가 그 광경을 보고 소리를 쳤다. "동네 사람들, 용이 하늘로 올라요!" 용은 깜짝 놀라 하늘에 오르지 못하고 떨어져 죽었다. 그때 용이 떨어진 핏자국이 번져 용구래미 지역은 붉은색 바위와 돌들이 지금까지 전해져 온단다.

도실桃實마을은 마을 뒷산에 도솔암이란 암자가 있어서 이 골짜기를 '도솔암골'이라고 불렀던 데서 유래한다. 전설에는 1195년(고려 명종 25)에 보조국사가 절을 건립하여 스님들이 수행을 하다가, 절에 빈대가 많아서 절을 불태우고 흥국사 뒷산인 진례산으로 옮겨갔다고 전해온다. 1970년대에 폐사지에서 동종이 발견되어 흥국사박물관에 전시되고 있다.

도솔마을과 뒷산으로 연결되는 산허리에는 한동안 긴 참호가 연결되어 전해 왔다. 이곳은 일제강점기에 일본군 부대가 이 지역에 주둔하면서 태평양전쟁의 막바지에 이곳에서 전투가 벌어질 것을 대비하여 굴을 파고 참호를 팠던 자리였던 것이다.

제17방면군 조선군관구 참모부 군사기밀에는 문서에 여수에 주둔했던 부대의 기록이 전해진다. 여수요새사령부 등 실로 어마어마한 부대가 여수 주변의 아름다운 경치 뒤에 제국주의 야욕을 숨겨두었던 것이다.

지금도 돌산에는 계동마을 해안언덕의 고사포 진지를 비롯해 도실마을에 입구를 막아버린 군사 목적의 동굴들과 신월동의 해군비행장, 여수의 자산공원이나 거문도의 동굴 등, 일제의 많은 흔적이 남아 있다. 이처럼 주변에 산재한 흔적들을 보전하여 참혹했던 역사를 기억하고 같은 역사를 되풀이하지 말아야 할 것이다.

보리타작 마당이 변하여 마을 이름이 된 모장마을과, 마을 앞 바다로 떠오르는 달이 아름다워 줄개라는 이름으로 개명했다는 계동마을도 평사리의 유명세를 더해준다.

평사리는 오래전부터 여수 지역에 알려져 많은 예술인들이 전원주택을 짓고 자연을 즐기며 살고 있다. 잘 지은 펜션도 많아 여수 지역 관광에 일조하고 있으며 보는 관광을 뛰어넘어 체험형 관광으로 조금씩 진화해가는 과정을 보여준다. 이러한 데는 돌산대교, 무슬목, 향일암 등의 뛰어난 관광지보다 평사리의 매력이 더 컸을 것이다.

희망을 꿈꾸는 은둔비처 은적암

돌산향교가 들어선 곳의 지명을 한자로 석전평石田坪이라 표기한다. 1896년 돌산군이 건립되자 돌산의 유림들은 가장 먼저 향교 건립에 나서 1897년에 향교가 건립될 수 있었다. 섬이라는 환경 때문에 업신여김을 당하던 밑바탕에는 배우지 못해 얕보인다는 자괴감이 팽배해 있었다. 이런 상황에서 향교가 건립된 것은 이들의 자부심을 북돋기에 충분했을 것이다.

이런 분위기에서 석전대제釋奠大祭를 올리는 향교가 들어서자 선인들이 미리 알고 석전평이라는 지명을 지어 놓았다고 많은 사람들이 놀라워했다. 당시의 화제가 『여산지廬山志』와 구전으로 전해진다. 이 지역 일대에 돌이 많아 '돌밭등'이라 부르는데 석전평은 이를 한자로 옮겨 놓은 것이다. 돌이 많아 이름 지어진 돌산도의 지명에서 돌突 자를 파자하여 팔대산八大山의 유래가 만들어진 것도 그렇다.

방답진 시절부터 큰 마을이었던 군내리 일대에는 오랜 전통이 살아 있다. 과거 마을 대소사를 논의하고 마을 안의 복잡한 일까지 재판관 역할을 했던 대동회가 아직 그 명맥을 이어오고 있다. .

옥녀와 삼신을 모시는 당집에는 아직 예쁘게 장식된 신체가 모셔져

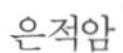

은적암

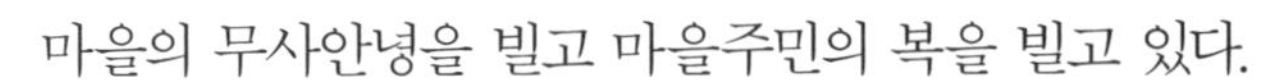

마을의 무사안녕을 빌고 마을주민의 복을 빌고 있다.

군내리 동북쪽 뒷산에는 천년의 세월 동안 이 지역의 정신적 요람이었던 은적암이 이름처럼 숨어 있다. 1195년(명종25) 보조국사가 지금의 돌산읍 남면 금오도에 송광사를 짓고 잠깐 쉬어 가는 곳에 세웠다고 알려지는 사찰로, 암자 뒤편에 있는 바위가 병풍을 두르고, 주변에는 소나무와 후박나무, 동백나무 숲이 있는 아름다운 사찰이다.

산사를 감싸고 있는 숲은 풍수지리상 기운을 감추기 위한 비보를 위해 조성했다고 전해지는데 절 이름 '숨을 은隱'자와 '고요할 적寂'자에 걸맞게 가까운 도로에서도 보이지 않는 숨은 절이다.

은적암에는 주불전인 대웅전을 비롯하여 관명루·칠성각·요사채가 있다. 대웅전은 3칸 건물로 지붕은 팔작이며, 다른 건물 일부는 맞배다. 은적암에는 승려 봉린이 그린 붉은색 바탕에 노란색 선으로 된 아미타삼존탱화가 있다.

대웅전 뒤편에는 칠성각이 자리하고 있는데 고풍스럽고 멋지다. 병풍처럼 두른 바위와 어울려 신비한 기운을 내뿜는데, 그 앞에 서면 좋은 기운을 받을 것 같은 착각에 빠지게 된다. 칠성각은 우리나라 전통 신앙과 관계 깊다. 칠성신은 오랜 옛날부터 전해 내려오는 신으로, 아이의 수명을 연장시켜 준다고 해서 민간에서 널리 숭배되었다. 본래 도교에서 모시던 신으로 처음에는 단순히 사찰의 수호신으로 받아들여졌다가 훗날 본래의 모습을 되찾으면서 칠성각이란 건물까지 만들어져 숭배되기에 이르렀다.

민간에서 칠성신을 숭배해 온 것은 인간의 수명을 관장하는 것은 물론 비를 내리는 신으로 믿었기 때문이다. 그리고 칠성신은 재물과 재능을 주는 신으로도 믿어졌다. 따라서 농사가 잘 되기를 빌거나 출세를 원할 때 칠성신께 빌곤 하였다. 하지만 단순히 북두칠성만을 모신 것이 아니라 불교와 결합되어 삼존불과 함께 7여래, 도교의 칠성신을 함께 모시는 것이 대부분이다.

오랫동안 돌산도를 대표하던 사찰이던 은적암에는 많은 사람이 맑은 공기와 청정한 자연의 품속에서 정신하여 꿈을 이룬 경우가 많았다고 한다. 숨어 있다는 말 속에 내일의 희망을 꿈꾼다는 의미가 담겨 있듯 지금도 은적암을 찾는 사람에게는 꿈을 이루려는 간절한 염원이 있을지 모른다. 멀

신비한 문 향일암

향일암으로 향하는 돌산도의 갯가 길은 굽이도 많다. 수평선이 펼쳐진 대양을 바라보며 굽이굽이 해안을 따라 섬의 남쪽 끝에 다다르면 그제서야 향일암을 품은 금오산이 반긴다.

멀리서 보아도 바다로 향하는 거북이를 닮은 마을 앞 산자락에 서면 신비한 땅으로 들어섰음을 느끼게 된다. 깎아지른 절벽 위에 처음 이 절을 세웠던 사람은 불공보다는 경치를 더 즐겼나 보다. 해가 솟는 아침 나절이 아니라도 절에서 바라보이는 경치는 장관이다. 돌산대교가 건설되고 돌산도의 교통이 좋아지면서 향일암은 여수 지역 제일의 관광지로 변모하게 되었다.

오래 전부터 향일암에는 4가지 전설이 진해왔다. 첫 번째는 본래 북쪽으로 문이 있던 향일암에 동쪽으로 문이 나야 흥하게 된다는 전설이었는데 바위 틈새에 쌓였던 흙을 파내고 큰 바위 틈새로 길이나면서 전설이 이루어졌다. 두 번째는 돌로 만들어진 문을 7개를 통과하는 시절이 오면 흥한다고 했는데, 높다란 바위 위에 터를 잡아 암자를 지었기에 향일암에 다다르기 위해서는 바위틈이 만들어내는 신비한 석문들을 지나야 한다. 바위틈이 길이 되면서 지나는 문은 7개여

향일암 일출(위)과 임포

서 이 또한 전설이 이루어졌다고 한다. 세 번째는 향일암이란 이름을 사용해야 흥한다고 했는데 지금은 향일암이란 이름을 사용하고 있다. 마지막 네 번째는 앞 바다에 미륵불이 숨어 있다는데 이 미륵불이 나타나면 흥한다는 전설이다.

여수시 돌산읍 율림리 산 7에 위치한 향일암은 644년 신라의 원효대사가 원통암이란 이름으로 창건했다고 알려진다. 고려 광종 때 윤필대사가 금오암金鼇庵으로 개칭하였으며 향일암이란 이름은 조선 숙종 때에 인묵대사가 지었다고, 「여수군지」와 「여산지廬山志」는 전한다.

더군다나 암자 주변으로 바위 위에 조각을 한듯 자연이 만들어낸 거북무늬 바위와 바다로 나아가려는 주변의 산세 때문에 영구암靈龜庵이란 이름을 갖기도 하였다. 그 뒤 1715년에 향일암으로 개명했으며 수 차례 훼손과 중수를 거쳐 오늘에 이르고 있다. 향일암 주변의 기암절벽과 동백나무 그리고 아침에 수평선 위로 솟아오르는 일출은 특히 유명하다. 이 같은 지형설을 뒷받침하듯 향일암을 오르는 돌계단이나 주변의 바위들은 모두 거북등처럼 쩍쩍 갈라져 있다.

뒷산인 금오산과 기암괴석과 절벽 사이로 피는 동백과 아열대 식물로 이루어진 숲, 남해 수평선과 어우러진 해돋이의 광경으로 여수를 대표하는 관광지로 알려지게 되었다. 지금은 역사적 가치와 주변 경관을 보호하기 위해 문화재 40호로 지정되었다.

멀리서 금오산을 살펴보면 거북의 머리와 목 그리고 몸체의 형상이 뚜렷이 나타난다. 거대한 거북이가 넓은 대양으로 헤엄쳐 가는 자태를 취하고 있다. 그 등 위에 향일암이 자리잡고 있다. 예로부터 유명한 지관들이 거북 혈에는 쇠붙이를 얹거나 등에 구멍을 뚫으면 큰 재난을 당하게 된다고 일러 왔다. 그런데 얼마 전에 사찰 난간에 안전을 위해 철주를 박고 철책을 치고 사찰 아래 지점에 마을 주민들이 지하

수 개발을 위해 땅을 뚫는 작업을 하던 중 굴착기가 부러지는 일이 일어났다. 강철로 만들어진 굴착기가 부러진 것을 보고 주민들은 예삿일이 아니라고 작업을 중단했다.

향일암으로 오는 굽이굽이 길가에는 작은 해변 하나하나에 재미있는 사연과 이야기가 있다. 하얀색을 띤 자갈이 많은 해변은 '흰개'라 하는데 백포白浦라는 한자로 더 많이 알려졌다. 백포를 지나면 만나는 '바돌개'는 바둑돌 크기의 검은 자갈과 흰 자갈이 섞여 있어 이름지어졌고 한자로는 기포碁浦라고 한다. 다음으로는 마을 앞 섬의 모양이 밤을 닮아 큰 밤개 대율大栗, 작은밤개 소율小栗이라는 마을 이름이 생겨났다. 이 마을을 지나면 향일암으로 유명한 임포에 다다르게 된다. 향일암을 품에 안은 임포마을은 옛 이름이 '깨개'인데 작은 해변에서 유래하는 이름으로 해변에는 작은 '깻돌'이 많다.

매년 정초가 되면 향일암 일출에 소원을 비는 관광객이 급증한다. 과거 바닷가 사람들은 오랜 세월에 걸쳐 기원하는 풍속이 성행했는데 매달 보름 전날이면 제를 모시고 주변 사람들의 복을 청하는 행사를 벌여 왔다. 일출이 아름다운 곳이라 보름날 보여주는 월출 또한 환상의 경관을 보여준다. 전통적으로 일출보다는 월출에 더 많은 제를 지냈던 조상들의 멋을 음미하면서 향일암의 동그란 달을 바라보는 것도 좋을 것이다.

오늘의

여수

율촌 가장리 들

부지깽이도 없어서 못쓴다던 농번기 철이다. 예전 이맘때는 마을사람 모두가 논과 밭으로 모여 써레실이며 보내기며 김매기를 하면서 가장 바쁘게 보내던 시절이다.

송정에서 평촌으로 이어지는 율촌의 가장리 들녘을 지나면, 호젓한 길가 어디선가 들노래 가락이 들려올 듯한 향수 어린 구부렁 논들이 눈앞에 펼쳐진다.

여수 지역에서 간척지가 생기기 시작한 일제강점기 이전에는 비교적 넓은 들이 율촌 지역에 많았다. 농경이 시작되었다고 하는 청동기시대의 유산인 고인돌 유적이 이 지역을 중심으로 많이 분포되어 있는 이유도 이런 지리적 환경 때문이다. 봉두, 송정, 평촌, 중산 마을 곳곳에 이런 고인돌 유적이 산재하고 있다. 잘 알려지지 않은 여수의 도자기 터도 율촌 북쪽 중산마을부터 남쪽의 소라면 사곡마을까지 이어진다. 이 곳 들녘의 풍요를 말해준다.

들 가운데의 평촌 마을의 이름은 너르게 펼쳐진 들이란 뜻의 '버렁들'이란 이름에서 유래한다.

수암산에서 바라본 가상리 들

평촌의 들 안에는 논을 말하는 '~배미'로 끝나는 논 이름들이 많다.

마당배미는 마당처럼 큰 논을 이르는 이름이다. 활배미는 활처럼 휘어진 논을 말하고, 망태배미는 논의 모양이 꼴을 담았던 망태처럼 생겼다. 장구배미는 전통 악기인 장구처럼 논 가운데가 잘록하게 생긴 논이다.

담울배미는 논 가장자리에 담장이 있어서 붙여진 이름이다. 여수 지역 말로 담장을 담무락이라고 하여 논 주변을 담장으로 울타리를 막았기 때문에 붙은 이름이다.

논이 길어서 진 배미, 짧아서 돈박(똔박)배미란 이름도 있다. 논이 하도 작아서 지어진 삿갓배미란 이름은 사연이 재미있다. 열심히 일을 하다 새참을 먹고 보니 일하려던 논이 없어졌다. 한참을 두리번거리다 찾아서 보니 지나가던 길손이 쉬면서 벗어 놓은 삿갓 아래 있더란다.

감수배미란 이름도 있다. 논이 하도 커서 모를 심어도 심어도 감감하다하여 붙은 이름이란다. 열 마지기나 되는 이 논은 지금도 남아있다.

남녀가 만나면 연애가 성사된다 해서 이름 지어진 연애배미도 전해진다. 젊은 처녀 총각이 이 논에서 모내기를 하면 눈이 잘 맞아서 연애배미 품앗이는 서로 일하려 했단다.

영계배미, 찌갱이배미, 지게배미, 죽배미는 모두 어려운 시절의 우리 선조들의 서글픈 모습이 떠오르는 공통적인 뜻이 담겨져 있다.

영계배미는 영계 즉 어린 닭을 이야기하는데, 배가 고파서 어린 닭 한 마리와 바꾸어버린 논이다. 찌갱이배미는 누룩배미라고도 하는데 먹을 것이 하도 없어 가정에서 담그던 술을 거르고 남은 술 찌꺼기와 자신이 가지고 있던 작은 논을 바꾸었다는 이야기다. 지게 배미는 지게와 죽배미는 죽 한 동이와 교환한 논을 말한다.

모내기를 하는 이맘때 보리가 아직 익기 전에는 보릿고개라 하여 먹을 것이 많이 부족한 시기여서 논밭 한 떼기보다는 굶주린 배를 채우기가 우선 급하였다. 그래서 헐값에 땅을 넘기게 되고 아쉬운 사연은 내내 땅이름이 되어서 전해지게 된 것이다.

이 밖에도 논 가운데 바위가 있어서 바구배미란 이름도 있고, 논에 있어서 생명줄 같은 물과 관련된 무서운 이야기가 전해지는 새린배미란 땅이름도 전해진다. 지금이야 저수지와 수량이 풍부한 관정들이 만들어져 양수기로 물을 퍼 올리게 되어 예전보다 가뭄에 큰 피해가 적지만 하늘만 바라보던 시절에 논에 물대는 일은 큰 일 중에 하나였다. 이로 인해 다툼도 많아서 물싸움이 살인까지 이어졌던 모양이다. 끔찍한 살인이란 말이 사투리말로 '새린배미'라 한 것이다.

빌배미란 이름도 전해지는데 빌배미란 모내기를 시작하면 별이 보

이양기가 심지 못한 곳을 마무리 중인 가장 들

봉두마을 입구의 고인돌

일 때까지 모를 심어야 한나 해서, 큰 논이란 뜻으로 별베미가 변한 말이다. 일반적으로 논 한 마지기에는 두 사람씩 모를 심을 사람이 필요했다. 대개는 품앗이로 서로 도와가면서 모내기를 했지만 땅이 많은 사람은 품삯을 주고 사람을 구해야 했다. 인심이 후한 사람들은 사람을 넉넉하게 구했지만, 야박한 사람들은 필요한 사람보다 한 두사람 줄여서 사람을 구했다. 초저녁별이 뜰 때까지 모내기를 한 집이라면 분명 구두쇠란 별명이 함께 한 집일 테다.

농촌을 떠나 살고 있는 중장년들은 어린 시절 고향의 정취를 그리워하지만 번듯하게 변해버린 고향 마을에서 허전한 아쉬움이 앞선다고 한다. 차량이 붐비지 않아 드라이브하기에도 좋은 가장리 들녘에는 보고 싶은 고향이 남아 있다.

황금 물빛의 소뎅이

율촌 남서쪽의 상봉마을에서 서쪽으로 이어질 때 만나는 이정표는 광암과 봉전으로 가는 길을 알려준다. 이 길을 따라 서쪽 끝으로 내달리면 바다에 다다르게 되는데 눈앞에 펼쳐지는 풍경에 시선을 떼지 못할 작은 포구에서 길이 끝난다. 소뎅이라는 포구이다.

시시각각으로 변하는 포구는 물빛도 다양하다. 이른 오전에는 옥색이나 감색으로, 오후에는 은빛이나 황금빛으로 물드는 소뎅이. 그래서 여기저기 들려오는 카메라 셔터 소리도 대부분은 소뎅이의 물빛에 초점이 맞추어진다.

여수와 접해 있는 연안은 맑고 고운 물빛에다 호수와 같이 잔잔하다. 해안 침식으로 생겨난 리아스식 해안선 때문에 섬과 육지가 서로 어울리며 대양에서 들어오는 큰 파도를 모두 막아주기 때문이다. 소뎅이 앞으로 펼쳐 보이는 바다도 멀리 남해의 수평선은 보이지 않고 호수와 같이 섬과 육지로 둘러싸였다.

소뎅이는 봉전鳳全마을의 옛 이름이다. 마을 앞 해변 끝에 솥뚜껑 모양의 섬이 있어 솥뚜껑의 방언인 소두뱅이, 소뎅이, 쇠징이 등으로 부르게 되었다. 이 중에 쇠징이의 쇠를 새 봉鳳으로 징은 비슷한 음인 전술으로 바뀌 봉전이란 마을 이름이 되었다. 다른 이름으로는 독수리의 부리를 닮았다 하여 '수리끝'이나 수리미로 불렸고 옛사람들은 수리봉전이라는 이름으로 함께 불렀다.

소뎅이 앞바다의 이름은 여자만汝自灣이다. 섬 중앙에 여자도란 섬이 있어서 유래된 이름으로 우리말 이름은 '넘자'이다. 섬에서 가장 높은 곳이 20m도 채 되지 않아 파도가 섬을 넘어온다는 의미에서 유래된 옛 이름이다. 그래서 현대식 지도가 만들어지기 전인 조선말까지도 여수와 고흥사이에 있는 이 바다의 이름은 우리말로 '넘자바다'였다. 일제강점기에 지도가 만들어지면서 넘자바다는 여자도의 섬 이름을 따라서 여자만이 되었고 1980년대까지도 이어져 왔다. 여자도란 이름도 넘자섬을 한자로 고쳐 적은 이름이다. 넘자의 넘은 영어 You의 의미인 너 여汝로, 자는 소리나는 대로 자自의 의미로 적어서 넘자섬의 의미를 살려 여자도汝自島가 되었다.

내해에는 대여자도·소여자도·대운두도·소운두도·달천도·원주도·장도 등의 섬이 있다. 청정해역인 바다에는 전어·볼치·갈치·문어·조기 등의 어로와 김양식이 활발하다. 해안에는 넓은 개펄이 발달해 꼬막, 피조개 양식이 행해지며, 포구마다 전어가 많이 잡힌다.

2005년 해양수산부(현재 국토해양부)가 발표한 자료에 의하면 타지역 5곳과 함께 여자만 해역은 우리나라에서 갯벌의 상태가 가장 좋은 2등급 판정을 받았으며, 2003년 12월 26일 해양수산부(현재 국토해양부)로부터 연안습지 보호구역으로 지정되었다.

여자만 갯벌은 약 2,640만m²의 광활한 지역으로 다양한 생물상이 군집하여 살아가며 국제적으로 보호하고 있는 희귀 철새 도래지이다. 또한 갯벌에 펼쳐진 약 99만m²의 갈대숲은 수산 생물의 서식지인 동시에 습지 생태계 유지의 핵심이며 자연 경관이 뛰어난 곳이다. 여자

솥뚜껑을 닮은 소두뱅이(위)와 소뎅이 낙조

만의 뛰어난 경관은 예로부터 많은 예술가들에게 예술적 영감을 주었으며, 수많은 사진 작품의 대상이 되기도 하는 등, 미학적으로도 뛰어나다.

여자만에는 국제 보호조인 흑두루미와 검은머리갈매기가 세계 전 개체의 약 1% 이상이 서식하고 있을 뿐 아니라 재두루미도 발견되고 있다. 그 외에도 저어새와 황새가 발견된 기록이 있으며, 혹부리오리가 전세계 개체의 약 18%가 서식하고 있다. 또 민물도요는 전세계 개체의 약 7%가 서식하고 있다.

그러나 최근 학생들이 배우는 지도나 교과서에 여자만의 이름이 슬그머니 사라지고 순천만으로 표기되고 있다. 국립지리원에서 발행되는 지도에도 순천만으로 표기되거나 여자만의 이름이 보이지 않는 지도가 많다. 순천만은 순천시 도사동과 해룡면 사이에 있는 여자만 안에 포함되어 있는 작은 만인데 이렇게 기록되고 있는 것이다.

우리나라의 동해를 일본해로 표기한 일본의 행위를 만행으로 규탄까지 하면서 지역 간 예민한 문제가 될 수도 있는 지명 표기의 변경이 왜 이루어졌는지 국토지리정보원에 문의하였으나 아직 명확한 답을 듣지 못했다. 다만 지명 표기의 근거가 되는 정부고시에는 순천만은 1963년에 순천의 해룡과 도사동 사이 바다로, 여자만은 2003년에 여수시와 고흥군 점암면 사이의 바다로 고시되어 있다는 정도만 확인하였을 뿐이다.

봉전마을에서 보이는 여자도

십리방천과 대포들

화치에서 애양원으로 이어진 간척지 제방을 십리방천이라 부른다. 일제의 식민 정책의 지원을 입은 고뢰농장은 1911년 여수에 지점을 만들었다. 1920년에 여수 구항 지역 초기 매립에 이어 1923년 관기들을 간척하고 1925년에 대포저수지와 함께 대포간척지 매립을 완료하였다. 덕양 하구에서 시작되는 대포들의 제방은 화치를 거쳐 애양원이 있는 산자락까지 십리나 되어, 제방을 말하는 지역말인 방천을 붙여 '십리방천'이 된 것이다. 이 공사로 인해 생겨난 간척지 농토는 150만평이나 되었다. 여수 지역에서 가장 넓은 들이 인공으로 만들어진 것이다.

당시 농토가 적은 여수에서 대규모의 간척사업은 지역민에게 큰 희망을 주었다. 하지만 태평양전쟁을 일으킨 일제는 벼를 수매하여 대부분 일본으로 실어가는 수탈을 일삼았기에, 거대한 농토가 만들어졌어도 춘궁기에 겪던 배고픔은 해결되지 않고 오히려 더 큰 가난을 겪어야만 했었다. 거기에다 일본의 거대 자본으로 건설된 간척지는 모두 일본인들이 경영을 하면서 조선인들은 소작인으로 전락하여 착취를 당할 수밖에 없는 구조였다.

해방이 되면서 일본인의 재산을 처리하는 귀속농지처리법으로 생겨난 신한공사는 이들 농지를 15년 동안 수확량의 절반을 상환하도록 하여 소작인들에게 불하하였다. 간척지는 개인의 농토가 되었지만, 농사만 짓던 순박한 사람들은 그 기회를 살리지 못하고 이용당하거나 빼앗겼다. 1948년 대한민국 정부가 수립되면서 농사짓는 사람이 땅을 가지는 경자유전耕者有田의 원칙에 따라 농지는 농민의 손에 돌려주자는 역사적인 농지개혁법이 공포되었다. 그러나 좌우대립과 한국전쟁의 발발로 법안은 흐지부지되고 말았다.

바다를 매립한 간척지는 초기에는 염분 농도가 높아서 벼가 잘 자라지 못한다. 대포들의 경우도 30여 년의 세월이 지난 50년대 후반부터야 제대로 농사가 되었다고 농부들은 전한다.

소작을 부치는 땅에서 개인 소유의 땅으로 변하고 나서야 들판은 농민들에게 희망의 땅이 되었다. 이를 바라보는 농부의 눈에는 대포들녘만큼 아름다운 땅이 없었다. 산자락에 이어진 개펄 위의 작은 섬으로 '개꼬랑지'라 불렀던 곳은 구족도라는 마을로 변했다. 개펄을 메우면서 멀리 남해에서 희망을 좇아 간척지를 건설했던 사람들은 남해촌이란 마을을 이루며 잘사는 미래를 꿈꾸었다.

논들은 봄이면 연녹색의 모판에서 시작하여 진초록의 여름을 지나고 황금빛 물결로 넘실대던 가을까지, 바라만 보아도 멋진 풍경이었다. 모내기, 김메기, 나락 베기로 이어지며 끊이지 않던 들노래는 철새와 풀벌레에 아이들의 노는 소리와 함께 온 들녘에 울려 퍼졌다.

1970년대 초까지도 농업은 '농자천하지대본農者天下之大本'이라 하여 누구나 인정하는 우리 산업의 근본이나 다름이 없었다.

현대에 들어 산업의 변화는 대포 들녘에도 많은 변화를 주었다. 남쪽 화치마을은 여수국가산업단지의 확장으로 이전하였고 신풍의 공

여수에서 가장 너른 대포들

항은 더 크게 확장되어 여수 지역의 하늘 관문 역할을 톡톡히 하고 있다. 여수를 잇는 자동차전용도로의 높은 교각도 달라진 현재의 대포들의 풍경이다.

신풍에서 대포로 이어진 대포들 중간에는 장전長田마을이 있다. 우리말 이름이 '진밭'으로 오늘날 비행장이 있는 진입로서부터 대포마을 가마등까지 길게 밭으로 이루어져 있었기 때문에 붙게 된 이름이다. 조선시대 이 지역은 목화의 주산지였다. 여수는 목화가 잘 자라는 고장으로 조선시대의 여러 기록에도 특산품에 면화가 빠지지 않았다. 진밭에서는 이러한 여수의 품질 좋은 목화가 재배되어 목화꽃이 피던 초여름과 목화가 열매를 맺어 하얀 솜을 터뜨리는 가을에는 목화 솜꽃물결이 십리를 이루었단다. 장전마을에서 만난 할머니는 "보름달과 목화가 어우러진 진밭 십리 길을 걷노라면 목화의 아름다움과 사주 갈 수 없던 친정을 생각하면서 눈물을 흘렸다"고 하였다. 진밭이 있던 장전마을 앞에는 예로부터 '질갓돔'이라 부르던 길 가에 있던 노촌마을이 있다. 신풍 비행장 확장으로 그곳에서 이주한 주민의 증가로 예전 진밭의 풍경은 많이 변해 지금은 시설하우스 단지가 들어서 있다.

지금도 대포들은 여수에서 가장 넓은 들녘이다. 마을 앞 포구가 너무 커서 우리말 '한개'나 '큰개'로 부르던 것을 한자로 적었던 마을 이름이 대포大浦였다. 아직도 이곳은 왜가리가 날아들고, 대포들 주변 10여 개가 넘는 마을의 농부에겐 가장 아름다운 생활의 터전이며 풍년을 꿈꾸는 곳이다.

극락정토 큰 골짜기 갬실

산업화와 도시화로 바뀐 생활문화 중에 장묘만큼 놀랍게 변한 것도 그리 흔치 않을 것이다. 여수시립공원묘지가 있는 소라면 봉두리 의곡마을의 변화도 그렇다. 의곡마을의 본래 이름은 '갬실'이다. 갬실은 개미실이라고도 하며 한자로는 개미 의蟻 자와 골짜기란 뜻의 곡谷자를 써서 의곡이란 이름이 되었다.

'갬실'이란 옛 지명의 어원은 본래 우리 땅이름에 많이 나타나는 감계 지명의 형태이다. 감은 고어로 크다, 위대하다, 으뜸이다, 신성하다, 의 의미를 가지며 많은 땅이름을 파생하였는데 개미의 골짜기가 아니라 큰 골짜기, 으뜸의 골짜기란 뜻이다. 여수반도에서 가장 긴 계곡을 형성하는 의곡마을 골짜기가 바로 그렇다.

아랫갬실(하의곡)로 향하는 길에 서면 우측 산 아래로 대나무 밭이 있는 농가가 있다. 이곳의 옛 이름을 점등이라고 한다. 옛날부터 이곳에서 옹기점을 열었기 때문이다. 집 뒤곁에는 아직 무너지지 않은 옹기 가마가 4~5m 남아 있고 부서진 옹기 편과 불에 구워 단단해진 흙들이 담장을 이루고 있다.

점등을 지나고 나면 길 왼쪽 골짜기가 범우골이요, 오른쪽이 노구

갑의산과 봉두마을(위)과 아랫갬실 하의곡마을

실이다. 전설에 범우골의 호랑이 소리에 노구실의 늙은 개가 벌벌 떨고 있는 형국이라 전해온다. 노구실을 지나 오른편은 대롱같이 긴 '대롱골'이고 이곳을 지나 마을로 들어서는 오른편 산등성이는 청룡등이다. 마을에선 이곳을 청룡이 잠자는 지세라며 신성하게 여겨 이곳에서 나무를 베거나 산을 훼손하면 마을에 재앙이 생기고 당사자는 죽는다는 믿음을 갖고 있다.

마을 유래에서 청개미가 다리를 건너는 형국이라는 것도 청룡등과 마을 간의 다리를 말하는 얘기이고, 개미를 굳이 청개미라고 하는 이유도 청룡등의 이름 때문에 생겨난 것이 아닐까?

황새봉 아래에 터를 잡은 아름다운 마을로 들어서면 서쪽으로, 예로부터 영험 있는 약수로 소문난 물방골이 서북쪽 오십여 미터 산허리에 있다. 큰 바위 사이에서 나오는 약수는 아이가 없는 사람이 정성을 드리고 목욕을 하면 아이를 갖기도 하고, 피부병이 심한 사람도 이곳에서 목욕을 하면 깨끗이 낳기도 하였단다.

더욱 신비스러운 것은 평소 수량이 많지 않다가도 물을 원하는 사람이 이곳에 와 "물망골 약수님 물 맞으러 왔으니 물 좀 주십시오!" 하고 나면 물이 콸콸 솟아 나왔다고 한다.

물망골에서 내려와 서쪽 골짜기로 더 들어가면 어둑골 또는 불당골이라 부르는데 이곳은 숲이 우거져서 어둡기 때문에 어둑골이라 하기도 하고 예전 불당터가 있어서 불당골이라고도 하는데 집터의 흔적으로 보이는 터자리와 기와 편들이 있는 곳이다. 마을의 동쪽 청룡등과 이어진 골짜기는 소뭇골이다. 소를 놓아 먹였던 곳에 붙는 땅이름으로 '소밋골, 쇠밋골, 쇠미기골' 등으로 불린다.

마을 안으로 들어오면 당산나무가 정자와 함께 더욱 풍요롭게 하는데, 옛날 이곳에 나무를 심던 마을 선조의 후손을 위한 넉넉한 마음

웟갬실 상의곡 길

을 느낄 수 있을 것 같다.

당산나무가 있는 공터에서 북쪽 웃갬실을 바라보면 산 중턱으로 기다랗게 솟은 큰 바위가 우뚝 서 있다. 선바구라고 부르는 성신앙물이다. 농경문화의 특징으로 다산을 기원하고 아들을 원하는 의식에서 이러한 성신앙물이 전해진다.

아랫갬실을 나와서 웃갬실로 향하면 왼쪽으로 첫 번째 만나는 골짜기가 가는골이고 건너 동쪽은 어두벵이라 부른다. 그늘이 지거나 나무가 울창하여 어둡다는 뜻이다. 어두벵이를 지나면 바랑골과 잣골이 동서로 마주보고 있는데 둘 다 산 안쪽의 골짜기란 뜻의 순 우리말이다. 어두벵이를 지나면 웃붓당골과 첨샛골이 서로 마주하고 있으며 다음은 웃갬실 마을이 반겨 맞는다.

마을 동쪽 산을 넘어 장전마을로 통하는 고개는 하루나 걸린다는 하루곡이다. 선바구가 있는 곳을 용수골이라 하고 그 너머는 배낭골이라 한다. 마을 뒤쪽으로도 큰 골짜기가 있는데 시원한 찬샘이 있는 참새미골에 유주골과 멧방골이 그 뒤로 이어진다. 이곳을 지나면 왼편으로 논이 많은 골짜기가 서낭골이고 다음은 공원묘지가 있는 할미골이다. 공원묘지가 들어서면서 옛사람들이 미래를 예측하여 이름 지었다고 화제가 되었는데, 율촌 연화에서 할미골을 넘는 고개의 이름까지 송장고개라 하는 데에선 할 말을 잊는다.

여수 지역 최고의 명당이라는 황새봉 아래 자리 잡아 텃자리가 자랑거리였던 마을에, 여수 시민의 사후 안식을 안기는 공원묘지가 들어선 일은 주민들에게 날삽지 않은 일이 되었다. 그러나 어머니 품처럼 포근한 지세를 닮은 주민들은 따뜻한 배려를 시민들에게 선물했다. 청개미를 위해 다리를 놓아준 갬실 마을 사람의 넉넉함과 황새봉의 지세를 이루어 놓은 신의 준비가 있었기에, 여수 사람들이 마지막 가는 극락정토가 이곳 갬실 마을에 들어선 것이 아니겠는가? 신싱한 갬실 골짜기가 있어 여수는 더욱 큰 복을 받은 땅이다.

야경이 아름다운 여수산단

쪽빛 바다를 배경으로 한 여수반도의 풍경에 취해 영취산 정상을 오르고 보면, 아름다운 광양만과 함께 어우러진 석유화학산업단지의 색다른 풍경과 거대한 규모에 놀라게 된다. 최근에는 여수십경 중 하나로 뽑힐 만큼 멋진 볼거리가 된 여수산단의 야경을 아름다움과는 거리가 멀 것 같은 공장지대의 인상을 바꾸면서 여수 관광의 백미가 되었다.

인간의 문명이 발전할수록 밤은 점점 더 밝아져 도시의 야경이 관광 코스가 된 지는 오래지만, 삭막하게 느껴지는 산업단지의 야경이 아름다운 경관으로 주목 받는 일은 이채롭다.

불야성을 이룬 거대한 탑들이 밀림의 거목처럼 빼곡히 들어차고 그 사이에 마치 살아 있는 거대한 기계 인간의 심장 소리와 같은 굉음이 들린다. 금방이라도 영화 속의 트랜스포머가 되어

여수산단 야경

벌떡 일어날 것 같은 경관이 눈앞에 펼쳐진다.

여수반도의 북동쪽에 자리잡은 여수국가산업단지는 1967년 2월 20일 여천군 삼일읍 지역에 공업 단지를 세우기 위한 터를 닦기 시작해 1969년 6월 3일 현재 GS-Caltex의 전신인 호남정유 공장이 세워지면서 우리나라 최대의 석유화학공업단지로 성장하였다.

1973년 10월 13일 지금의 남해화학인 제7비료 공장 및 대성메탄올 공장 등이 세워짐에 따라, 여수시 중흥동, 평여동, 월하동, 적량동, 월래동, 낙포동 일대에 세워진 공업 단지는 건설부 고시 제29호에 따라 1974년 4월 1일 산업 단지로 지정되었다. 1975년과 1980년 두 차례의 여천석유화학단지 합동 준공식이 있었으며, 1998년 삼여 통합이 됨에 따라 2001년 4월 12일 건교부 고시 제2001-8호에 따라 '여수국가산업단지'로 이름을 바꾸었다.

산업단지 건설 이전 이 지역은 진례산과 영취산 등 여수 지역을 대표할 수 있는 높은 산들이 병풍같이 둘러싸인 채, 앞에는 섬진강 하구에 형성된 광양만이 있어 남해안 어족 산란지로 황금 어장을 이루고 있었다. 이 지역에 선사 시대부터 사람들이 살아왔음을 알려주는 유적과 유물이 많은 것은 그 때문이다.

이러한 사실은, 공업 단지가 확장되면서 훼손될 위기에 처한 많은 고인돌이 구제 발굴됨으로써 이 지역 청동기 시대의 특징이 파악되면서 알려졌다.

적량동·평여동·월래동 등에 분포되었던 고인돌에서는 강력한 권력이 있었음을 알게 하는 비파형 청동검, 경제적으로 윤택했음을 보여주는 소옥, 대롱옥, 곱은옥 등의 장신구를 비롯해 돌칼, 돌창, 돌화살촉, 민무늬토기 등의 생활 도구가 출토되었다.

한편 볍씨 자국이 있는 토기 조각이 발견됨으로써 이 지역에서 일찍부터 쌀농사를 지었음을 알 수 있으며, 다양한 유물들을 종합할 때 이 지역이 한반도 남해안 청동기 문화의 중심이었음을 보여주고 있다. 대가야권의 유물도 다수가 출토되었다.

산단과 인접한 광양만은, 임진왜란 시 충무공의 전승지 중 한 곳인 관음포대첩이 있었던 곳이며 노량해전으로 알려진 충무공의 마지막 전투가 있었던 유서 깊은 역사의 현장이기도 하다.

여수국가산업단지에는 산업단지공단 통계로 2019년 12월 현재 총 291개 업체가 입주해 있다. 그 중 가동 중인 업체는 259개 사이다. 업종별로는 정유 및 석유화학이 가장 많은 129개사이며, 기계 94, 비제조 44, 비금속 광물 8개사 등이 입주하고 있다. 2019년 말 매출은 60조 8,582억원으로 국가산업단지 중 5.9%의 비중을 차지하고 있으며 수출은 1조 7,174억원이었다. 고용인원은 남자가 22,615명, 여자가 1,533명이 근무 중이다.

한편 여수산단의 늘어나는 물류의 원활한 운송과 여수세계박람회를 찾는 관람객의 편의를 위해 2012년 이순신대교가 완성되었다. 산단과 묘도를 거쳐 광양시 금호동까지 이어지는 대교의 건설로 여수산업단지의 교통이 크게 개선되었다.

여수산단을 안고 있는 진례산과 영취산의 중심에는 사찰과 나라의 흥망이 함께 한다는 흥국사가 자리잡고 있다. 여수산단 야경을 보기 위해 전망대에 오르면 한 덩어리 불빛으로 용틀임하듯 꿈틀대며 피어오르는 새로운 기운이 느껴진다. 여수산단은 흥국 산단인 것이다.

오만이와 모사금 오천

여수시의 동북 해안에 위치한 망양로에는 남해도와 경계를 이루는 여수만의 질푸른 바다를 배경으로 고운 모래를 가진 아담한 해수욕장이 눈에 띈다. 모사금해수욕장이다. 모래의 여수 사투리인 '모살'과 해안이나 만灣을 이르는 기미가 합쳐진 모살기미에서 유래된 모사금은 해변에 들어선 마을 이름이 되어 모사금 마을이 되었다.

백사장 길이 200여 미터의 크기로 가까운 만성리해수욕장에 가려서 한적한 편이지만 모래가 곱고 주변 경관이 아름다워 한적함을 즐기는 가족 단위의 여행객이 많이 찾는다. 백사장 주변으로는 북쪽으로는 검고 큰 바위와 어우러진 해변이 이어지고 남쪽으로는 어른 주먹보다 큰 몽돌의 해변이 이어져 있어, 다양한 해변의 모습을 보는 즐거움을 준다.

모사금해수욕장은 오천동이란 동명으로 더

오천동 모사금 해변

알려져 있다. 통합 전 여수시의 가장 북쪽에 자리 잡았던 오천동은 천성산 북쪽에 자리한 골짜기의 마을인 오만이마을과 중천마을, 모사금마을을 합하여 이루어진 동으로 '오만이'와 '중천'에서 한 글자씩을 취하여 만들어진 이름이었다.

오만이마을은 움푹 파인 골짜기 안에 마을이 있어 '옴 안'에 있는 마을이란 뜻으로 오마니라고 한 것을 오만五萬이라는 한자 이름으로 부르게 된 것이다. 오만이 마을에는 들 가운데 있던 작은 마을 '들몰'과 가운데 있던 '간데몰'이 있었고, 마을 왼쪽 산등성이는 천막을 친 것 같다하여 '차올챙이'라 하였으며, 이밖에도 '고갯재', '쇠너리', '당산', '비사등' 등의 숱한 사연을 가진 땅이름들이 전해져 온다.

그러나 한동안 마을은 빈터로 남게 된 가슴 아픈 사연이 숨겨져 있다. 오만이 마을이 빈터로 남은 사연은 여수의 가장 아픈 역사로 남아있는 여순사건과 관련이 있다. 일제강점기가 끝나던 해방 무렵 행정관청은 오만이 마을 아래 계곡을 이용하여 여수의 수원지를 만들 계획을 세웠시만, 수원지 상류의 주민을 설득하고 이주하기 위해 골머리를 앓고 있었다.

그러다 때마침 여순사건이 일어나고 이 마을에도 여느 마을과 다름없이 부역 혐의자들이 생겨나자, 오만이 마을에는 더욱 가혹하게 반란자들의 거주지라는 오명을 씌워 50여 호의 마을 주민 모두를 내몰고 마을을 폐쇄하였다. 주민은 뒷산 고개 넘어 호명마을로 강제로 이주시켰다. 여순사건이 종료된 뒤에도 주민들은 마을로 돌아오지 못하고 수원지 보호를 구실로 오랫동안 살아온 고향을 빼앗겨버린 슬픈 역사가 오만이 계곡에 스며 있다.

1970년대를 지나면서 오천동 해변에는 쥐치포 가공공장을 비롯한 많은 수산물 가공 공장이 들어서게 되었다. 한동안 호황과 함께 여수의 경제를 이끌었던 이들 중소기업은 어획고의 감소와 수산업의 침체로 어려움을 겪게 되었다.

오천동 지역은 2013년 해양경찰교육원이 세워지면서 새로운 부흥의 시대를 맞았다. 해양경찰교육원은 2004년 5월 6일 인천 중구 운북동에서 개교한 이래 2007년 12월 28일 천안으로 이전하였고 2008년 10월 23일 여수 이전계획이 승인되었다.

이후 2011년 6월 15일 여수시 오천동 '안오만이' 마을터를 중심으로 선정된 부지에 기공식을 시작으로 본격적인 건축에 들어간 후, 2013년 11월 12일 여수로 이전하였다.

총면적 230만5000㎡인 여수 해양경찰교육원은 교육원장을 중심으로 운영지원과, 교무과, 교수과, 학생과, 종합훈련단, 연구센터로 구성되어 있으며, 교양학과·경비학과·구조안전학과·수사정보학과·해양오염방제학과 등 5개 학과가 있다.

잠수풀과 다이빙대를 포함한 50m의 수영장과 인공파도를 일으키는 '구조 수영훈련장', 해상에서의 선박 재난상황에 대응훈련할 수 있는 '선박 재난훈련장' 등 다양한 첨단시설을 갖추고 있으며, 국내 경비함정 중 4,200t급 훈련함 '바다로'가 함께 배치되어 있다. 연간 교육인원은 2020년의 경우 105개 과정에 연인원 8,300여 명이 교육과정에 참여하였으며 해양경찰 교육 외에도 국민을 향한 열린 안전교육도 맡고 있다.

세월호 사고 이후 청소년들의 해양안전체험에 대한 관심이 커지면서 2015년부터 '바다로캠프'를 개설하여 교육하고 있으며, 청소년뿐 아니라 지역 어입인들을 대상으로 항해사 자격증 획득에 필요한 교육 및 첨단 훈련장을 개방해 사고 대응능력까지 키워주고 있다.

매년 국내 선사 안전관리책임자들을 초청해, 해양 재난현장에 대응키 위한 '재난선박 비상탈출, 생존수영' 등 다양한 훈련도 실시하고 있다.

전라좌수영이 들어섰던 여수에 해양경찰교육원이 들어서게 된 것은 큰 의미가 있다.

우리나라가 세계적인 해양 강국으로 발전하는 데 해양 보전, 해양 개발 등 다양한 역할과 기능이 더욱 확대되고 해양 전문 인력이 상주하고 길러지는 토대가 여수에 마련된 것이다.

세계박람회의 성공적인 개최와 함께 여수가 남해안 중심 도시로서의 기능을 더욱 강화하고 역사적으로는 전라좌수영 본영으로서 역사성을 회복한 자긍심을 고취한 것도 빼놓을 수 없는 점이다.

여수만을 기섬으로 멀리 대양으로 뻗어나갔던 여수의 선조들이 누렸던 그대로 세계인으로서 위상을 떨칠 바다 사나이들의 기상을 기대해 본다.

과거와 현대가 조화를 이루는 군내리

돌산읍사무소가 있는 군내리 뒷산을 천왕봉이라 부른다. 이 산에 올라 남쪽으로 내려다 보이는 해안선은 높고 낮고 멀고 가까운 산세와 어울려 장엄함을 느끼게 한다. 산정에서 톺아보았던 옛 사람들의 느낌도 비슷해서 만조백관을 거느린 왕의 위용이 느껴져 천왕산이라 부르게 되지 않았을까?

군내리는 방답진 시절부터 풍수지리에서 이야기하는 명당이다. 뒷산인 아뒤산 계곡을 옥녀탄금혈玉女彈琴穴이라 하는데 이 계곡은 가뭄이 들어도 물이 마르지 않는다고 한다. 여기에서 흐르는 물은 마을 중앙을 지나 바다로 흘렀다.

이 마을에서 여자가 태어나면 미녀가 많지만 행실이 방정치 못할 것이라는 말을 듣고, 방답진성 축성시 남문을 짓고 문안에 유수지를 만들어 바다로 바로 흐르던 물을 고이게 하여 동문 쪽으로 흐르게 하였는데 풍수를 이용하여 나쁜 운을 바꾸려는 시도였다.

옥녀가 거문고를 타는 형세는 천왕봉을 왕이라 하고 그 주변의 땅들을 악기에 비유하고 신하에 비유하였다. 이런 의미 부여는 이 땅이 소중히 지켜나갈 가치를 지녔다는 믿음을 안겨주었다. 이는 지역민들

1930년대의 군내리(위)와 2012년 군내리항

에게 명예로움과 자긍심을 심어주기에 충분했다.

군내리 주변의 전체적인 지세는 개선장군을 맞이하여 축하연을 베푸는 형세다. 군내리 뒷산은 천왕봉이니 왕이라 하고 좌측에 신기리의 금병암을 병풍이라 하며 그 앞에는 장군봉과 투구봉이 있어 장군이 투구를 쓰고 대기를 하는 형국이란다.

왕 앞에는 옥녀가 앉아 있고 그 앞에 거문고가 있는데 거문고는 지금의 송도이며 송도 앞에는 장구섬이 있다. 남면 화태도는 췻대요, 나발도는 나팔, 화정면 월호리는 징에 해당하고 자봉도는 검무에 쓰이는 절검이요 꽹과리이고, 두리도는 북에 해당하여 악기가 두루 배치된 셈이다.

방답진성의 동문지

멀리 횡간도에는 채얼채라는 둑이 있는데 채얼은 옛 천막을 이르는 이름이니 이곳에는 구경꾼들이 앉아 있고 안도는 기러기, 소리도는 솔개라 하여 기러기와 솔개가 춤을 추고 있으며 금오도는 대해를 막는 둑이다. 작금리와 신기리 사이에 복병단이 있는데 이곳은 수위병들이 서 있고 신기리는 신이 난 악사들이며, 대복리는 주최자이고, 예교리는 예리관원이라 하였다. 연회가 끝난 뒤 개선장군은 속세를 떠나 스님이 되어 바랑을 걸머지고 예교리 뒷산을 넘어갔는데, 그래서 지금도 이 골짜기를 중바랑계라고 한단다.

이 이야기는 1896년에 돌산군이 되면서 널리 퍼졌던 이야기이다. 군내리를 포함한 주변 섬과 마을의 지명에서 유사한 악기의 이름을 뽑아내고, 군내리의 옛터인 방답진의 역사와 연관된 수군들의 이야기를 배경으로 풍수지리를 곁들여 새롭게 시작되는 새터는 예사의 터가 아닌 영험스러운 터라는 이야기다.

군내리는 조선시대 왜구 침입으로부터 국토를 방어하는 최전선으로 전라좌수영의 선소 기지였다. 중종 17년인 1522년에 성을 쌓기 시작하였으며 석성으로 길이가 694보(1587.525m)이고, 높이는 19척(6.27m)이며, 성의 마디인 여장은 205개소가 있다.

고려 말과 조선 초에 조세를 운반하는 조운선을 대상으로 하는 왜구의 노략질을 방어하기 위해, 조선 왕조의 기틀이 정비되는 세종에서 성종 때를 시작으로 수군 기지가 전진 배치되었다. 여수 지역에도 삼일지역에 있던 진례만호진이 내례포로 옮겨온 뒤 전라좌수영이 설진되고, 지금의 화양면 용주리에 있던 돌산만호진은 군내리에 방답첨사진이라는 이름으로 옮겨 성을 쌓고 남해안의 방어체제를 더욱 견고히 하였다.

이러한 역사적 배경으로 원형이 보존된 선소를 비롯해서 방답진 성벽 일부가 전해 오고, 마을 곳곳에는 방답진 시절의 유물 유적이 전설과 함께 후손들에게 전해진다.

1896년 돌산군이 만들어질 때 방답진이 폐진 되어버린 터를 이용하여 군청사를 비롯한 관아가 들어서 이곳이 돌산군의 군소재지가 되었다. 이때 얻은 군내리라는 이름은 1914년 일본식 행정 구역이 만들어지면서 여수와 통합된 이후에도 이어져 온 것이다.

여수 밤바다

여수 밤바다 이 조명에 담긴
아름다운 얘기가 있어
네게 들려주고파 전활 걸어
뭐하고 있냐고
나는 지금 여수 밤바다 여수밤바다
아~아 아 아 아 아 아

너와 함께 걷고 싶다
이 바다를 너와 함께 걷고 싶어
이 거리를 너와 함께 걷고 싶다
이 바다를 너와 함께 걷고 싶어

후략~.

장범준 작사, 작곡의 「여수 밤바다」란 노래다.

여수세계박람회 이후 달라진 여수의 모습 중에 가장 눈에 띄는 변화는 관광지화다. 바다의 물빛과 어우러진 여수 밤바다의 야경은 바

여수 밤바다 파노라마

다가 그리운 육지 사람에게는 더욱 환상적인 광경을 보여준다. 낭만이 란 단어와 어울리는 여수의 밤바다는 가족 또는 연인과 그 분위기에 취하기 그만이다.

장범준이 그 분위기를 먼저 느끼고 노래를 만들었는지 아니면 장범준의 노래로 여수의 밤바다가 더 유명해졌는지는 모르지만 그 중심에 여수 밤바다는 실존하고 있다.

남해의 풍요로운 바다를 끼고 있는 여수는 예로부터 해산물이 풍부하여 먹거리가 유명했던 고장이다. 개성과 전주의 음식이 사대부들의 화려한 밥상인 한정식이라면, 여수의 음식은 해산물을 주재료로 많은 양념이나 요리의 기술을 발휘하지 않아도 되는 자연 밥상을 그대로 차려 내오는 서민의 음식이다. 거기에다 재료가 주는 싱싱함과 맛의 달인이었던 전라도 사람의 손끝에서 만들어진 맛의 매력은 세계박람회를 통해 전국으로 알려지게 되었다. 이후 여수의 음식 맛에 반한 사람들은 전국 어디에서나 여수를 다시 찾게 되었다. 금강산도 식후경이라 했던가? 여수를 찾게 된 관광객이 맛있는 음식을 먹고 나서 찾게 되는 것은 여수 관광일 수밖에 없다.

국토 최남단이라는 지정학적인 위치로 고대로부터 이 지역을 지켜냈던 선조들의 혼이 담긴 산성과 고인돌의 선사 유적, 이순신과 거북선의 전라좌수영이 들려주는 임진왜란과 3만의 동학군과 교전했던 좌수영성과 해방을 맞은 격동기에 일어났던 여순사건 등은 다도해의 섬과 바다가 어우러진 아름다운 풍경마다 숱하게 스며있다.

더구나 여수의 식당가 어디에서든 몇 발자국만 걸어 나오면 만나게 되는 여수 밤바다는 그 정취에 충분히 취할 만큼 아름답다.

세계박람회 이후 여수를 찾는 관광객은 많아졌다. 그냥 조금 늘어난 정도가 아니라 급증이라 할 만하다. 2010년 여수의 관광지를 다녀간 관광객은 638만이었다. 여수세계박람회를 개최하였던 2012년 1500만 명 정도가 다녀갔고 이후 2017년 1510만 명을 정점으로 매년 1400만 명 내외의 관광객이 다녀가고 있다.

2020년 코로나의 유행으로 전국의 관광지가 개점휴업 상태인데도 여수의 관광객은 크게 줄어들지 않았다. 국외 여행이 어려워지면서 신혼 여행객이 찾는 제1의 도시가 여수가 되었다고도 한다. 몇 년 전만 해도 상상하기 힘든 일이 현실이다. 이와 같은 변화가 일시적인 현상이 되지 않고 지속되기 위해선 도시의 구성원 모두가 협력해야 할 것이다. 눈앞에 보이는 개인의 이기심을 줄이고 한 번 찾았던 사람들이 다시 여수를 찾아오게 만들 다양한 노력이 필요하다.

야경과 낭만과 추억을 만들어 갈 여수 밤바다를 즐길 수 있는 장소를 몇 군데 소개한다.

여수 낭만포차

거북선대교와 하멜공원이 어우러진 해변에 자리한 낭만포차는 여수 밤바다의 명물 중 한 곳이다. 여수시 하멜로102(종화동)가 주소인 낭만포차는 밤바다와 바다 냄새에 취할수 있는 공간으로 연인이나 친구와 함께 찾은 관광객에게 인기가 많은 곳이다. 싱싱하고 맛이 뛰어난 남해안 최고의 해산물을 저렴하게 맛볼 수 있는 포장마차 거리인 낭만포차에서 우정과 추억을 나누며 잊지 못할 인생의 한 장면을 연출해 보시길 바란다.

해상케이블카

오전 10시부터 오후 9시까지 운행하는 케이블카는 아시아에서는 홍콩, 싱가폴, 베트남에 이어 네 번째로 바다 위를 통과한다. 해상 케이블카에서 바람을 가르는 짜릿함과 함께 바다와 하늘을 온 몸으로 느낄 수 있다. 특히 바닥이 투명한 강화유리로 만든 크리스탈 캐빈은 100여 미터 아래 바다가 보이는 지점에서 더욱 짜릿하다. 케이블카의 길이는 돌산공원과 자산공원 사이가 1,500m, 바다 위 구간 650m이며 편도 13분이 소요된다. 노을이 지면 여수의 바다는 더욱 고운 빛으로 물든다.

종포해양공원

돌산대교와 장군도, 거북선대교가 한눈에 들어오는 종포해양공원은 밤바다를 조망하는 항의 중앙에 위치하고 있다. 밤이면 산책 나온 시민들과 어우러져 왁자한 분위기여서 관광지의 설렘이 느껴지는 수변 공원이다. 봄부터 가을까지 밤에는 음악의 선율이 흐르는 버스킹 무대가 곳곳에 펼쳐지면서 여행객을 유혹한다.

돌산공원

여수구항과 돌산도의 거리는 거북선대교가 위치한 곳이 가장 가까워 300m 정도이다. 임진왜란 때 이순신 장군이 철쇄를 만들어 왜적의 출입을 막고자 했던 곳으로 알려진다. 돌산대교는 돌산도에서 500여 m의 거리를 두고 바라보이는 지역에 조성한 공원이다. 여수항의 멋드러진 야경을 사진에 담고 싶다면 반드시 들러야 할 장소다.

여수밤바다와 해상 유람선

여수항을 선상에서 바라보며 관람하는 해상 유람선은 관광객이 많이 찾는다. 평소 배를 탈 수 없거나 선상 유람을 좋아하는 사람에게 추천할 만하다. 대부분 선상의 가장 높은 층에서 시원한 바람과 갯내

여수 밤바다 선상 불꽃놀이

음을 맡으며 밤바다를 유람하는 코스로 짜여 있다. 돌산대교에서 박람회장이 있는 신항까지 14km 거리를 운항하며 불꽃놀이도 볼 수 있다. 오랫동안 여수 밤바다의 여운이 남는 코스다.

만성리와 오천 해변

장범준이 만든 「여수 밤바다」는 화려한 야경에서 얻은 영감이 아니라 한적해서 조금 쓸쓸할 법한 만성리 해변에서 비롯되었다고 한다. 철지난 바닷가의 낭만처럼 화려하지 않은 불빛과 파도 소리, 바다 냄새, 사색 등을 원하는 이들에게 권할 만하다. 연인과 함께 찾기에 더없이 좋은 곳이다.

봉황귀소의 땅 여수

지금까지 여수반도 곳곳에 뿌리 내리고 사람이 살고 있는 지역을 중심으로 백여 곳의 경치를 소개하였다. 501.3㎢의 면적으로 다른 시군에 비해 다소 좁은 여수반도는 자랑할 만한 곳이 백여 군데가 넘는 하늘이 주신 복지이자 길지다. 우리나라에는 풍수지리에서 말하는 좋은 터에 관한 많은 이야기들이 전해온다. 유명 풍수가도 여수는 봉황귀소의 형국으로 살기 좋은 터라고 이야기를 한다. 여수반도 전체의 윤곽을 뚜렷하게 보여주는 지맥과 풍수를 소개한다.

여수의 지맥은 어디서 발원하는가? 그것은 한반도의 여느 지역과 마찬가지로 할아버지 산인 백두산에서 발원한다. 그리하여 백두대간을 따라 달리다 장수에 이르러서 호남금남정맥의 발원지인 영취산에 이른다. 완주와 진안간의 모래재 근방에 있는 정맥은 주화산에서 갈려 그 한 줄기가 호남정맥이 되어 남쪽으로 달려내려 온다. 전북의 진안 땅에서 시작한 정맥은 전라도 대부분의 지방을 디귿자 형태로 휘감아 돌아 광양 백운산에서 우뚝 솟아 마침표를 찍은 후, 뒤풀이라도 하듯 섬진강을 따라 남하하여 섬진강이 남해와 만나는 망덕포구에서 바다와 하나가 된다.

남서쪽으로 달려 정읍 내장산과 순창 강천산을 거쳐 곡성, 옥과, 설산, 연산을 거치고 광주의 무등산과 화순을 거쳐서 장흥의 제암산에 이른다. 다시 되돌아서 동쪽으로 보성의 존제산과 승주의 조계산을 거쳐 순천과 구례를 넘어가는 송재를 거치고 형제봉과 호남의 마지막 큰 봉우리인 광양의 백운산에 다다른다. 곧 여수의 조종산은 이 백운산인데, 그 지맥이 바로 여수지맥이다.

여수지맥은 호남정맥의 마지막 갈무리를 이루는 백운산(1218m) 자락에서 시작하여 광양시 봉강면과 서면의 경계를 이루는 산줄기를 따라 내려와 순천시와 광양시의 경계가 되는 산맥을 달려 해룡면 앵무산에 다다른다. 앵무산은 다시 율촌의 청대 국사봉과 수암산을 지나 소라면의 황새봉에 다다른다. 황새봉에서 다시 달려 덕양을 지나고 여천의 무선산에 다다르니 이 중에 한 맥이 서진하여 안심산 비봉산 안양산을 지나 고봉산 봉화산에 이르고, 백야도의 백호산을 지나 제도에 다다르는데 이것이 바로 봉황의 우측날개에 해당한다. 다시 무선산으로 돌아와 여천고 뒤편으로 퇴미산을 지나 수문산 지나고 둔덕고개를 올라 호랑산과 영취산 진례산으로 이어져 묘도로 지맥이 연결되니 여수산단을 끼고 봉황의 좌측날개가 완성이 된다.

호랑산으로부터 만성리 봉화산을 지나고 마래산을 지나면 종소리를 울렸다는 영험한 산 종고산을 만나게 되는데 봉황의 머리를 완성하는 지맥이다. 이렇게 살펴보니 구항은 여수의 머리요 산단이 있는 삼일 지역과 소라와 화양의 서부 지역은 봉황의 날개로 여수반도는 봉황의 먹이와 깃털 및 꼬리의 형국을 이루고 있는 전형적인 비봉귀소의 형국이다. 오동도는 오동나무에 구만리 장천을 나는 봉황이 쉬는 곳이라는 의미이며, 나아가 돌산 지역은 여수의 종고산에서 장군도를 지나 우두리의 소미, 대미산에 이르고 천왕산과 봉황산을 이루

장도와 소호동 해변

여수의 산맥

니 이것이 여수진맥이다. 여기서 나아가 수문산 아래 민드레미 고개를 넘고 고락산을 지나서 구봉산에 이르는 지맥이 있으니, 이는 종고산을 감싸는 백호가 되며 밖으로 휘도는 넓은 바다는 순천, 여수, 광양을 굽이굽이 휘감는 득수국의 아름다운 형국으로 구만리 장천을 날던 봉황이 쉴 수 있는 비봉귀소의 형국인 것이다. 여수는 봉황의 머리가 되고 소호동에서 화양 지역으로 이어지는 곳이 우측 날개이며 여수산단이 있는 삼일 지역의 진례산이 좌측 날개이고 앵무산이 있는 율촌은 봉황의 꼬리에 해당하고, 돌산 및 주변 섬은 봉황의 먹이에 해당한다.

이 밖에도 장군도를 여의주로 구봉산과 돌산도와 경도가 세 마리의 용이 되어 여의주를 두고 다투는 형국인 교룡쟁주의 복지로 설명했던 옛 이야기도 전해져 온다. 말할 것도 없이 모두 좋은 터라는 의미이다.

아름답고 고운 물의 도시 여수에 봉황이 찾아옴은 당연하다고 하겠지만, 맑은 환경을 함께 유지하고 있을 때라야 가능할 것이다. 매년 찾아오던 철새도 환경이 오염되면 다시 찾지 않듯 이상 세계의 봉황이야 오죽하겠는가? 자손만대로 물려줄 여수를 잘 지키고 가꿔야 할 이유이다.

여수의 맛

엑스포의 성공적인 개최와 함께 전 국민을 사로잡은 자랑이 있으니 바로 여수의 맛이라 할 수 있는 여수 지역의 음식이다. 알싸하고 톡 쏘는 맛이 일품인 돌산의 갓김치를 비롯해서 서대회, 간장게장, 장어는 계절에 관계 없이 전 국민에게 여수의 맛으로 널리 알려졌다. 예로부터 여수는 남해안 해양성 기후와 뛰어난 자연 환경에서 생산되는 농수산물이 다양하여 뛰어난 맛의 고장으로 알려지긴 했으나, 타 지역 사람들에겐 그 진가를 알릴 기회가 없었다. 그러다 2012년의 세계박람회를 계기로 여수 음식과의 만남은 전국민의 입맛을 사로잡기에 충분했다.

여수의 뛰어난 먹거리는 계절 별로 특징이 뚜렷하여 매달 맛있는 음식을 따로 정할 만큼 그 종류가 다양하다. 많은 사람들이 여수의 계절 별 음식을 소개하였는데, 여수 출신 임여호 박사의 분류를 소개한다.

1월은, "간간하면서 쫄깃쫄깃하고 알큰하기도 하고 배릿하기도 한" 이라고 조정래 선생이 소설 태백산맥에서 소개한 꼬막이다. 차갑고 메마른 바람이 겨울 갯벌을 감쌀 때 남해안의 명물 꼬막이 제철을 맞는

샛서방고기 금풍생이 구이(위)와 생선회 상차림

다. 추울수록 살이 실하고 쫄깃하며 영양이 가득 찬 것이 설을 전후하여 속이 탱탱하게 차, 예로부터 임금님의 수랏상에 8진미 중 으뜸으로 꼽히고, 조상의 제사상에도 결코 빠지지 않은 것이 꼬막이다.

2월은, 겨울 한철에만 시원한 맛을 볼 수 있어 겨울철 별미로 자리잡은 '물메기(꼼치)'다. 생김새가 생선이라고 부르기엔 민망할 정도로 못생긴 천하박색으로 예전에는 어민들의 그물에 잡히면 재수 없어 할 만큼 천대받았으나, 지금은 최고의 계절 별미로 탈바꿈하였다.

3월은, 봄기운을 풍기기 시작한 2~4월경이 한창이며 쫄깃하고 담백하여 조개 중의 가장 으뜸이라는 '새조개'이다. 조개의 속살이 새의 부리모양과 닮아 새조개라 부르며, 크기는 아이들의 주먹만 하고 겉은 피조개와 비슷하다.

4월은, 봄의 전령사로 불리는 도다리이다. 옛부터 식도락가들에게 널리 알려져 있어 봄이면 남해안의 해풍을 맞고 자란 쑥을 넣고 끓인 '봄도다리탕'이 으뜸이다. 도다리는 가자미과에 속하는 어류로서 두 개의 눈과 입이 몸의 위쪽에 몰려 있어 납작한 체형으로 그 생김새가 넙치와 쏙 빼닮았다. '좌광우도'라 하여 물고기와 마주보았을 때 눈이 왼쪽에 몰리면 광어(넙치), 오른쪽에 있으면 도다리이다.

5월은, 여수 해역 수산물로 맛과 영양이 풍부한 '서대'이다. 가자미목 참서대과의 어류로서 수심 70m 이내 바닥이 모래가 섞인 펄질에 서식하며 전남 여수를 중심으로 남해안 중서부 지방의 명물이다. 무채와 버무린 서대회나 양념을 바른 서대찜으로 먹는다.

6월은, 샤브샤브로 유명한 갯장어이다. 더운 여름 지친 심신을 위해 예부터 보신탕으로 몸의 부족한 기운을 채워 왔는데, 이에 못지 않은 여름 보양식품이 바로 바다의 힘을 자랑하는 갯장어다. 연중 장어구이나 장어탕으로 많이 먹지만 여름에는 양념을 한 육수에 살짝 데쳐

먹는 샤브샤브 요리가 단연 최고이다.

7월은, 여름철 최고의 생선으로 알려진 농어이다. 중국 춘추시대 제나라에 '장한'이라는 선비가 낙양에서 벼슬을 하였는데 문득 고향인 송강에서 여름에 먹던 농어 맛을 잊지 못하여 벼슬을 그만두고 고향으로 내려갔다는 오중노회吳中鱸膾 일화는 농어의 맛을 전해주는 유명한 일화이다. 예로부터 오월은 농어 유월은 숭어가 맛있다는 '오농육숭'이라는 이야기도 많이 전해져 오는데 음력을 사용하던 시절을 감안하면 여름철이 제철인 생선이다.

8월은, 문어다. 문어는 고단백, 저열량, 저지방에 타우린을 많이 함유하고 있어 혈중 콜레스테롤의 증가를 억제하며 동맥경화, 심장마비, 시력감퇴, 빈혈, 당뇨병 등에 효과가 좋은 음식으로 알려져 있다. 이외에도 미각 장애를 예방하고 빈혈 예방에 효과적이며 수험생과 심신에 지친 현대인들의 여름 보양 건강식으로 또 입맛을 사로잡는 데 그만이다. '여수산 피문어'는 피를 맑게 해 미역국과 궁합이 맞아 산후조리나 혈액순환에 좋은 건강식품으로 알려져 전국으로 판매된다.

9월은, 집나간 며느리도 맛을 잊지 못해 돌아온다는 전어다. 정약전의 『자산어보』에서 "기름이 많고 달콤하다"고 기록된 전어는 가을에 살이 오르고 지방질이 풍부해 맛이 좋지만, 산란기엔 기름기가 빠지면서 살이 퍽퍽하다. 따라서 산란이 끝난 8월 이후 살과 지방질이 풍부한 9~10월 전어가 가장 맛이 있다.

10월은, 삼치가 가을소식을 전한다. 서유구의 「난호어묵지」에 지방에 내려온 관찰사가 삼치의 맛이 너무 좋아 그 맛을 보라고 정승에게 보냈으나 지방질이 많은 삼치가 상해버렸고, 썩은 생선을 받은 정승이 몹시 화가 나 관찰사를 좌천시켰다. 그 후 사대부들은 삼치를 '벼슬길에서 멀어지는 식품'이라 하여 먹는 것을 기피하여 망어亡魚라고 불렀

가을의 별미 전어구이

다고 한다. 삼치의 맛이 너무 좋아서 벌어진 일화다.

11월은, 추운 겨울 따뜻하고 얼큰한 국물이 최고인 조피볼락(우럭)이다. 우럭이란 이름으로 많이 알려져 있는 조피볼락은 육질이 담백하고 부드러워 남녀노소 누구나가 선호하는 어종이며, 예로부터 임금님의 수라상에 오른 진상품 중의 하나이다.

12월은, 바다에서 올라온 밥상의 영양 덩어리인 겨울 비타민, 굴이다. 굴은 '바다에서 나는 우유'로 불릴 만큼 영양학적으로 우수한 식품이다. 단백질과 지방, 회분, 글리코겐 등의 영양소를 비롯해 칼슘과, 인, 철 등의 무기질이 풍부하고 각종 비타민과 필수 아미노산도 많이 들어 있다. 굴에 함유된 타우린과 글리코겐은 각종 성인병, 간염, 시력회복에 효과가 좋으며 중금속 해독하고 세포 기능을 활성화하는 셀레늄 또한 풍부하여 세포와 세포 막을 발암물질로부터 보호한다.

여수의 멋

백두대간의 정기가 한반도 남쪽 중앙으로 모여 대양으로 이어지는 지세 때문인지 천혜의 길지요 복지인 여수는 가는 곳곳마다 바다와 어우러진 아름다운 경관을 연출한다. 한 지역의 역사와 경치를 101 항목이나 골라 소개하게 된 무모함도, 뛰어난 자연환경에다 여수 정신을 이어 온 이 땅에 살던 사람들의 이야기가 묻어 있어서 가능한 일이 아니었을까. 여수의 조산이라는 앵무산으로부터 가장 남쪽 백도에 이르기까지 여수 땅 곳곳을 살펴 보면 눈이 누리는 호사만큼 마음을 흡족하게 미소 짓게 하는 여수 사람의 매력이 함께 함을 독자도 눈치채지 않았을까?

율촌 신대리 왕바위재 고인돌을 비롯하여 비파형청동검과 유리와 옥으로 된 장신구가 쏟아져 나왔던 삼일 지역, 소라, 돌산, 화양 등 여수의 전 지역에 걸쳐 발굴된 여수의 역사는 변방 시골이라는 여수의 위상을 한껏 올려주었고, 6천 년 전 생활의 단면을 보여주었던 안도 조개더미의 유적은 고대 해상왕국을 이루던 여수 사람의 실체를 알려준다. 이는 이미 수천 년 전부터 글로벌 시대를 살았던 여수 사람의 원대한 야망과 포부를 보여주는 것이다.

2012년 성공리에 개최된 세계박람회가 한순간의 꿈이 아닌 오래 축

여수항 전경

적된 여수사람의 역량이라는 점도 여수를 여행하고 여수의 이야기를 새겨들었던 사람이라면 쉽게 이해하였을 대목이라 하겠다.

그러나 뛰어난 곳은 항상 침탈도 많은 지라 지정학적인 위치 때문에 여수는 오랜 세월에 걸쳐 수많은 외부의 적과 대치해야 했다. 이에 슬기롭게 대응했던 여수 사람들은 뛰어난 조직력과 단합을 보여주었다. 백제가 망하고도 3년을 버텨냈던 여수고, 고려가 망했을 때도 여수란 이름을 잃어가면서도 자존심을 지켜냈던 여수였다. 임진왜란으로 누란의 위기에 놓였던 조선을 지켜냈던 전라좌수영의 본영도 바로 여수가 아니었던가?

이후에도 여수 사람의 충절을 보여주는 기회는 많았다. 동학농민혁명에서도, 일제병탄기에 여수의 곳곳에서 벌여졌던 의병활동에서도 국가의 위기와 혼란 시에 여수는 흥국사의 창건설화처럼, 국가의 흥망성쇠를 함께 하는 고장으로 위기에 앞장섰다. 여수의 가장 큰 아픔으로 남아있는 여순사건에서는 국가와 민족을 사랑했던 여수 정신이 이데올로기의 혼란 속에서 역사의 격랑에 휘말렸던 아픔을 보여준다.

여수처럼 아름다운 고장에서 태어나 큰 뜻만 보았겠는가? 여수 사람들에게도 오랫동안 이어지는 소소한 멋이 있다. 여수의 자랑인 오동도를 바라보면 섬 하나를 정원으로 삼고 살았던 여수 사람들의 여유로움이 보인다. 예로부터 수산물의 풍요로움으로 돈 마를 날이 없었던 여수에선 돈 자랑 말라고 했던 것은 여수의 또 다른 풍요를 말해준다. 활발한 해상활동으로 항구마다 숱한 이야기를 남겼던 마도로스의 기질도 여수 사람의 멋이었다. 그래서인지 배포가 크고 호기로운 사나이들을 좋아하고 대의에 사사로운 희생도 마다하지 않는 면도 보인다.

최근 각광받는 여수의 여행지들은 모두 희망을 찾는 사람들로 넘쳐난다. 대웅전의 문고리 설화가 전해지는 흥국사를 비롯해 떠오르는 태양에 소망을 빌어보는 향일암이 대표적이다.

다도해의 아름다움과 남해의 수려함을 한껏 느껴보는 비렁길에서도 망망대해를 바라보는 눈빛마다 소망이 가득 묻어난다. 거문도를 비롯해 사도, 낭도, 개도, 하화도로 이어지는 섬 여행자들은 일상의 복잡함을 털어버리려는 마음으로 가득하여 여행은 치유로 이어진다.

수많은 여행자가 여수를 보기 위해 찾아온다. 어느 가수는 여수의 밤바다를 보고 여수의 아름다움을 찾고, 돌산대교의 아름다운 야경에서도 수산시장의 왁자함이 주는 여수 사람의 생활에서도 여수의 다양한 멋은 스며 있다.

여수 사람들

역사에서 나타나는 여수인의 기질은 호탕하고 의롭다. 이는 오랜 역사에서 대양을 무대로 활약했던 조상으로부터 물려받은 특질이다. 이렇게 호방한 의로움이 모인 여수인의 기상을 바탕으로 역사적 정체성이 만들어졌다. 역사 속에서 여수는 이를 더욱 분명하게 증명하고 있다.

여수시 남면 안도에서 발견된 6,000년 전의 선사인의 매장 유물에서는 규슈지방의 흑요석과 고조선의 유물인 이형결식 귀걸이가 발견되어 여수를 중심으로 한 고대항로의 존재를 증명하였다. 거문도에서 발견된 한나라 시기의 동전인 오수전도 남해안 해상로에서의 활발한 교역 활동을 보여주는 단적인 예이다.

그리고 여수의 전 지역에 걸쳐 고르게 남아 있는 1,500여 기의 고인돌 유적은 세계 최대 크기의 산수리 왕바위 고인돌을 비롯한 다양한 특징으로 고대의 국제도시로서 여수 지역의 위상을 보여준다. 여수 삼일지역의 산단 개발을 위한 유적지 발굴에서는 세계 최대 규모의 비파형청동검이 출토되었다. 고대 권력의 상징으로 고대국가의 상징이 되었던 동검이 여수에서 가장 많이 발굴 보고된 것이다. 삼국이 각축을 벌이다 통일되는 시점에서도 백제의 수도가 함락되고 나라가 망했어도 3년이 지날 때까지 여수 사람은 끝까지 저항하며 결기를 보여주었다.

후백제가 고려에 의해서 멸망하는 과정에도 여수인의 의로움이 나타난다. 후백제 견훤의 휘하에 있던 여수 사람 김총은 고려의 회유와 협박에도 굴하지 않고 끝내 절개를 지켰다. 이 같은 삶을 숭상했던 여수 사람은 김총을 모시게 되어 조선시대까지 상암 '당내' 마을에 당집을 짓고 제를 모셨다.

고려 말에는 이성계의 역성혁명에 굴하지 않고 절개를 지켰던 의인들이 여수 역사와 함께 그 이름이 전해온다. 여수의 마지막 현령 오흠인은 삼일 낙포에 유배되어 기러기도 삼일 동안 울었다는 공은 선생이다. 조선시대에도 전 왕조에 대한 절개로 여수 현의 이름을 잃고 500여 년을 순천부에 예속되는 설움을 맞았지만 여수 사람들은 오히려 이들의 의로움을 칭송하고 오랫동안 기렸다.

여수인의 능력을 만천하에 유감없이 떨치게 되었던 일은 임진왜란일 것이다. 조선의 온 천하를 유린하고 한 입에 삼키려던 왜의 야망을 꺾은 이가 우리 역사의 불세출의 영웅 충무공 이순신과 여수의 지역민 들이었다. 오랜 세월을 내 땅을 수호하고 미래를 개척했던 전통과 지혜가 풍전등화의 조선을 지켜냈던 것이다. 지금도 고대로부터 쌓았고 전해지는, 곳곳의 스무 개가 넘는 산성이 이를 말없이 증명하고 있다.

개화의 물결이 온 나라를 휩쓸고 새로운 질서가 태동하던 1894년, 동학농민운동이 일어나자 여수의 민초들도 이전 역사에서 보여주었던 기상으로 그 몫을 다하였다. 봉건적 지주제와 학정에 농민의 생활이 더 이상 지탱할 수 없게 되자 당시 조정에 항거하며 일어났던 이 혁명운동에서 여수 농민들도 합세하여 삼만의 농민군이 좌수영성을 공격했다. 이들의 후예들은 일제강점기 초기 남해안의 섬 지역을 중심으로 끊임없이 의병 활동을 전개하고 일제에 맞서 싸웠다.

여수 역사에서 가장 슬픈 역사인 여순사건에서도 군인들의 봉기와는 무관하게 희생된 사람이 대부분이다. 그들은 일제강점기가 끝나자 해방된 나라에 기대했던 일은 일제 잔재 청산과 빼앗긴 주권의 회복이었지만 친일파가 더욱 득세하고 위세를 부리자, 이런 정치 현실에 항거하였던 혈기왕성하던 여수의 청년들이었다. 최근 진실화해위원회는 억울하게 죽어간 민간인들의 억울함을 밝혀내기도 했다.

율촌의 앵무산으로부터 거문도의 백도까지 국토의 최남단 중앙에 위치하여 한반도의 정수가 모두 모이는 곳. 분명 여수는 자연과 조상으로부터 축복받은 땅임에 틀림없다.

현대에 들어와 대중적인 인기를 얻으며 알려진 여수 사람은 탤런트 백일섭, 전원일기의 작가 김정수, 만화가 허영만, 사진작가 배병우 씨 등이다. 모두 서민의 애환과 삶의 이야기를 모두 진솔하게 표현한 배우와 작가들이다. 그들은 이곳저곳 기웃거리며 중심을 잃을 것 같지도 않아 든든한 믿음을 준다. 몇 사람의 단편적인 엿보기이지만 여수 사람의 기질이 면면히 흐르고 있는 것 같아 반갑다.

2012 여수세계박람회를 성공적으로 개최하였던 일도 그저 얻어진 결과가 아니다. 이미 수천 년의 역사를 통해 국제도시로서, 동아시아의 중심 항구로서, 문화 교류의 중심에 있던 여수인의 능력이 모인 결과라 하겠다.

그러나 사람들에게 전하고 싶은 여수의 멋은, 곰삭은 갓김치의 맛처럼 사람들이 오랫동안 살아오며 간직했던 여수의 인간미가 아닐까 생각한다.

'꽃보다 사람이 아름답다'라는 말이 있다. 오랫동안 지역 문화를 가

꾸며 여수 사람의 정체성과 기질을 지키며 곧은 삶을 살아왔던 여수의 보통사람을 가장 내세울 만한 101번째 자랑거리로 소개하면서 글을 마칠 수 있어, 행복하다.